普通高等教育电子信息类系列教材

STM32 嵌入式
单片机原理与应用

李正军　李潇然　编著

机械工业出版社

本书秉承"新工科"理念,从科研、教学和工程实际应用出发,理论联系实际,全面系统地讲述了STM32嵌入式单片机的原理与应用实例。

本书共分10章,包括:绪论、STM32微控制器、嵌入式开发环境的搭建、中断系统、通用输入/输出接口、定时器、模/数转换器(ADC)、USART串行通信、SPI与I²C串行总线和DMA控制器。本书内容丰富,体系先进,结构合理,理论与实践相结合,尤其注重工程应用技术。

本书可作为高等院校自动化、机器人、仪器、人工智能、电子信息和物联网等专业的教材,也可供从事STM32系列嵌入式单片机开发的工程技术人员参考。

本书配有电子课件、教学大纲、习题答案、试卷及答案和其他电子配套资源,选用本书作为教材的教师可登录www.cmpedu.com注册下载,或发邮件至jinacmp@163.com索取。

图书在版编目(CIP)数据

STM32嵌入式单片机原理与应用/李正军,李潇然编著.—北京:机械工业出版社,2024.4

普通高等教育电子信息类系列教材

ISBN 978-7-111-75197-7

Ⅰ.①S…　Ⅱ.①李…②李…　Ⅲ.①微控制器–高等学校–教材　Ⅳ.①TP368.1

中国国家版本馆CIP数据核字(2024)第043627号

机械工业出版社(北京市百万庄大街22号　邮政编码100037)
策划编辑:吉　玲　　　　　　　　　责任编辑:吉　玲
责任校对:孙明慧　丁梦卓　闫　焱　封面设计:张　静
责任印制:邓　博

北京盛通数码印刷有限公司印刷

2024年4月第1版第1次印刷

184mm×260mm·17.5印张·423千字

标准书号:ISBN 978-7-111-75197-7

定价:59.00元

电话服务　　　　　　　　网络服务

客服电话:010-88361066　机　工　官　网:www.cmpbook.com

　　　　　010-88379833　机　工　官　博:weibo.com/cmp1952

　　　　　010-68326294　金　书　网:www.golden-book.com

封底无防伪标均为盗版　机工教育服务网:www.cmpedu.com

前　言

"单片机原理与应用"是自动化、机器人、自动检测、机电一体化、人工智能、电子与电气工程、计算机应用、信息工程和物联网等专业的核心课程。单片机的应用范围十分广阔，已渗透到国防、工业、农业、企事业和人们生活的方方面面，并且发挥着越来越重要的作用，因而掌握单片机原理及其接口技术就显得十分重要。

在我国高校"单片机原理与应用"的教学历史中，20 世纪 90 年代是以 MCS-51 和 MSP430 单片机为主流教学机型的。

虽然经典的 8 位单片机（如 MCS-51）和 16 位单片机（如 MSP430）已经积累了大量的技术资料，用起来得心应手，但是单片机复杂的指令、较低的主频、有限的存储空间和极少的片上外设，使其在面对复杂应用时捉襟见肘，难以胜任。尽管 8 位和 16 位单片机的应用不会就此结束，但可以肯定的是 32 位处理器的时代已经到来，32 位处理器的性能得到了显著提升，片上资源更加丰富，功能也越来越复杂和完善。特别是在计算机测控系统设计方面，基于 ARM 微控制器的设计方案越来越得到工程师的认可。ARM 微控制器无论在体系结构、汇编语言程序设计、接口技术还是开发手段等诸多方面都比 MCS-51 和 MSP430 具有更加优异的特征。

51 单片机因其结构简单、易开发等优点，一直被广泛使用，是嵌入式系统中一款经典的单片机。如今嵌入式产品的竞争日益激烈，对微控制器性能的要求也越来越高，面对这些新要求和新挑战，51 单片机显得有些"力不从心"。因此，需要一款功能更多、功耗更低、实时处理能力和数字信号处理能力更强的微控制器，以适应当今的市场需求。

正因如此，ARM 公司率先推出了一款基于 ARMV7 架构的 32 位 ARM Cortex-M 微控制器内核。Cortex-M 系列内核支持两种运行模式，即线程模式（Thread Mode）与处理模式（Handler Mode）。这两种模式都有各自独立的堆栈，使内核更加支持实时操作系统，并且 Cortex-M 系列内核支持 Thumb-2 指令集，因此基于 Cortex-M 系列内核的微控制器的开发和应用可以在 C 语言环境中完成。

继 Cortex-M 系列内核诞生之后，ST 公司积极响应嵌入式产品市场的新要求和新挑战，推出了基于 Cortex-M 系列内核的 STM32 系列微控制器。它具有出色的微控制器内核和完善的系统结构设计，并且易于开发，性能高，兼容性好且功耗低。实时处理能力和数字信号处理能力强等优点，更使得 STM32 系列微控制器一上市就迅速占领了中低端微控制器市场。

因此，本书以 ST 公司基于 32 位 ARM 内核的 STM32F103 为背景机型，介绍单片机原理与应用。

本书介绍的 STM32F103VET6 具有 32 位 ARM Cortex-M3 内核，集成了 512KB Flash 和 64KB SRAM 以及丰富的硬件接口电路，运行频率可达 72MHz。

IV

本书的特点如下：

1）采用流行的 STM32F103 讲述单片机原理与应用。

2）内容精练、图文并茂、循序渐进、重点突出。

3）不讲述烦琐的 STM32 寄存器，重点讲述 STM32 的库函数。

4）以理论为基础，以应用为主导，章节内容前后安排逻辑性强、层次分明、易教易学。

5）结合国内主流硬件开发板（野火 F103- 指南者），本书给出了各个外设模块的硬件设计和软件设计实例，其代码均已在开发板上调试通过，并通过串口调试助手查看了调试结果，可以很好地锻炼学生的硬件理解能力和软件编程能力，起到举一反三的效果。

6）所选开发板的价格在 300 元左右，可以较容易地买到，方便学校实验教学。

7）本书亦可以作为"微机原理与接口技术"课程的教材。

本书结合编著者多年的科研和教学经验，遵循循序渐进、理论与实践并重、共性与个性兼顾的原则，将理论实践一体化的教学方式融入其中。本书实践案例由浅入深，层层递进，在帮助读者快速掌握某一外部设备功能的同时，有效融合其他外部设备，如按键、LED 显示器、USART 串行通信、模 / 数转换器和各类传感器等设计嵌入式系统，体现学习的系统性。

本书在编写过程中参考了一些国内外著作，在此向相关的作者表示衷心的感谢。由于编著者水平有限，书中不妥之处在所难免，敬请广大读者不吝指正。

编著者

目　录

第 1 章

绪　　论

本章对微型计算机进行了概述，介绍了国内外流行的单片微控制器 ARM、嵌入式系统、嵌入式系统的软件、嵌入式系统的应用领域和嵌入式控制系统（ECS）。

1.1　微型计算机概述

1946 年问世的世界上第一台计算机开创了科学技术高速发展的时代。经过不断发展，如今计算机已获得了突飞猛进的进步，经历了由电子管、晶体管、集成电路以及超大规模集成电路的发展历程。计算机在科学技术、文化、经济等领域的发展中发挥了巨大的推动作用。

微型计算机的发展取决于微处理器的发展。1971 年，美国 Intel 公司生产出了世界上第一片 4 位集成微处理器 4004；1975 年，中档 8 位微处理器产品问世；1976 年，各公司又相继推出了高档微处理器，如 Intel 公司的 8085、Zilog 公司的 Z80 等；1978 年，各公司推出了性能与中档 16 位小型机相当的微处理器，比较有代表性的产品是 Intel 8086。Intel 8086 的地址线为 20 位，可寻址 1MB 的存储单元，时钟频率为 4 ～ 8MHz。

随着新技术的应用和大规模集成电路制造技术水平的不断提高，微处理器的集成度越来越高，一块芯片中包含的晶体管多达上亿个。同时，微处理器的性能价格比也在不断提高。与 CPU 配套的各种器件和设备，如存储器、显示器、打印机、数 / 模转换设备、模 / 数转换设备等也在迅速发展，总的发展趋势是功能加强、性能提高、体积减小和价格下降。

进入 21 世纪以来，各计算机公司不断推出新型的计算机，使得计算机无论从硬件还是软件方面，以及速度、性能、价格等其他诸方面不断适应各种人群的使用。新一代计算机采用了人工智能技术及新型软件，硬件则采用了新的体系结构，分为问题解决与推理机、知识数据库管理机、智能接口计算机等。新一代计算机具有以下特点：

1）在 CPU 上集成存储管理部件。

2）采用指令和数据高速缓存。

3）采用流水线结构以提高系统的并行性。

4）采用大量的寄存器组成寄存器堆以提高处理速度。

5）具有完善的协处理器接口，提高数据处理能力。

6）在系统设计上引入兼容性，实现高、低档机间的兼容。

微处理器一般由计算单元、存储单元、总线和外部接口构成。另外，晶振和电源管理部分也是不可少的。随着集成度越来越高，有更多的东西可以放到微处理器芯片中。

从动态的角度看，晶振是微处理器工作的心脏，它所传出的像脉搏一样的信号是时钟周期。

总线像神经一样连接起各个部分，并传送数据和指令。指令和数据在本质上没多大区别，之所以这样划分是为了能够说得更清楚。一般而言，指令能够让处理器产生动作，数据只是指令的结果或指令执行的一些资源。

存储单元则如大脑的记忆区域，它们存放着指令或者数据。不同的是，大脑的记忆区域记忆的多是过去发生过的事情，微处理器的数据存储器里存放的是某个运算的结果，而指令存储器里存放的是未来的一些安排好的动作序列，更像人们安排的计划表。

计算单元就像大脑的科学计算区域，负责一些有规则的数学的运算。这种运算是由指令安排的，并且计算操作数和结果都是存放在存储单元里的。

外部接口像人体传到四肢的神经接口，把微处理器的指令传到配套的器件和设备，让它们做一些工作，或者从配套的器件和设备处传回来一些信息，让微处理器判断要做什么。

微处理器与人脑的主要不同在于微处理器里的所有指令都是事先安排好的，而人脑是可以自己学习、自己安排动作的。

微处理器（Micro Processor，μP）是可编程化的特殊集成电路，其所有组件小型化至一块或数块集成电路内，可在其一端或多端接收编码指令，然后执行此指令并输出描述其状态的信号。之所以会称为微处理器，并不只是因为它比微型计算机所用的处理器还要小，还因为当初各大芯片厂的工艺已经进入了 1μm 的阶段，用 1μm 的工艺所产制出来的处理器芯片，厂商就会在产品名称上用"微"字。

早在微处理器问世之前，电子计算机的中央处理单元就经历了从真空管到晶体管再到离散式 TTL 集成电路等几个重要阶段，甚至在电子计算机以前，还出现过以齿轮、轮轴和杠杆为基础的机械结构计算机。文艺复兴时期的著名画家兼科学家列奥纳多·达·芬奇就曾做过类似的设计，但那个时代落后的制造技术根本没有能力将这个设计付诸实现。微处理器的发明使得复杂的电路群得以制成单一的电子组件。

从 20 世纪 70 年代早期开始，微处理器性能的提升就基本上遵循着 IT 界著名的摩尔定律。这意味着每 18 个月，CPU 的计算能力就会增加一倍。大到巨型计算机，小到便携式计算机，持续高速发展的微处理器取代了许多其他计算形式而成为各个类别各个领域诸多计算机系统的计算动力之源。

目前常常听到的微处理器是微处理机的一种变体，它包括了 CPU、一些内存以及 I/O 接口，并且都集成在一块集成电路上。

微处理器已经无处不在，录像机、智能洗衣机、移动电话等家电产品，汽车发动机控制，以及数控机床、导弹精确制导等，都要嵌入各类不同的微处理器。微处理器不仅是微型计算机的核心部件，也是各种数字化智能设备的关键部件。国际上的超高速巨型计算机、大型计算机等高端计算系统也都采用大量的通用高性能微处理器建造。

1.1.1 微型计算机的基本构成

典型的微型计算机由中央处理器（CPU）、存储器、输入 / 输出接口（I/O 接口）及外部设备等组成，各个部件之间通过系统总线连接，如图 1-1 所示。

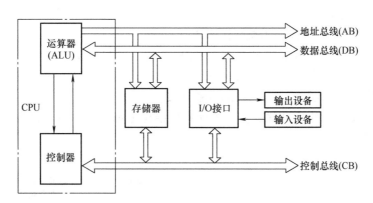

图 1-1　微型计算机的基本结构

在计算机系统中，各个部件之间传送信息的公共线路称为总线（Bus），CPU 与各功能部件之间以及各功能部件相互之间的信息是通过总线传输的。按照所传输的信息种类，计算机的总线分为数据总线、地址总线和控制总线，分别用来传输数据、地址和控制信号，即典型的三总线结构。CPU 通过总线与各个部件相连，外部设备通过相应的 I/O 接口电路再与总线相连，如此构成计算机的硬件系统。

地址总线（AB）是单向的，输出地址信号，即输出将要访问的存储器单元或 I/O 接口的地址，其中地址线的多少决定了系统直接寻址存储器的范围。例如，Intel 8086 CPU 共有 20 条地址线，分别用 A19 ～ A0 表示，其中 A0 为最低位。20 位地址线可以确定 $2^{20}=1024 \times 1024$ 个不同的地址（称为 1MB 内存单元）。20 位地址用十六进制数表示时，范围为 00000H ～ FFFFFH。

数据总线（DB）是传输数据或代码的一组信号线，其中数据线的数目一般与 CPU 的字长相等。这里所说的传输的数据是广义的，就是说，数据的实际含义可能是表示数字的数据，也可能是二进制数字表示的指令，甚至有时可能是某些特定地址，因为它们都是用二进制数表示的，都可以在数据总线上传输。数据线的多少决定了一次能够传送数据的位数。16 位微处理器的数据线是 16 条，分别表示为 D15 ～ D0，D0 为最低位。8 位微处理器的数据线是 8 条，分别表示为 D7 ～ D0。数据在 CPU 与存储器（或 I/O 接口）间的传送可以是双向的，因此数据总线称为双向总线。另外，所有读写数据的操作，都是指 CPU 进行读写。CPU 读操作时，外部数据通过数据总线送往 CPU；CPU 写操作时，CPU 数据通过数据总线送往外部。存储器、I/O 接口电路都与数据总线相连，它们都有各自不同的地址，CPU 通过不同的地址确定与之联系的器件。任何时刻，数据总线上都不能同时出现两个数据，换言之，各个器件是在分时使用数据总线。

控制总线（CB）用来传送各种控制信号和状态信号。CPU 发给存储器或 I/O 接口的控制信号，称为输出控制信号，如微处理器的读信号（RD）、写信号（WR）等。CPU 通过 I/O 接口接收的外设发来的信号，称为输入控制信号，如外部中断请求信号（INTR）、非屏蔽中断请求输入信号（NMI）等。控制信号间是相互独立的，其表示方法为能表明含义的缩写英文字母符号，若符号上有一条横线，则表示该信号为低电平有效，否则为高电平有效。

在连接系统总线的设备中，某时刻只能有一个发送者向总线发送信号，但可以有多个设备从总线上同时获取信号。

一个 CPU 和存储器的连接示意如图 1-2 所示。

人们常说的奔腾系列或者酷睿系列的 CPU 芯片，就是典型的微处理器；程序存储器主要是硬盘，数据存储器即为内存条；I/O 接口由主板上的接口芯片构成，最终通过机箱上的并行口、串行口、USB 口等与外部设备连接。

市面上常见的个人计算机就是在上述计算机结构上加上显示器、键盘、鼠标等外部设备构成的。

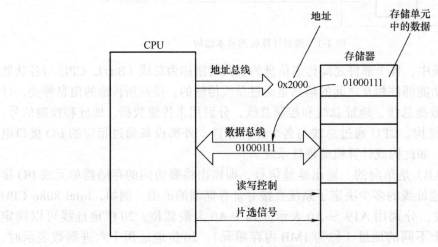

图 1-2　CPU 和存储器的连接示意图

1.1.2　微处理器、微型计算机和微型计算机系统的关系

1. 微处理器

微处理器是计算机的核心部件，即利用集成技术将运算器、控制器集成在一片芯片上。其功能是对指令译码并执行规定动作、与存储器及外设交换数据、响应其他部件的中断请求、提供系统所需的定时和控制。

2. 微型计算机

微型计算机就是在微处理器的基础上配置存储器、I/O 接口电路、系统总线等所构成的系统。

3. 微型计算机系统

以微型计算机为主体，配置系统软件和外部设备即构成微型计算机系统。软件部分包括系统软件（如操作系统）和应用软件（如字处理软件）。

以上三者之间的关系如图 1-3 所示。

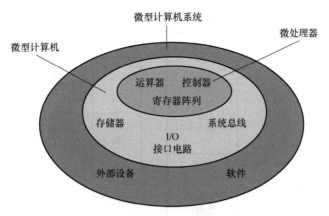

图1-3 微处理器、微型计算机和微型计算机系统关系图

当前，微型计算机正向两个方向发展：一是高性能、多功能，使微型计算机逐步替代价格昂贵、功能优越的中、小型计算机。二是价格低廉、体积更小，使微型计算机不以传统计算机的面貌出现，而是嵌入到生产设备、仪器仪表、家用电器、医疗仪器等智能产品中，构成嵌入式系统。

4. 微控制器

微控制器（Micro Controller Unit，MCU）是指一个集成在一块芯片上的完整计算机系统，它具有一个完整计算机所需要的大部分部件，即CPU、存储器、内部总线系统和外部总线系统，同时还集成了诸如通信接口、定时器、实时时钟等外部设备（简称外设）。而目前最强大的微控制器甚至可以将声音、图像、网络及复杂的I/O系统集成在一块芯片上。

微控制器和微处理器的区别是：微控制器不仅包含微处理器，还包含其他更多的内容。

1.1.3 微处理器的常用技术

1. 冯·诺依曼结构和哈佛结构

（1）冯·诺依曼结构 1964年，冯·诺依曼简化了计算机的结构，提出了"存储程序"的思想，大大提高了计算机的速度。"存储程序"思想可以简化概括为3点：

1）计算机包括运算器、控制器、存储器、I/O设备。

2）计算机内部应采用二进制来表示指令和数据。

3）将编写好的程序和数据保存到存储器中，计算机自动地逐条取出指令和数据进行分析、处理和执行。

在冯·诺依曼结构中，计算机系统由一个CPU和一个存储器组成，数据和程序都存储在存储器中，数据和指令不加区分，均采用数据总线进行传输，因此数据访问和指令存取不能同时在数据总线上传输。CPU可以根据所给的地址对存储器进行读或写。程序指令和数据的宽度相同。Intel 8086、ARM7、MIPS处理器等是冯·诺依曼结构的典型代表。冯·诺依曼结构的构成示意如图1-4所示。

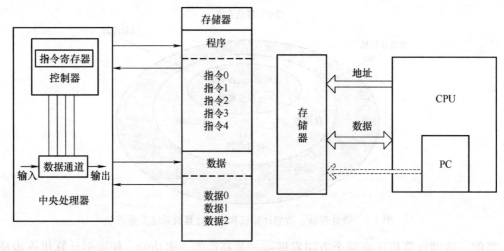

图 1-4   冯·诺依曼结构的构成示意图

图 1-4 中 PC 的全称是 Program Counter，即程序计数器。

（2）哈佛结构   在哈佛结构中，数据和程序使用各自独立的存储器。程序计数器 PC 只指向程序存储器而不指向数据存储器，这样做的后果是很难在哈佛结构的计算机上编写出一个自修改的程序（有时称为应用编程，即 In Application Programming，IAP）。

哈佛结构具有以下优点：

1）独立的程序存储器和数据存储器为数字信号处理提供了较高的性能。

2）指令和数据可以有不同的宽度，具有较高的效率。如恩智浦公司的 MC68 系列、Zilog 公司的 Z8 系列、ARM9、ARM10 系列等。

哈佛结构的构成示意如图 1-5 所示。

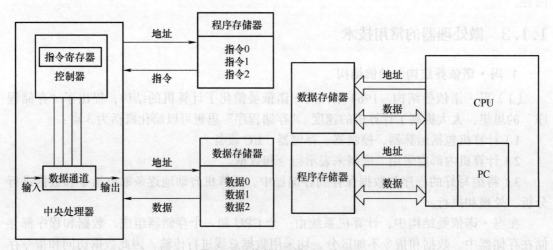

图 1-5   哈佛结构的构成示意图

2. 高速缓冲存储器（Cache）

为了解决微处理器运行速度快、存储器存取速度慢的矛盾，可在两者之间加一级高速缓冲存储器（Cache）。Cache 采用与制作 CPU 相同的半导体工艺，速度与 CPU 匹配，其容量约占主存储器的 1% 左右。Cache 的作用是：当 CPU 要从主存储器（在个人计算机中称为内存）中读取一个数据时，先在 Cache 中查找是否有该数据，若有，则立即从 Cache 中读取到 CPU，否则用一个主存储器访问时间从主存储器中读取这个数据送 CPU，与此同时，将包含这个数据字的整个数据块送到 Cache 中。由于存储器访问具有局部性（程序执行局部性原理），在这以后的若干次存储器访问中要读取的数据位于刚才取到 Cache 中的数据块中的可能性很大，只要替换算法与写入策略得当，Cache 的命中率可达 99% 以上，它有效地减少了 CPU 访问存储器的次数，从而提高了读取数据的速度和整机的性能。

3. 流水线技术

流水线（Pipeline）技术是指在程序执行时多条指令重叠进行操作的一种准并行处理技术。流水线技术的工作方式就像工业生产中的装配流水线。在工业制造中采用流水线可以提高单位时间的生产量，同样在 CPU 中采用流水线技术也有助于提高 CPU 的效率。

CPU 的工作可以大致分为取指令、译码、执行和存结果 4 个步骤。流水线技术可以使用时空图来说明。时空图从时间和空间两个方面描述了流水线技术的工作过程。4 段指令流水线的时空图如图 1-6 所示。在时空图中，横坐标代表时间节拍，纵坐标代表流水线的各个指令阶段。

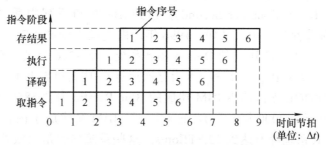

图 1-6　4 段指令流水线的时空图

采用流水线技术之后，指令就可以连续不断地进行处理。在同一个较长的时间段内，显然拥有流水线设计的 CPU 能够处理更多的指令。

4. CISC 和 RISC

20 世纪 70 年代末发展起来的计算机，其结构随着 VISI 技术的飞速发展而越来越复杂，大多数计算机的指令系统多达几百条，这些计算机被称为复杂指令集计算机（Complex Instruction Set Computer，CISC）。在 CISC 指令集的各种指令中，大约有 20% 的指令会被反复使用，占整个程序代码的 80%，而余下的指令却不经常使用，在程序代码中只占 20%，这种情况造成了硬件和资源的浪费。

CISC 结构的处理器都有一个指令集，每执行一条指令，处理器就要在几百条指令中分类查找对应指令，因此需要一定的时间；由于指令的复杂，增加了处理器的结构复杂性以及逻辑电路的级数，降低了时钟频率，使指令执行的速度变慢，纯 CISC 结构的处理器执行一条指令至少需要一个以上的时钟周期。

RISC 是精简指令集计算机（Reduced Instruction Set Computer）的简称，其指令集结构中只有少数简单的指令，使计算机硬件得以简化，将 CPU 的时钟频率提得很高，配合流水线技术可做到一个时钟周期执行一条指令，使整个系统的性能得到提高，以致性能超过 CISC。

RISC 指令系统的特点是：

1）选取使用频率最高的一些简单指令。

2）指令长度固定，指令格式和寻址方式种类少。

3）只有取数据和存数据指令访问存储器，其余指令的操作数在寄存器之间进行。

1.1.4 微处理器的应用

微处理器的应用范围十分广阔，它不仅在科学计算、信息处理、事务管理和过程控制等方面占有重要地位，并且在日常生活中也发挥着不可缺少的作用。目前，微处理器主要有以下几个方面的应用。

1. 科学计算

这是通用微型计算机的重要应用之一。不少微型计算机具有较强的运算能力，特别是用多个微处理器构成的系统，其功能往往可与大型计算机相匹敌，甚至超过大型计算机。比如，美国 Seguent 公司最早用 30 个 Intel 80386 构成 Symmetry 计算机，速度为 120MIPS（Million Instructions per Second），达到 IBM3090 系列中最高档大型计算机的性能，价格却不到后者的 1/10。又如，1996 年，由美国能源部（Department of Energy，DOE）发起和支持、由 Intel 建成的 Option Red 系统，用 9216 个微处理器使系统每秒浮点运算峰值速度达到 1.8Tflop/s（每秒 1.8 万亿次运算），成为世界上第一台万亿次计算机。1998 年，同样得到 DOE 支持的由 IBM 建成的 Blue Pacific 内含 5856 个微处理器，峰值速度达到 3.888Tflop/s。2000 年，在 DOE 支持下，IBM 又建成了内含 8192 个微处理器的 Option White，其系统峰值达到 12.3Tflop/s。这些系统尽管是由微处理器架构而成的，但无论是规模还是功能，都可称为超级计算机。

2. 信息处理

由于 Internet 的蓬勃发展，世界进入了崭新的信息时代，对大量信息包括多媒体信息的处理是信息时代的必然要求。连接在 Internet 上的微型计算机配上相应的软件以后，就可以很灵活地对各种信息进行检索、传输、分类、加工、存储和打印。

3. 在工业控制中的应用

过程控制是微型计算机应用最多，也是最有效的方面之一。目前，在制造工业和日用品生产厂家中都可见到微型计算机控制的自动化生产线和数据采集系统，微型计算机的应用为生产能力和产品质量的迅速提高开辟了广阔前景。例如工厂流水线的智能化管理、电梯智能化控制、各种报警系统和与计算机联网构成的二级控制系统等。

4. 仪器仪表控制

在许多仪器仪表中，已经用微处理器代替了传统的机械部件或分立的电子部件，使产品减小了体积、降低了价格，而可靠性和功能却得到了提高。

此外，微处理器的应用还导致了一些原来没有的新仪器的诞生，它们结合不同类型的传感器，可实现诸如电压、功率、频率、湿度、温度、流量、速度、厚度、角度、长度、硬度、元素、压力等的测量，例如一些精密的测量设备（功率计、示波器、各种分析仪）。在实验室里，出现了用微处理器控制的示波器——逻辑分析仪，它使电子工程技术人员能够用以前不可能采用的办法同时观察多个信号的波形和相互之间的时序关系。在医学领域，出现了使用微处理器作为核心控制部件的 CT 扫描仪和超声扫描仪，这加强了对疾病的诊断手段。微处理器在其他医用设备中的用途亦相当广泛，例如医用呼吸机、分析仪、监护仪、超声诊断设备及病床呼叫系统等。

5. 家用电器和民用产品控制

可以说，现在的家用电器基本上都采用了微处理器控制，从电饭煲、洗衣机、电冰箱、空调机、彩色电视机、其他音响视频器材到电子称量设备，五花八门，无所不在。

此外，微处理器控制的自动报时、自动控制、自动报警系统也已经开始进入家庭。

装有微处理器的娱乐产品往往将智能融于娱乐中；以微处理器为核心的盲人阅读器则能自动扫描文本，并读出文本的内容，从而为盲人带来便利。确切地讲，微处理器在人们日常生活中的应用所受到的主要限制在一定程度上已不是技术问题，而是创造力和技巧的问题。

进入 21 世纪后，微型计算机技术迅猛发展，价格持续下降，特别是把数据、文字、声音、图形、图像融为一体的多媒体技术日益成熟，微型计算机作为个人计算机已经大踏步地走进办公室和普通家庭。全世界微型计算机的年销售量都超过 5000 万台，由此可见微型计算机发展之快、市场之大、应用之广。

目前的微型计算机已发展成为融工作、学习、娱乐于一体，集计算机、电视、电话于一身的综合办公设备和新型家用计算机，成为信息高速公路上的千千万万个多媒体用户站点。

6. 人工智能方面的应用

人工智能（Artificial Intelligence，AI）是研究、开发用于模拟、延伸和扩展人的智能的理论、方法、技术及应用系统的一门新的技术科学。人工智能是计算机科学的一个分支，它通过了解智能的实质，生产出一种新的能以与人类智能相似的方式对外界做出反应的智能机器，该领域的研究包括机器人、语言识别、图像识别、自然语言处理和专家系统等。

人工智能还有许多方面的应用研究，如机器学习、模式识别、机器视觉、智能控制与检索、智能调度与指挥等。这些领域的研究成果辉煌，使人惊叹，随着全球性高科技的不断飞速发展，人工智能会日臻完善。

目前，由计算机控制的机器人、机械手已经在工业界得到了成功应用。

近年来，微型计算机的应用领域更加广泛。导弹的导航装置，飞机上各种仪表的控制，计算机的网络通信与数据传输，工业自动化过程的实时控制和数据处理，广泛使用的各种智能 IC 卡，民用豪华轿车的安全保障系统，录像机、摄像机、全自动洗衣机的控制，以及程控玩具、电子宠物等，这些都离不开微处理器。更不用说自动控制领域的机器人、智能仪表、医疗器械以及各种智能机械了。因此，微型计算机的学习、开发与应用将造就一批计算机应用与智能化控制的科学家、工程师。

1.2 ARM 概述

1.2.1 ARM 简介

ARM 这个缩写包含两个意思：一是指 ARM 公司；二是指 ARM 公司设计的低功耗 CPU 及其架构，包括 ARM1 ~ ARM11 与 Cortex 系列，其中，被广泛应用的是 ARM7、ARM9、ARM11 以及 Cortex 系列。

ARM 是 32 位嵌入式 RISC 芯片内核设计公司。RISC 即精简指令集计算机，其特点是所有指令的格式都是一致的，所有指令的指令周期也是相同的，并且采用流水线技术。

Cortex 在本质上是 ARM V7 架构的实现，它完全有别于 ARM 的其他内核，是全新开发的。按照 3 类典型的嵌入式系统应用，即高性能类、微控制器类和实时类，Cortex 又分成 3 个系列，即 Cortex-A、Cortex-M 和 Cortex-R。而 STM32 就属于 Cortex-M 系列。

Cortex-M 旨在提供一种高性能、低成本的微处理器平台，以满足最小存储器、小引脚数和低功耗的需求，同时兼顾卓越的计算性能和出色的中断管理能力。目前典型的、使用最为广泛的是 Cortex-M0、Cortex-M3 和 Cortex-M4。

与 MCS-51 单片机采用的哈佛结构不同，Cortex-M 采用的是冯·诺依曼结构，即程序存储器和数据存储器不分开、统一编址。

ARM 公司在 1990 年成立，最初的名字是 Advanced RISC Machines Ltd.，当时它由 3 家公司——苹果公司、Acorn 公司以及 VLSI 公司合资成立。1991 年，ARM 公司推出了 ARM6，VLSI 公司则是第一个制造 ARM 芯片的公司。后来，TI、NEC、Sharp、意法半导体等公司陆续都获得了 ARM 公司的授权，使得 ARM 处理器应用在手机、硬盘控制器、PDA、家庭娱乐系统以及其他消费电子设备中。

ARM 公司是一家出售 IP（技术知识产权）的公司。所谓的出售技术知识产权，就有点像是出售房屋的结构设计图，至于要怎样修改，在哪边开窗户，以及要怎样加盖其他的部分，就由买了设计图的厂商自己决定。而有了设计图，当然还要有把设计图实现的厂商，而这些就是 ARM 架构的授权客户群。ARM 公司本身并不靠自有的设计来制造或出售 CPU，而是将架构授权给有兴趣的厂家。许多公司持有 ARM 公司的授权，如 Intel、TI、Qualcomm、华为、中兴、Atmel、Broadcom、Cirrus Logic、恩智浦半导体（于 2006 年从飞利浦独立出来）、富士通、英特尔、IBM、NVIDIA、新唐科技（Nuvoton Technology）、英飞凌、任天堂、OKI 电气工业、三星电子、Sharp、意法半导体和 VLSI 等许多公司均拥有 ARM 公司各种不同形式的授权。ARM 公司与获得授权的公司的关系如图 1-7 所示。

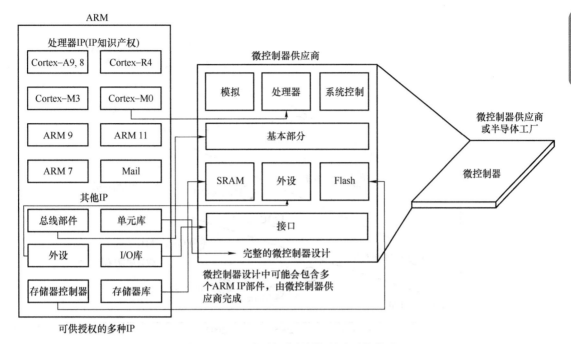

图 1-7　ARM 公司与获得授权的公司的关系

1.2.2　ARM 架构的演变

1985 年以来，ARM 公司陆续发布了多个 ARM 内核架构版本，以下是 ARM 内核架构的主要版本：

1）ARM V1：它是 ARM 内核架构的第一个版本，于 1985 年发布，仅用于嵌入式系统和低功耗设备。

2）ARM V2：它是在 ARM V1 的基础上改进的版本，于 1986 年发布，增加了指令集和处理器架构等方面的改进。

3）ARM V3：于 1991 年发布，增加了支持虚拟内存和全新缓存体系结构的设计。

4）ARM V4：于 1994 年发布，主要添加了浮点指令集和支持高速缓存一致性的功能。

5）ARM V5：于 1997 年发布，添加了 Thumb 指令集和 Jazelle 技术，以提高指令执行效率。

6）ARM V6：于 2002 年发布，支持 ARM1176JZF-S 处理器，提供更快、更高效的指令执行。

7）ARM V7：于 2005 年发布，支持 Cortex-A 和 Cortex-M 系列，引入了 NEON 指令集和 TrustZone 技术。

8）ARM V8：于 2011 年发布，支持 64 位处理器，引入了 AArch64 指令集，并提供更高级别的虚拟化支持。

除了这些主要版本之外，ARM 公司还发布了一些针对特定应用的版本，如 ARM V6-M 用于嵌入式系统，ARM V8.3-A 用于机器学习和人工智能等。

各种 ARM 内核架构的应用领域如图 1-8 所示。

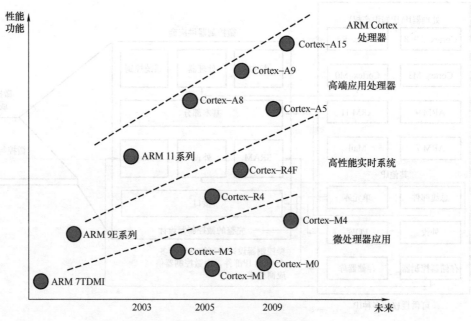

图 1-8 各种 ARM 内核架构的应用领域

在 ARM 公司发出的 Cortex 内核架构授权中，Cortex-M3 架构的授权数量最多。在诸多获得 Cortex-M3 架构授权的公司中，意法半导体公司是较早在市场上推出基于 Cortex-M3 架构的微控制器的厂商，STM32F1 系列是其典型的产品系列。本书后续将以其中的 STM32F103VET6 微控制器的开发为背景进行应用实例讲解。

1.2.3 ARM 体系结构与特点

看待微处理器可以是多角度的。从宏观角度看，它是一个有着丰富引脚的芯片，个头一般比较大，比较方正。再进一步看其组成结构，就是计算单元＋存储单元＋总线＋外部接口的架构。再细化些，计算单元中会有 ALU 和寄存器组。再细些，ALU 是由组合逻辑构成的，有与门，有非门，寄存器是由时序电路构成的，有逻辑，有时钟。再细，与门就是一个逻辑单元。

如图 1-9 所示，任何微处理器都至少由内核、存储器、内部总线、I/O 接口构成。ARM 公司的芯片特点是内核部分都是统一的，由 ARM 公司设计，对于其他部分，各个芯片制造商可以有自己的设计，有的甚至包含一些外设在里面。

Cortex-M3 内核是微处理器的 CPU。完整的基于 Cortex-M3 内核的微控制器还需要很多其他组件。在芯片制造商得到 Cortex-M3 架构的使用授权后，它们就可以把 Cortex-M3 内核用在自己的芯片设计中，添加存储器、外设、I/O 接口以及其他功能块。不同厂家设计出的微处理器会有不同的配置，存储器容量、类型、外设等也都各具特色。本书主讲微处理器内核本身，如果想要了解某个具体型号的微处理器，还需查阅相关厂家提供的文档。

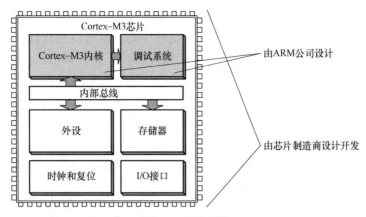

图 1-9　微处理器

如果把微处理器的内核更加详细地画出来，如图 1-10 所示，可以看到微处理器内核中包含中断控制器（NVIC）、取指单元、指令解码器、寄存器组、算术逻辑单元（ALU）、存储器接口和跟踪接口。如果把总线细分下去，总线可以分成指令总线和数据总线，并且这两种总线之间带有存储器保护单元（MPU）。这两种总线从内核的存储器接口接到总线网络上，再与指令存储器、存储器系统和外设及私有外设等连接在一起。

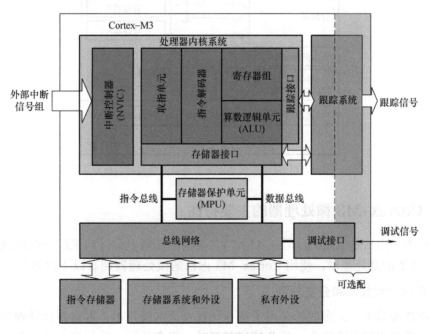

图 1-10　微处理器的内核

如果从编程的角度来看待微处理器的内核，如图 1-11 所示，则看到的主要就是一些寄存器和地址。对于 CPU 来说，编程就是使用指令对这些寄存器进行设置和操作；对于存储器来说，编程就是对地址的内容进行操作；对总线和 I/O 接口等来说，主要的操作包括初始化和读写操作，这些操作都是针对不同的寄存器进行设计和操作。另外有两个部分值得一提，一个是计数器，另一个是"看门狗"。在编程里计数器是需要特别关注的，因为计数器一般会产生中断，所以对于计数器的操作除了初始化以外，还要编写相应的中断处理程序。"看门狗"用于防止程序跑飞，可以是硬件的，也可以是软件的。对于硬件"看门狗"，需要设置初始状态和阈值；对于软件"看门狗"，则需要用软件来实现具体功能，并通过软中断机制来产生异常，改变 CPU 的模式。如果是专门的 D/A 转换接口，那么编程也是针对其寄存器进行操作，从而完成 D/A 转换。串行接口编程同样也是对于串行接口的寄存器进行编程，其中还会包含具体的串行接口协议。

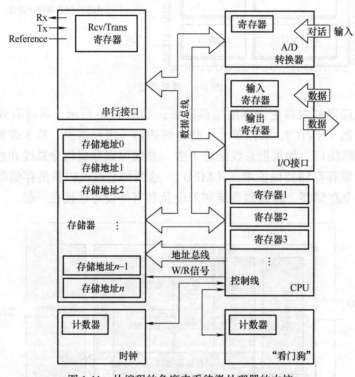

图 1-11　从编程的角度来看待微处理器的内核

1.2.4　Cortex-M3 微处理器的主要特性

Cortex-M3 内核是 ARM 公司在 ARM V7 架构的基础上设计出来的一款内核。相对于 ARM 公司其他的微处理器，使用 Cortex-M3 内核的微处理器拥有以下优势和特点。

1. 三级流水线技术和分支预测

现代微处理器中，大多数都采用了指令预存及流水线技术，以提高微处理器的指令运行速度。三级流水线指取指令、指令解码和寻址、指令执行。执行指令的过程中，如果遇到了分支指令，由于执行的顺序也许会发生改变，指令预取队列和流水线中的一些指令就可能作废，需要重新取相应的地址，这样会使得流水线出现"断流"现象，微处理器的性能会受到影响。尤其在 C 语言程序中，分支指令的比例能达到 10% ～ 20%，这对于微处理器来说无疑是一件很麻烦的事情。因此，现代高性能的流水线微处理器都会有一些分支预测的部件，在微处理器从存储器预取指令的过程中，当遇到分支指令时，微处理器能自动预测跳转是否会发生，然后才从预测的方向进行相应的取值，从而让流水线能连续地执行指令，保证它的性能。

2. 哈佛结构

哈佛结构的微处理器采用独立的数据总线和指令总线，微处理器可以同时进行对指令和数据的读写操作，使得微处理器的运行速度得以提高。

3. 内置嵌套向量中断控制器

Cortex-M3 首次在内核部分采用了嵌套向量中断控制器，即 NVIC。也正是采用了中断嵌套的方式，使得 Cortex-M3 能将中断延迟减小到 12 个时钟周期（一般，ARM 7 需要 24 ～ 42 个时钟周期）。Cortex-M3 不仅采用了 NVIC 技术，还采用了尾链技术，从而使中断响应时间减小到了 6 个时钟周期。

4. 支持位绑定操作

在 Cortex-M3 内核出现之前，ARM 内核是不支持位操作的，而是要用逻辑与、或的操作方式来屏蔽对其他位的影响。这带来的是指令的增加和处理时间的增加。Cortex-M3 采用了位绑定的方式让位操作成为可能。

5. 支持串行调试（SWD）

一般的 ARM 微处理器采用的都是 JTAG 调试接口，但是 JTAG 接口占用的芯片 I/O 接口过多，这对于一些引脚少的微处理器来说很浪费资源。Cortex-M3 在原来的 JTAG 接口的基础上增加了 SWD 模式，只需要两个 I/O 接口即可完成仿真，节约了调试占用的引脚。

6. 支持低功耗模式

Cortex-M3 在原来的只有运行 / 停止的模式上增加了休眠模式，使得 Cortex-M3 的运行功耗很低。

7. 拥有高效的 Thumb-2 16/32 位混合指令集

原有的 ARM7、ARM9 等内核使用的都是不同的指令，例如 32 位的 ARM 指令和 16 位的 Thumb 指令。而 Cortex-M3 使用了更高效的 Thumb-2 指令来实现接近 Thumb 指令的代码尺寸，达到 ARM 编码的运行性能。Thumb-2 是一种高效的、紧凑的新一代指令集。

8. 32 位硬件除法和单时钟周期乘法

Cortex-M3 加入了 32 位的除法指令，弥补了一些除法密集型运用中性能不好的问题。同时，Cortex-M3 也改进了乘法运算的部件，使得 32 位乘 32 位的乘法在运行时间上减少到了一个时钟周期。

9. 支持存储器非对齐模式访问

使用 Cortex-M3 内核的微控制器一般用的内部寄存器都是 32 位编址的。如果微处理器只能采用对齐的访问模式，那么有些数据就必须被分配，占用一个 32 位的存储单元，这是一种浪费的现象。为了解决这个问题，Cortex-M3 内核采用了支持非对齐模式的访问方式，从而提高了存储器的利用率。

10. 内部定义了统一的存储器映射

在 ARM7、ARM9 等内核中没有定义存储器的映射，不同的芯片厂商需要自己定义存储器的映射，这使得芯片厂商之间存在不统一的现象，给程序的移植带来了麻烦。Cortex-M3 则采用了统一的存储器映射的分配，使得存储器映射得到了统一。

11. 极高的性价比

Cortex-M3 内核的微控制器相对于其他的 ARM 系列的微控制器性价比高许多。

1.2.5　Cortex-M3 微处理器的结构

Cortex-M3 微处理器是新一代的 32 位微处理器，是一个高性能、低成本的开发平台，适用于微控制器、工业控制系统以及无线网络传感器等应用场合。其特点为：

1）性能丰富成本低。Cortex-M3 是专门针对微控制器应用特点而开发的，具有高性能、低成本、易应用等优点。

2）低功耗。把睡眠模式与状态保留功能结合在一起，确保了 Cortex-M3 微处理器既可提供低能耗，又不影响其很高的运行性能。

3）可配置性强。Cortex-M3 的 NVIC 功能提高了设计的可配置性，提供了多达 240个具有单独优先级功能、动态重设优先级功能和集成系统时钟的系统中断。

4）丰富的链接。基于 Cortex-M3 微处理器的设备可以有效处理多个 I/O 通道和协议标准。

Cortex-M3 微处理器结构如图 1-12 所示。

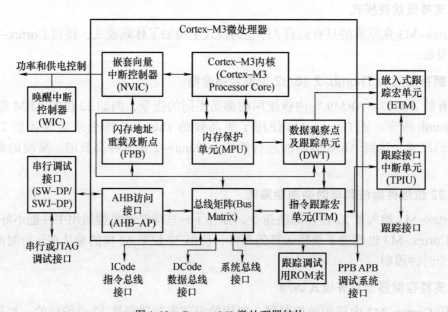

图 1-12　Cortex-M3 微处理器结构

Cortex-M3 微处理器结构中各个部分的解释和功能如下：

1）嵌套向量中断控制器（NVIC）：负责中断控制。该控制器和内核是紧耦合的，提供可屏蔽、可嵌套、动态优先级的中断管理。

2）Cortex-M3 内核（Cortex-M3 Processor Core）：Cortex-M3 内核是微处理器的核心所在。

3）闪存地址重载及断点（FPB）：实现硬件断点以及代码空间到系统空间的映射。

4）内存保护单元（MPU）：内存保护单元的主要作用是实施存储器的保护，它能够在系统或程序出现非正常访问不应该访问的存储空间时，通过触发异常中断而达到提高系统可靠性的目的。但 STM32 系统并没有使用该单元。

5）数据观察点及跟踪单元（DWT）：调试中用于数据观察功能。

6）AHB 访问接口（AHB-AP）：高速总线 AHB 访问接口将 SW/SWJ 接口的命令转换为 AHB 的命令传送。

7）总线矩阵（Bus Matrix）：CPU 内部的总线通过总线矩阵连接到外部的 ICode、DCode 及系统总线。

8）指令跟踪宏单元（ITM）：可以产生时间戳数据包并插入到跟踪数据流中，用于帮助调试器求出各事件的发生时间。

9）唤醒中断控制器（WIC）：WIC 可以使微处理器和 NVIC 处于一个低功耗睡眠的模式。

10）嵌入式跟踪宏单元（ETM）：调试中用于处理指令跟踪。

11）串行调试接口（SW-DP/SWJ-DP）：即用于串行调试的接口。

12）跟踪接口中断单元（TPIU）：跟踪接口中断单元是用于向外部跟踪捕获硬件发送调试停息的接口单元，作为来自 ITM 和 ETM 的 Cortex-M3 内核跟踪数据与片外跟踪接口之间的桥接。

1.3 嵌入式系统

随着计算机技术的不断发展，计算机的处理速度越来越快，存储容量越来越大，外围设备的性能越来越好，满足了高速数值计算和海量数据处理的需要，形成了高性能的通用计算机系统。

以往按照计算机的体系结构、运算速度、结构规模和适用领域，将其分为大型机、中型机、小型机和微型机，并以此来组织学科和产业分工。随着计算机技术的迅速发展，以及计算机技术和产品对其他行业的广泛渗透，使得以应用为中心的分类方法变得更为切合实际。

美国电气电子工程师学会（IEEE）定义的嵌入式系统是"用于控制、监视或者辅助操作机器和设备运行的装置"。这主要是从应用上加以定义的，从中可以看出嵌入式系统是软件和硬件的综合体，还可以涵盖机械等附属装置。目前国内普遍认同的嵌入式系统定义是：以计算机技术为基础，以应用为中心，软件、硬件可剪裁，适合应用系统对功能可靠性、成本、体积和功耗严格要求的专业计算机系统。在构成上，嵌入式系统以微控制器及软件为核心部件，两者缺一不可；在特征上，嵌入式系统具有能方便、灵活地嵌入到其他应用系统中的特征，即具有很强的可嵌入性。

按嵌入式微控制器类型划分，嵌入式系统可分为以单片机为核心的嵌入式单片机系统、以工业计算机板为核心的嵌入式计算机系统、以 DSP 为核心的嵌入式数字信号处理器系统、以 FPGA 为核心的嵌入式 SOPC（System on A Programmable Chip，可编程片上系统）等。

嵌入式系统在含义上与传统的单片机系统和计算机系统有很多重叠部分。为了方便区分，在实际应用中，嵌入式系统还应该具备下述 3 个特征。

1）嵌入式系统的微控制器通常是由 32 位及以上的 RISC 处理器组成的。

2）嵌入式系统的软件系统通常以嵌入式操作系统为核心，外加用户应用程序。

3）嵌入式系统在特征上具有明显的可嵌入性。

嵌入式系统应用经历了无操作系统、单操作系统、实时操作系统和面向 Internet 4 个阶段。21 世纪无疑是一个网络的时代，互联网的快速发展及广泛应用为嵌入式系统的发展及应用提供了良好的机遇。"人工智能"这一概念几乎在一夜之间人尽皆知。而嵌入式系统在其发展过程中扮演着重要角色。

嵌入式系统的广泛应用和互联网的发展导致了物联网概念的诞生，设备与设备之间、设备与人之间，以及人与人之间要求实时互联，这导致了大量数据的产生，大数据一度成为科技前沿，每天世界各地的数据量呈指数增长，数据远程分析成为必然要求，因此云计算被提上日程。数据存储、传输和分析等技术的发展无形中催生了人工智能，因此人工智能看似突然出现在大众视野，实则经历了近半个世纪的漫长发展，其制约因素之一就是大数据。而嵌入式系统正是获取数据的最关键的系统之一。人工智能的发展可以说是嵌入式系统发展的产物，同时人工智能的发展要求更多、更精准的数据和更快、更方便的数据传输。这促进了嵌入式系统的发展，两者相辅相成，嵌入式系统必将进入一个要加快速的发展时期。

1.3.1　嵌入式系统概述

嵌入式系统的发展大致经历了以下 3 个阶段。

1）以嵌入式微控制器为基础的初级嵌入式系统。

2）以嵌入式操作系统为基础的中级嵌入式系统。

3）以 Internet 和 RTOS 为基础的高级嵌入式系统。

嵌入式技术与 Internet 技术的结合正在推动着嵌入式系统的飞速发展，为嵌入式系统的市场展现出了美好的前景，也对嵌入式系统的生产厂商提出了新的挑战。未来嵌入式系统的发展趋势如下。

1）嵌入式系统的开发成为一项系统工程，开发厂商不仅需要提供嵌入式系统的软、硬件，还需要提供强大的硬件开发工具和软件支持包。

2）网络化、信息化的要求随着 Internet 技术的成熟和带宽的提高而变得日益突出，电话、手机、电冰箱和微波炉等设备的功能和结构会变得更加复杂，网络互联将成为必然趋势。

3）系统内核更加精简，关键算法得到优化，系统功耗和软、硬件成本进一步降低。

4）为了适应网络发展的要求，未来的嵌入式系统必然要求其硬件提供各种网络通信接口，同时系统要提供相应的通信组网协议软件和物理层驱动软件。系统内核将支持网络模块，甚至可以在设备上嵌入 Web 浏览器，真正实现随时随地使用各种设备上网。

5）提供更加友好的多媒体人机交互界面。

通用计算机具有计算机的标准形式，通过装配不同的应用软件，应用在社会的各个方面。现在，在办公室、家庭中广泛使用的个人计算机（PC）就是通用计算机最典型的代表。

嵌入式计算机则以嵌入式系统的形式隐藏在各种装置、产品和系统中。在许多应用领域，如工业控制、智能仪器仪表、家用电器和电子通信设备等，对嵌入式计算机的应用有着不同的要求。主要要求如下。

1）能面对控制对象，例如面对物理量传感器的信号输入，面对人机交互的操作控制，面对对象的伺服驱动和控制。

2）可嵌入到应用系统中。由于体积小，功耗低，价格低廉，嵌入式计算机可方便地嵌入到应用系统和电子产品中。

3）能在工业现场环境中长时间可靠运行。

4）控制功能优良。对外部的各种模拟和数字信号能及时地捕捉，对多种不同的控制对象能灵活地进行实时控制。

可以看出，满足上述要求的计算机系统与通用计算机系统是不同的。换句话讲，能够满足和适合以上这些应用的计算机系统与通用计算机系统在应用目标上有巨大的差异。一般将具备高速计算能力和海量存储，用于高速数值计算和海量数据处理的计算机称为通用计算机系统。而将面对工控领域对象，嵌入到各类控制应用系统、各类电子系统和电子产品中，实现嵌入式应用的计算机系统称为嵌入式计算机系统，简称嵌入式系统（Embedded Systems）。

嵌入式系统将应用程序和操作系统与计算机硬件集成在一起，简单地讲，就是系统的应用软件与系统的硬件一体化。这种系统具有软件代码少、自动化程度高和响应速度快等特点，特别适应于面向对象的、要求实时和多任务的应用。

特定的环境和特定的功能要求嵌入式系统与所嵌入的应用环境成为一个统一的整体，并且往往要满足紧凑、可靠性高、实时性好及功耗低等技术要求。面向具体应用的嵌入式系统，以及系统的设计方法和开发技术，构成了今天嵌入式系统的重要内涵，也是嵌入式系统发展成为一个相对独立的计算机研究和学习领域的原因。

1.3.2 嵌入式系统和通用计算机系统比较

作为计算机系统的不同分支，嵌入式系统和通用计算机系统既有共性也有差异。

1）嵌入式系统和通用计算机系统都属于计算机系统，从系统组成上讲，它们都是由硬件和软件构成的。

2）二者的工作原理是相同的，都是存储程序机制。

3）从硬件上看，嵌入式系统和通用计算机系统都是由 CPU、存储器、I/O 接口和中断系统等部件组成的。

4）从软件上看，嵌入式系统软件和通用计算机软件都可以划分为系统软件和应用软件两类。

作为计算机系统的一个新兴的分支，嵌入式系统与通用计算机系统相比又具有以下不同点。

1）形态。通用计算机系统具有基本相同的外形（如主机、显示器、鼠标和键盘等）并且独立存在。嵌入式系统通常隐藏在具体某个产品或设备（称为宿主对象，如空调、洗衣机、数字机顶盒等）中，它的形态随着产品或设备的不同而不同。

2）功能。通用计算机系统一般具有通用而复杂的功能，任意一台通用计算机都具有文档编辑、影音播放、娱乐游戏、网上购物和通信聊天等通用功能。嵌入式系统嵌入在某个宿主对象中，功能由宿主对象决定，具有专用性，通常是为某个应用量身定做的。

3）功耗。目前，通用计算机系统的功耗一般为 200W 左右。嵌入式系统的宿主对象通常是小型应用系统，如智能手机、MP3 和智能手环等，这些设备不可能配置容量较大的电源，因此，低功耗一直是嵌入式系统追求的目标，如日常生活中使用的智能手机，其待机功率仅 100 ~ 200mW，即使在通话时功率也只有 4 ~ 5W。

4）资源。通用计算机系统通常拥有大而全的资源（如鼠标、键盘、硬盘、内存条和显示器等）。嵌入式系统受限于嵌入的宿主对象（如智能手机、MP3 和智能手环等），通常要求小型化和低功耗，其软硬件资源受到严格的限制。

5）价值。通用计算机系统的价值体现在"计算"和"存储"上，计算能力（处理器的字长和主频等）和存储能力（内存与硬盘的大小和读取速度等）是通用计算机系统的通用评价指标。嵌入式系统往往嵌入到某个设备和产品中，其价值一般不取决于其内嵌的微控制器的性能，而体现在它所嵌入和控制的设备上。如一台智能洗衣机往往用洗净比、洗涤容量和脱水转速等来衡量，而不以其内嵌的微控制器的运算速度和存储容量等来衡量。

1.3.3 嵌入式系统的特点

通过嵌入式系统的定义和嵌入式系统与通用计算机系统的比较，可以看出嵌入式系统具有以下特点。

1. 专用性强

嵌入式系统按照具体应用需求进行设计，完成指定的任务，通常不具备通用性，只能面向某个特定应用，就像嵌入在微波炉中的控制系统只能完成微波炉的基本操作，而不能在洗衣机中使用。

2. 可裁剪性

受限于体积、功耗和成本等因素，嵌入式系统的硬件和软件必须实现高效率，即根据实际应用需求量体裁衣，去除冗余，从而使系统在满足应用要求的前提下达到最精简的配置。

3. 实时性好

所谓实时性是指系统能够及时（在限定时间内）处理外部事件。大多数实时系统都是嵌入式系统，而嵌入式系统多数也有实时性的要求，例如，用户将银行卡插入 ATM 插卡口，ATM 的控制系统必须立即启动读卡程序。

4. 可靠性高

很多嵌入式系统必须全年且全天不停地持续工作，甚至在极端环境下正常运行。大多数嵌入式系统都具有可靠性机制，例如硬件的"看门狗"定时器、软件的内存保护和重启机制等，以保证嵌入式系统在出现问题时能够重新启动，保障系统的健壮性。

5. 生命周期长

遵从于摩尔定律，通用计算机的更新换代速度较快。但嵌入式系统的生命周期与其嵌入的产品或设备同步，会经历产品导入期、成长期、成熟期和衰退期等各个阶段，一般比通用计算机要长。

6. 不易被垄断

嵌入式系统是将先进的计算机技术、半导体技术、电子技术和各个行业的具体应用相结合后的产物，这一点就决定了它必然是一个技术密集、资金密集、高度分散、不断创新的知识集成系统。因此，嵌入式系统不易在市场上形成垄断。目前，嵌入式系统处于百花齐放、各有所长、全面发展的时代，各类嵌入式系统软硬件差别显著，其通用性和可移植性都比通用计算机系统差。在学习嵌入式系统时要有所侧重，然后触类旁通。

1.4 嵌入式系统的软件

嵌入式系统的软件一般固化于嵌入式存储器中，是嵌入式系统的控制核心，控制着嵌入式系统的运行，用以实现嵌入式系统的功能。由此可见，嵌入式系统的软件在很大程度上决定了整个嵌入式系统的价值。

从软件结构上划分，嵌入式系统的软件分为无操作系统的嵌入式软件和带操作系统的嵌入式软件两种。

1.4.1 无操作系统的嵌入式软件

对于通用计算机，操作系统是整个软件的核心，不可或缺。然而对于嵌入式软件，由于其专用性，在某些情况下并无操作系统。尤其在嵌入式软件发展的初期，由于较低的硬件配置、单一的功能需求以及有限的应用领域（主要集中在工业控制和国防军事领域），此时的嵌入式软件的规模通常较小，没有专门的操作系统。

在组成结构上，无操作系统的嵌入式软件仅由引导程序和应用程序两部分组成，如图 1-13 所示。引导程序一般由汇编语言编写，在嵌入式系统上电后运行，完成自检、存储映射、时钟系统启动和外设接口配置等一系列硬件初始化操作。应用程序一般由 C 语言编写，直接架构在硬件之上，在引导程序之后运行，负责实现嵌入式系统的主要功能。

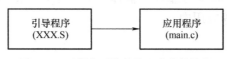

图 1-13 无操作系统的嵌入式软件结构

1.4.2 带操作系统的嵌入式软件

随着嵌入式应用在各个领域的普及和深入，嵌入式系统开始向多样化、智能化和网络化发展，其对功能、实时性、可靠性和可移植性等方面的要求越来越高，嵌入式软件也日趋复杂，越来越多地采用嵌入式操作系统＋应用软件的模式。相比无操作系统的嵌入式软件，带操作系统的嵌入式软件规模较大，其应用软件架构于嵌入式操作系统上，而非直接面对嵌入式硬件，其可靠性高，开发周期短，易于移植和扩展，适用于功能复杂的嵌入式系统。

带操作系统的嵌入式软件的体系结构如图 1-14 所示，自下而上包括设备驱动层、操作系统层和应用软件层等。

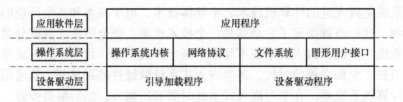

图 1-14 带操作系统的嵌入式软件的体系结构

1.4.3 典型嵌入式操作系统

嵌入式操作系统（Embedded Operating System，EOS）是指用于嵌入式系统的操作系统。嵌入式操作系统是一种用途广泛的系统软件，通常包括与硬件相关的底层驱动软件、系统内核、设备驱动接口、通信协议、图形界面和标准化浏览器等。嵌入式操作系统负责嵌入式系统的全部软、硬件资源的分配、任务调度、控制与协调并发活动。它必须体现其所在系统的特征，能够通过装卸某些模块来实现系统所要求的功能。目前在嵌入式领域广泛使用的操作系统有 μC/OS–Ⅱ、嵌入式 Linux、Android 和 Windows CE 等。

1. μC/OS–Ⅱ

μC/OS–Ⅱ（Micro–Controller Operating System Two）是一个可以基于 ROM 运行、可裁剪、抢占式、实时多任务内核，具有高度可移植性，特别适合于微处理器和微控制器，并与很多商业操作系统性能相当的实时操作系统（RTOS）。为了提供最好的移植性能，μC/OS–Ⅱ最大程度上使用 ANSIC 语言进行开发，并且已经移植到近 40 多种微处理器体系上，涵盖了从 8 位到 64 位的各种 CPU（包括 DSP）。μC/OS–Ⅱ可以视为一个简单的多任务调度器，在这个任务调度器之上完善并添加了和多任务操作系统相关的系统服务，如信号量、邮箱等。其主要特点有：源代码公开，代码结构清晰明了，注释详尽，组织有条理，可移植性好，可裁剪，可固化。其内核属于抢占式，最多可以管理 60 个任务。从 1992 年开始，由于高度可靠性、鲁棒性和安全性，μC/OS–Ⅱ已经广泛使用在数字照相机、航空电子产品等应用中。

2. 嵌入式 Linux

嵌入式 Linux 是嵌入式操作系统的一个新成员，其最大的特点是源代码公开并且遵循通用公共许可证（General Public License，GPL）协议。目前正在开发的嵌入式系统中，有近 50% 的项目选择嵌入式 Linux 作为嵌入式操作系统。

嵌入式 Linux 是将日益流行的 Linux 操作系统进行裁剪修改，使之能在嵌入式系统上运行的一种操作系统。嵌入式 Linux 既继承了 Internet 上无限的开放源代码资源，又具有嵌入式操作系统的特性。嵌入式 Linux 的特点是版权免费，可为全世界的自由软件开发者提供支持，而且性能优异，软件移植容易，代码开放，有许多应用软件支持，应用产品开发周期短，新产品上市迅速，系统实时性、稳定性和安全性好。

3. Android

Android 是一种基于 Linux 的自由及开放源代码的操作系统，主要应用于移动设备，如智能手机和平板计算机，它由 Google 公司和开放手机联盟领导及开发。

Android 正逐渐扩展到平板计算机之外的其他领域上，如电视、数码相机、游戏机和智能手表等。

4. Windows CE

Windows Embedded Compact（即 Windows CE）是微软公司的嵌入式、移动计算平台的基础，它是一个可抢先式、多任务、多线程并具有强大通信能力的 32 位嵌入式操作系统，是微软公司为移动应用、信息设备、消费电子产品和各种嵌入式应用而设计的实时系统，目标是实现移动办公、便携娱乐和智能通信。

Windows CE 是模块化的操作系统，主要包括 4 个模块，即内核（Kernel）、文件子系统、图形窗口事件子系统（GWES）和通信模块。其中，内核负责进程与线程调度、中断处理和虚拟内存管理等；文件子系统管理文件操作、注册表和数据库等；图形窗口事件子系统包括图形界面、图形设备驱动和图形显示 API 函数等；通信模块负责设备与个人计算机间的互联和网络通信等。Windows CE 支持 4 种处理器架构，即 x86、MIPS、ARM 和 SH4，同时支持多媒体设备、图形设备、存储设备、打印设备和网络设备等多种外设。除了在智能手机方面得到广泛应用之外，Windows CE 也被应用于机器人、工业控制、导航仪、PDA 和示波器等设备上。

1.4.4 软件架构选择建议

从理论上讲，基于操作系统的开发模式具有快捷、高效的特点，开发软件的移植性、后期维护性、程序稳健性等都比较好。但不是所有系统都要基于操作系统，因为这种模式要求开发者对操作系统的原理有比较深入的掌握，一般功能比较简单的系统不建议使用操作系统，毕竟操作系统也占用系统资源。同样也不是所有系统都能使用操作系统，因为操作系统对系统的硬件有一定的要求。因此，在通常情况下，虽然 STM32 微控制器是 32 位系统，但不主张嵌入操作系统。如果系统足够复杂，任务足够多，又或者有类似于网络通信、文件处理、图形接口等需求加入，不得不引入操作系统来管理软、硬件资源时，也要选择轻量化的操作系统，比如选择 μC/OS-Ⅱ 的比较多，其相应的参考资源也比较多；建议不要选择嵌入式 Linux、Android 和 Windows CE 这样重量级的操作系统，因为 STM32F1 系列微控制器硬件系统在未进行扩展时，是不能满足此类操作系统的运行需求的。

1.5　嵌入式系统的应用领域

嵌入式系统以其独特的结构和性能，越来越多地应用到国民经济的各个领域中。

1. 工业控制

基于嵌入式芯片的工业自动化设备获得了长足的发展，目前已经有大量的 8 位、16 位、32 位嵌入式微控制器得以应用。网络化是提高生产效率和产品质量、减少人力资源消耗的主要途径，如工业过程控制、数控机床、电力系统、电网安全、电网设备监测和石油化工系统等。就传统的工业控制产品而言，低端型采用的往往是 8 位单片机。但是随着技术的发展，32 位、64 位的微处理器逐渐成为工业控制设备的核心。

2. 交通管理

在车辆导航、流量控制、信息监测与汽车服务等方面，嵌入式系统技术已经获得了广泛的应用，内嵌 GPS 模块和 GSM 模块的移动定位终端已经在运输行业获得了成功的使用。目前 GPS 设备已经从尖端产品进入了普通百姓的家庭。

3. 信息家电

信息家电领域将成为嵌入式系统最大的应用领域，电冰箱、空调等的网络化、智能化将引领人们的生活步入一个崭新的空间。即使不在家里，也可以通过手机、网络远程控制家用电器。在这些设备中，嵌入式系统将大有用武之地。

4. 家庭智能管理

水、电、煤气表的远程自动抄表，安全防火、防盗系统中嵌入的专用控制芯片将代替传统的人工抄表和人工检查，并满足更准确、更安全的要求。目前在服务领域，如远程点菜器等已经体现了嵌入式系统的优势。

5. POS 网络

公共交通无接触智能卡（Contactless Smart Card，CSC）发行系统、公共电话卡发行系统、自动售货机和智能 ATM 终端已全面进入人们的生活。

6. 环境工程

嵌入式系统可应用于水文资料实时监测、防洪体系及水土质量监测、堤坝安全监测、地震监测、实时气象信息监测、水源和空气污染监测。在很多环境恶劣、地况复杂的地区，嵌入式系统还可实现无人监测。

7. 国防与航天领域

嵌入式系统的发展使机器人在微型化、高智能等方面的优势更加明显，同时降低了机器人的成本，使其在国防与航天等特殊领域的应用更加广泛。

1.6　嵌入式控制系统

20 世纪 90 年代以来，嵌入式控制系统（Embedded Control System，ECS）向着信息化、智能化和网络化的方向发展，促进了嵌入式控制系统的诞生。

嵌入式控制系统的层次结构如图 1-15 所示。

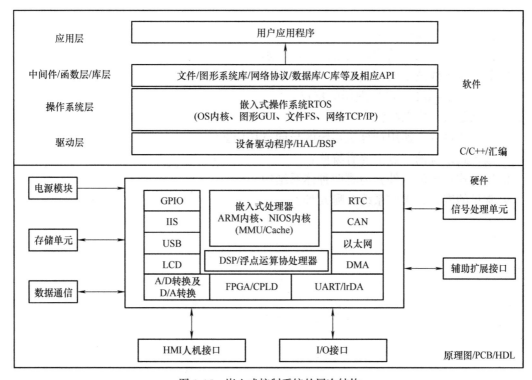

图 1-15 嵌入式控制系统的层次结构

嵌入式控制系统是嵌入式系统与控制系统紧密结合的产物,即应用于控制系统中的嵌入式系统。

嵌入式控制系统具有以下特点:

1)面向具体控制过程。嵌入式控制系统具有很强的专用性,必须结合实际控制系统的要求和环境进行合理裁剪。

2)适用于实时和多任务的体系,嵌入式控制系统的应用软件与硬件一体化,具有软件代码少、自动化程度高和响应快等特点,能在较短的时间内完成多个任务。

3)嵌入式控制系统是计算机技术、半导体技术和电子技术与各个行业的具体应用相结合的产物。

4)嵌入式控制系统本身不具备自开发能力,在设计完成之后用户通常不能对其中的程序功能进行修改,必须有一套开发工具和环境才能进行开发。

嵌入式控制系统的核心是嵌入式微控制器和嵌入式操作系统。嵌入式微控制器具备多任务处理的能力,且具有集成度高、体积小、功耗低和实时性强等优点,有利于嵌入式控制系统设计成小型化,也可提高软件的诊断能力,提升控制系统的稳定性。嵌入式操作系统具备可定制、可移植和实时性好等特点,用户可根据需要自行配置。总之,嵌入式控制系统适应了当前信息化、智能化、网络化的发展,必将获得广阔的发展空间。

习题

1. 简述微控制器的定义。
2. 简述冯·诺依曼结构和哈佛结构的区别。
3. 简述流水线技术的特点。
4. 简述 Cortex-M3 微处理器的特点。
5. 什么是嵌入式系统?
6. 嵌入式系统与通用计算机系统的异同点是什么?
7. 嵌入式系统的特点主要有哪些?
8. 嵌入式系统的软件分为哪两种体系结构?
9. 常见的嵌入式操作系统有哪几种?

第 2 章

STM32 微控制器

本章对 STM32 微控制器进行了概述，介绍了 STM32F1 系列产品的系统架构、STM32F103ZET6 的内部结构、STM32F103ZET6 的存储器映像、STM32F103ZET6 的时钟结构、STM32F103VET6 的引脚和 STM32F103VET6 的最小系统设计。

2.1 STM32 微控制器概述

STM32 是意法半导体公司较早推向市场的基于 Cortex-M 内核的微控制器系列产品，该系列产品具有成本低、功耗小、性能高、功能多等优势，并且以系列化方式推出，方便用户选型。

STM32 中，常用的有 STM32F103 ～ 107 系列（简称"1 系列"）以及高端的 STM32F4xx 系列（简称"4 系列"）。前者基于 Cortex-M3 内核，后者基于 Cortex-M4 内核。STM32F4xx 系列在以下方面做了优化：

1）增加了浮点运算。

2）DSP 处理。

3）存储空间更大，高达 1MB 以上。

4）运算速度更快，以 168MHz 高速运行时可达到 210DMIPS 的处理能力。

5）外设更高级，新增外设如照相机接口、加密处理器、USB 高速 OTG 接口等，它们性能更好，通信接口更快，采样率更高，此外还有带 FIFO 的 DMA 控制器。

STM32 微控制器具有以下优点：

1. 先进的内核

1）哈佛结构使其在处理器整数性能测试上有着出色的表现，可以达到 1.25DMIPS/MHz，而功耗仅为 0.19mW/MHz。

2）Thumb-2 指令集以 16 位的代码密度达到了 32 位的性能。

3）内置了快速的中断控制器，提供了优越的实时特性，中断的延迟时间降到只需 6 个 CPU 周期，从低功耗模式唤醒的时间也只需 6 个 CPU 周期。

4）具有单时钟周期乘法指令和硬件除法指令。

2. 3 种功耗控制

STM32 微控制器针对应用中的 3 种主要的功耗要求进行了优化，这 3 种要求分别是运行模式时高效率的动态耗电机制、待机状态时极低的电能消耗和电池供电时的低电压工作能力。为此，STM32 微控制器提供了 3 种低功耗模式和灵活的时钟控制机制，用户可以根据自己所需要的耗电 / 性能要求进行合理选择。

3. 最大程度集成整合

1）STM32 微控制器内嵌电源监控器，包括上电复位、低电压检测、掉电检测和自带时钟的"看门狗"定时器，可减少对外部器件的需求。

2）使用一个主晶振可以驱动整个系统。低成本的 4 ~ 16MHz 晶振即可驱动 CPU、USB 以及所有外设，使用内嵌锁相环（Phase Locked Loop，PLL）产生多种频率，可以为内部实时时钟选择 32kHz 的晶振。

3）内嵌出厂前调校好的 8MHz RC 振荡电路，可以作为主时钟源。

4）拥有针对实时时钟（Real Time Clock，RTC）或"看门狗"定时器的低频率 RC 电路。

5）LQPF100 封装芯片的最小系统只需要 7 个外部无源元器件。

因此，使用 STM32 微处理器可以很轻松地完成产品的开发，而且还有与之配套的完整、高效的开发工具和库函数，可帮助开发者缩短系统开发时间。

4. 创新的外设

STM32 微处理器的优势来源于两路高级外设总线，连接到该总线上的外设能以更高的速度运行。

1）USB 接口速度可达 12Mbit/s。

2）USART 接口速度高达 4.5Mbit/s。

3）SPI 接口速度可达 18Mbit/s。

4）I²C 接口速度可达 400kHz。

5）GPIO 的最大翻转频率为 18MHz。

6）脉冲宽度调制（Pulse Width Modulation，PWM）定时器最高可使用 72MHz 时钟输入。

2.1.1 STM32 微控制器产品线

目前，市场上常见的基于 Cortex-M3 的微控制器有意法半导体公司的 STM32F103 微控制器、TI 公司的 LM3S8000 微控制器和恩智浦公司的 LPC1788 微控制器等，其应用遍及工业控制、消费电子产品、仪器仪表、智能家居等各个领域。

意法半导体公司于 1987 年 6 月成立，是由意大利的 SGS 微电子公司和法国 THOMSON 半导体公司合并而成。在诸多半导体制造商中，意法半导体公司是较早在市场上推出基于 Cortex-M 内核的微控制器产品的公司，其根据 Cortex-M 内核设计生产的 STM32 微控制器充分发挥了低成本、低功耗、高性价比的优势，并以系列化的方式推出，方便用户选择，受到了广泛的好评。

STM32 微控制器适合的应用：替代绝大部分 8/16 位微控制器的应用，替代目前常用的 32 位微控制器（特别是 ARM7）的应用、小型操作系统相关的应用以及简单图形和语音相关的应用等。

STM32 微控制器不适合的应用有：程序代码大于 1MB 的应用、基于嵌入式 Linux 或 Android 的应用和基于高清或超高清的视频应用等。

STM32 微控制器的产品线包括高性能类型、主流类型和超低功耗类型三大类，分别面向不同的应用，其具体产品系列如图 2-1 所示。

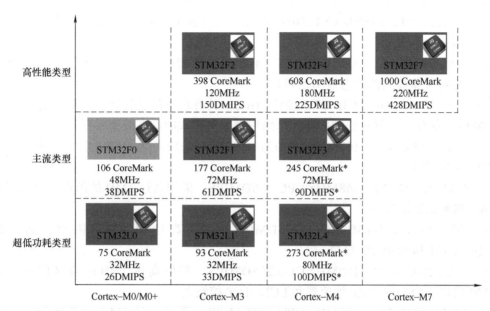

图 2-1　STM32 产品系列图

1. STM32F1 系列（主流类型）

STM32F1 系列微控制器基于 Cortex–M3 内核，利用一流的外设和低功耗、低电压操作实现了较好的性能，同时以可接受的价格，利用简单的架构和简便易用的工具实现了高集成度，能够满足工业、医疗和消费类市场的各种应用需求。凭借该产品系列，意法半导体公司在全球基于 Cortex–M3 内核的微控制器领域处于领先地位。本书后续章节即是基于 STM32F1 系列中的典型微控制器 STM32F103 进行讲述的。

STM32F1 系列微控制器包含以下 5 个产品线，它们的引脚、外设和软件均兼容。

1）STM32F100，超值型，24MHz CPU，具有电动机控制功能。

2）STM32F101，基本型，36MHz CPU，具有高达 1MB 的 Flash。

3）STM32F102，USB 基本型，48MHz CPU，具有 USBFS。

4）STM32F103，增强型，72MHz CPU，具有高达 1MB 的 Flash、电动机控制、USB 和 CAN。

5）STM32F105/107，互联型，72MHz CPU，具有以太网 MAC、CAN 和 USB2.0 OTG。

2. STM32F4 系列（高性能类型）

STM32F4 系列微控制器基于 Cortex–M4 内核，采用了意法半导体公司的 90nm NVM 工艺和 ART 加速器，在高达 180MHz 的工作频率下通过闪存执行时，其处理性能达到 225 DMIPS/608CoreMark。由于采用了动态功耗调整功能，因此通过闪存执行时的电流消耗范围为 STM32F401 的 128μA/MHz 到 STM32F439 的 260μA/MHz。

STM32F4 系列包括 8 条互相兼容的数字信号控制器（Digital Signal Controller，DSC）产品线，是微控制器实时控制功能与 DSP 信号处理功能的完美结合体。

1）STM32F401，84MHz CPU/105DMIPS，尺寸较小，成本较低，具有较好的功耗效率（动态效率系列）。

2）STM32F410，100MHz CPU/125DMIPS，采用智能 DMA，优化了数据批处理的功耗（采用批采集模式的动态效率系列）。

3）STM32F411，100MHz CPU/125DMIPS，具有卓越的功耗效率、更大的 SRAM 和智能 DMA，优化了数据批处理的功耗（采用批采集模式的动态效率系列）。

4）STM32F405/415，168MHz CPU/210DMIPS，采用高达 1MB 的闪存，具有先进连接功能和加密功能。

5）STM32F407/417，168MHz CPU/210DMIPS，采用高达 1MB 的闪存，增加了以太网 MAC 和照相机接口。

6）STM32F446，180MHz CPU/225DMIPS，采用高达 512KB 的闪存，具有 Dual SPI、Quad SPI 和 SDRAM 接口。

7）STM32F429/439，180MHz CPU/225DMIPS，采用高达 2MB 的双区闪存，具有 SDRAM 接口、Chrom-ART 加速器和 LCD-TFT 控制器。

8）STM32F427/437，180MHz CPU/225DMIPS，采用高达 2MB 的双区闪存，具有 SDRAM 接口、Chrom-ART 加速器、串行音频接口，性能更高，静态功耗更低。

9）STM32F469/479，180MHz CPU/225DMIPS，采用高达 2MB 的双区闪存，具有 SDRAM 和 Quad SPI 接口、Chrom-ART 加速器、LCD-TFT 控制器和 MPI-DSI 接口。

3. STM32F7 系列（高性能类型）

STM32F7 系列微控制器基于 Cortex-M7 内核，采用 6 级超标量流水线和浮点单元，并利用 ST 的 ART 加速器和 L1 缓存，实现了 Cortex-M7 内核的最大理论性能——无论是从嵌入式闪存还是外部存储器来执行代码，都能在 216MHz 频率下使性能达到 462DMIPS/1082CoreMark。由此可见，相对于意法半导体公司以前推出的高性能微控制器，如 F2、F4 系列，STM32F7 系列的优势就在于其强大的运算性能，能够适用于那些对于运算有巨大需求的应用，对于可穿戴设备和健身应用来说，该系列微控制器可起到巨大的推动作用。

4. STM32L1 系列（超低功耗类型）

STM32L1 系列微控制器基于 Cortex-M3 内核，采用意法半导体公司专有的超低泄漏制程，具有自主动态电压调节功能和 5 种低功耗模式，为各种应用提供了灵活性的平台。STM32L1 系列微控制器扩展了超低功耗的理念，并且不会牺牲性能。与 STM32L0 系列微控制器一样，STM32L1 系列微控制器提供了动态电压调节、超低功耗时钟振荡器、LCD 接口、比较器、DAC 及硬件加密等部件。

STM32L1 系列微控制器可以实现在 1.65 ～ 3.6V 范围内以 32MHz 的频率全速运行，其功耗参考值如下：

1）动态运行模式，低至 177μA/MHz。

2）低功耗运行模式：低至 9μA。

3）超低功耗模式 + 备份寄存器 +RTC：900nA（3 个唤醒引脚）。

4）超低功耗模式 + 备份寄存器：280nA（3 个唤醒引脚）。

除了超低功耗微控制器以外，STM32L1 系列微控制器还提供了多种特性、存储容量和封装引脚数选项，如 32 ～ 512KB 闪存、高达 80KB 的 SDRAM、16KB 真正的嵌入式 EEPROM 和 48 ～ 144 个引脚。为了简化移植步骤和为工程师提供所需的灵活性，STM32L1 系列微控制器与不同的 STM32F 系列微控制器均可引脚兼容。

2.1.2　STM32 微控制器的命名规则

意法半导体公司在推出以上一系列基于 Cortex-M 内核的 STM32 微控制器产品线的同时，也制定了它们的命名规则。通过名称，用户能直观、迅速地了解某款具体型号的 STM32 微控制器产品。STM32 微控制器的名称主要由以下几部分组成。

1. 产品系列

STM32 微控制器名称通常以 STM32 开头，表示产品系列，代表意法半导体公司基于 Cortex-M 系列内核的 32 位微控制器。

2. 产品类型

产品类型是 STM32 微控制器名称的第二部分，通常有 F（Flash Memory，通用快速闪存）、W（无线系统芯片）、L（低功耗、低电压，1.65 ～ 3.6V）等类型。

3. 产品子系列

产品子系列是 STM32 微控制器名称的第三部分。

例如，常见的 STM32F 产品子系列有 050（Cortex-M0 内核）、051（Cortex-M0 内核）、100（Cortex-M3 内核，超值型）、101（Cortex-M3 内核，基本型）、102（Cortex-M3 内核，USB 基本型）、103（Cortex-M3 内核，增强型）、105（Cortex-M3 内核，USB 互联网型）、107（Cortex-M3 内核，USB 互联网型和以太网型）、108（Cortex-M3 内核，IEEE802.15.4 标准）、151（Cortex-M3 内核，不带 LCD）、152/162（Cortex-M3 内核，带 LCD）、205/207（Cortex-M3 内核，带摄像头）、215/217（Cortex-M3 内核，带摄像头和加密模块）、405/407（Cortex-M4 内核，MCU+FPU，带摄像头）、415/417（Cortex-M4 内核，MCU+FPU，带加密模块和摄像头）等。

4. 引脚数

引脚数是 STM32 微控制器名称的第四部分，通常有以下几种：F（20 引脚）、G（28 引脚）、K（32 引脚）、T（36 引脚）、H（40 引脚）、C（48 引脚）、U（63 引脚）、R（64 引脚）、O（90 引脚）、V（100 引脚）、Q（132 引脚）、Z（144 引脚）和 I（176 引脚）等。

5. 闪存容量

闪存容量是 STM32 微控制器名称的第五部分，通常以下几种：4（16KB，小容量）、6（32KB，小容量）、8（64KB，中容量）、B（128KB，中容量）、C（256KB，大容量）、D（384KB，大容量）、E（512KB，大容量）、F（768KB，大容量）、G（1MB，大容量）。

6. 封装方式

封装方式是 STM32 微控制器名称的第六部分，通常有以下几种：T（薄型四侧引脚扁平封装，Low- profile Quad Flat Package，LQFP）、H（球栅阵列封装，Ball Grid Array，BGA）、U（超薄细间距四方扁平无铅封装，Very thin Fine Pitch Quad Flat Pack No-lead package，VFQFPN）、Y（晶圆片级芯片规模封装，Wafer Level Chip Scale Packaging，WLCSP）。

7. 温度范围

温度范围是 STM32 微控制器名称的第七部分，通常有以下两种：6（-40 ~ 85℃，工业级）、7（-40 ~ 105℃，工业级）。

STM32F103 微控制器的命名解读如图 2-2 所示。

通过命名规则，读者能直观、迅速地了解某款具体型号的微控制器产品。例如，本书后续部分主要介绍的微控制器 STM32F103ZET6，其中，STM32 代表意法半导体公司基于 Cortex-M 系列内核的 32 位微控制器，F 代表通用快速闪存型，103 代表基于 Cortex-M3 内核的增强型子系列，Z 代表 144 个引脚。E 代表大容量 512KB 闪存，T 代表 LQFP，即薄型四侧引脚扁平封装，6 代表 -40 ~ 85℃的工业级温度范围。

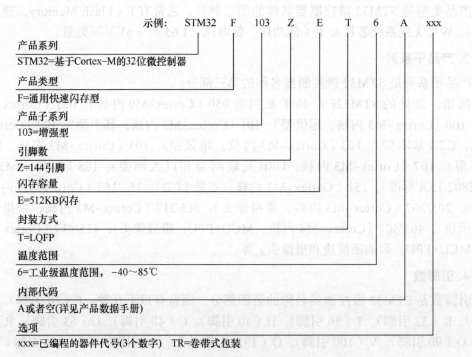

图 2-2 STM32F103 微控制器命名解读

STM32F103 微控制器的闪存容量、封装及派生型号的对应关系如图 2-3 所示。

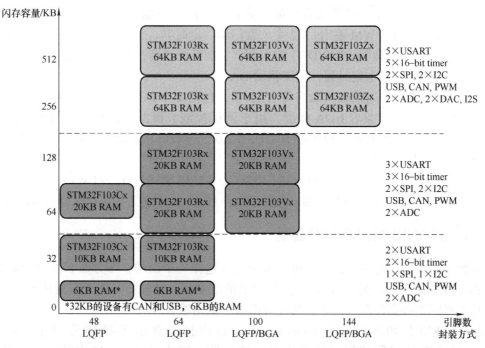

图 2-3　STM32F103 微控制器的闪存容量、封装及派生型号的对应关系

对 STM32 微控制器的内部资源介绍如下。

（1）内核　内核为 32 位 Cortex–M3 CPU，最高工作频率为 72MHz，执行速度为 1.25DMIPS/MHz，完成 32 位 × 32 位乘法计算只需用一个时钟周期，并且硬件支持除法（但也有芯片不支持硬件除法）。

（2）存储器　片上集成 32 ～ 512KB 的闪存，6 ～ 64KB 的静态随机存储器（SRAM）。

（3）电源和时钟复位电路　电源和时钟复位电路包括：2.0 ～ 3.6V 的供电电源（提供 I/O 接口的驱动电压）；上电 / 断电复位（POR/PDR）端和可编程电压探测器（PVD）；内嵌 4 ～ 16MHz 的晶振；内嵌出厂前调校的 8MHz RC 振荡电路、40kHz RC 振荡电路，供 CPU 时钟的 PLL 锁相环使用，还有带校准功能供 RTC 使用的 32kHz 晶振。

（4）调试端口　有 SWD 串行调试端口和 JTAG 端口可供调试用。

（5）I/O 接口　根据型号的不同，双向快速 I/O 接口数目可为 26、37、51、80 或 112。翻转速度为 18MHz，所有的接口都可以映射到 16 个外部中断向量。除了模拟输入接口，其他所有的接口都可以接收 5V 以内的电压输入。

（6）DMA（直接内存存取）端口　支持定时器、ADC、SPI、I²C 和 USART 等外设。

（7）ADC　STM32 微控制器内带有 2 个 12 位的微秒级逐次逼近型 ADC，每个 ADC 最多有 16 个外部通道和 2 个内部通道。2 个内部通道一个接内部温度传感器，另一个接内部参考电压。ADC 供电要求为 2.4 ～ 3.6V，测量范围为 V_{REF-} ～ V_{REF+}，V_{REF-} 通常为 0V，V_{REF+} 通常与供电电压一样。具有双采样和保持能力。

（8）DAC　STM32F103xC、STM32F103xD、STM32F103xE 微控制器具有 2 通道 12 位 DAC。

（9）定时器　STM32 微控制器内最多可有 11 个定时器，包括 4 个 16 位定时器，每个定时器有 4 个 PWM 定时器或者脉冲计数器；2 个 16 位的 6 通道高级控制定时器（最多 6 个通道，可用于 PWM 输出）；2 个"看门狗"定时器，包括独立"看门狗"（IWDG）定时器和窗口"看门狗"（WWDG）定时器；1 个系统"滴答"定时器 SysTick（24 位倒计数器）；2 个 16 位基本定时器，用于驱动 DAC。

（10）通信端口 通信端口最多可有 13 个，包括 2 个 PC 端口、5 个通用异步收发传输器（UART）端口（兼容 IrDA 标准，用于调试控制）和 3 个 SPI 端口（18Mbit/s），其中 IS 端口最多只能有 2 个，CAN 端口、USB 2.0 全速端口和安全数字输入 / 输出（SDIO）端口最多都只能有 1 个。

（11）FSMC FSMC 嵌在 STM32F103xC、STM32F103xD、STM32F103xE 微控制器中，带有 4 个片选端口，支持闪存、随机存储器（RAM）、伪静态随机存储器（PSRAM）等。

2.1.3 STM32 微控制器的选型

在微控制器选型过程中，工程师常常会陷入这样一个困局：一方面 8 位 /16 位微控制器的指令和性能有限，另一方面 32 位处理器的成本高、功耗高。能否有效地解决这个问题，让工程师不必在性能、成本、功耗等因素中做出取舍？

基于 ARM 公司 2006 年推出的 Cortex-M3 内核，意法半导体公司于 2007 年推出的 STM32 微控制器就很好地解决了上述问题。因为 Cortex-M3 内核的计算能力是 1.25DMIPS/MHz，而 ARM 7TDMI 只有 0.95DMIPS/MHz。而且 STM32 微控制器拥有 1μs 的双 12 位 ADC、4Mbit/s 的 UART、18Mbit/s 的 SPI 和 18MHz 的 I/O 翻转速度。

在大致了解了 STM32 微控制器的分类和命名规则的基础上，可根据实际情况的具体需求，大致确定所要选用的 STM32 微控制器的内核型号和产品系列。例如，一般的工程应用的数据运算量不是特别大，基于 Cortex-M3 内核的 STM32F1 系列微控制器即可满足要求；如果需要进行大量的数据运算，且对实时控制和数字信号处理能力要求很高，或者需要外接 RGB 大屏幕，则推荐选择基于 Cortex-M4 内核的 STM32F4 系列微控制器。

在明确了产品系列之后，可以进一步选择产品线。以基于 Cortex-M3 内核的 STM32F1 系列微控制器为例，如果仅需要用到电动机控制或消费类电子设备控制功能，则选择 STM32F100 或 STM32F101 系列微控制器即可；如果还需要用到 USB 通信、CAN 总线等模块，则推荐选用 STM32F103 系列微控制器；如果对网络通信要求较高，则可以选用 STM32F105 或 STM32F107 系列微控制器。对于同一个产品系列，不同的产品线采用的内核是相同的，但片上外设存在差异。具体选型情况要视实际的应用场合而定。

确定好产品线之后，即可选择具体的型号。参照 STM32 微控制器的命名规则，可以先确定微控制器的引脚数目。引脚多的微控制器的功能相对多一些，当然价格也贵一些，具体要根据实际应用中的功能需求进行选择，一般够用就好。确定好了引脚数目之后再选择闪存容量的大小。对于 STM32 微控制器而言，具有相同引脚数目的微控制器会有不同的闪存容量可供选择，因此它也要根据实际需要考虑，程序大就选择容量大的闪存，一般也是够用即可。到这里，根据实际的应用需求，已经确定了所需的微控制器的具体型号，下一步的工作就是开发相应的应用。

微控制器除可以选择 STM32 外，还可以选择国产芯片。ARM 技术发源于国外，但通过我国研究人员多年的研究和开发，我国的 ARM 微控制器技术取得了很大的进步，国产品牌已获得了较高的市场占有率，相关的产业也在逐步发展壮大之中。

1）兆易创新公司于 2005 年在北京成立，是一家无晶圆厂半导体公司，致力于开发先进的存储器技术和 IC 解决方案。公司的核心产品线为闪存、32 位通用型微控制器、智能人机交互传感器芯片及整体解决方案，公司产品以"高性能、低功耗"著称，为工业、汽车、计算、消费类电子设备、物联网、移动应用以及网络和电信行业的客户提供全方位服务。其与 STM32F103 兼容的产品为 GD32VF103。

2）华大半导体公司是中国电子信息产业集团有限公司（CEC）旗下的集成电路发展平台公司，围绕汽车电子、工业控制、物联网三大应用领域，重点布局控制芯片、功率半导体器件、高端模拟芯片和安全芯片等，形成了整体芯片解决方案，进而形成了竞争力强劲的产品矩阵及全面的解决方案。其可以选择的 ARM 架构的微控制器有 HC32F0、HC32F1 和 HC32F4 系列。

学习嵌入式微控制器的知识，掌握其核心技术，了解这些技术的发展趋势，有助于为我国培养该领域的后备人才，促进我国在微控制器技术上的长远发展，并为国产品牌注入新的活力。在学习中，应注意知识积累、能力提升和价值观塑造的有机结合，培养自力更生、追求卓越的奋斗精神和精益求精的工匠精神，树立民族自信心，为实现中华民族的伟大复兴贡献力量。

2.2　STM32F1 系列产品系统架构和 STM32F103ZET6 内部架构

STM32 微控制器跟其他单片机一样，是一个单片计算机或单片微控制器，所谓单片就是在一个芯片上集成了计算机或微控制器该有的基本功能部件。这些基本功能部件通过总线连在一起。就 STM32 微控制器而言，这些基本功能部件包括 Cortex-M 内核、总线、系统时钟发生器、复位电路、程序存储器、数据存储器、中断控制、调试接口以及各种外设。不同系列和型号的外设数量和种类也不一样，常有的基本功能部件（外设）是：通用型 I/O 接口 GPIO、定时 / 计数器 TIMER/COUNTER、通用同步异步收发器 USART（Universal Synchronous Asynchronous Receiver Transmitter）、串行总线 I²C 和 SPI 或 I2S、SD 卡接口 SDIO、USB 接口等。

STM32F10x 系列微控制器基于 Cortex-M3 内核，主要分为 STM32F100xx、STM32F101xx、STM32F102xx、STM32F103xx、STM32F105xx 和 STM32F107xx 系列。STM32F100xx、STM32F101xx 和 STM32F102xx 为基本型系列，分别工作在 24MHz、36MHz 和 48MHz 主频下，STM32F103xx 为增强型系列，STM32F105xx 和 STM32F107xx 为互联型系列，它们均工作在 72MHz 主频下。其结构特点为：

1）一个主晶振可以驱动整个系统，低成本的 4 ～ 16MHz 晶振即可驱动 CPU、USB 和其他所有外设。

2）内嵌出厂前调校好的 8MHz RC 振荡器，可以作为低成本主时钟源。

3）内嵌电源监视器，可减少对外部元器件的要求，提供上电复位、低电压检测和掉电检测功能。

4）GPIO：最高翻转频率为 18MHz。

5）PWM 定时器：可以接收最高频率为 72MHz 时钟输入。

6）USART：传输速率可达 4.5Mbit/s。

7）ADC：12 位，转换时间最快为 1μs。

8）DAC：12 位，提供 2 个通道。

9）SPI：传输速率可达 18Mbit/s，支持主模式和从模式。

10）I²C：工作频率可达 400kHz。

11）I2S：采样频率可选范围为 8～48kHz。

12）具有自带时钟的"看门狗"定时器。

13）USB：传输速率可达 12Mbit/s。

14）SDIO：传输速率为 48MHz。

2.2.1 STM32F1 系列产品系统架构

STM32F1 系列产品系统架构如图 2-4 所示。

STM32F1 系列产品主要由以下部分构成：

1）Cortex-M3 内核、DCode 总线（D-bus）和系统总线（S-bus）。

2）通用 DMA1 和通用 DMA2。

3）内部 SRAM。

4）内部闪存。

5）FSMC。

6）AHB 和 APB 的桥，它连接所有的 APB 设备。上述部件都是通过一个多级的 AHB 总线架构相互连接的。

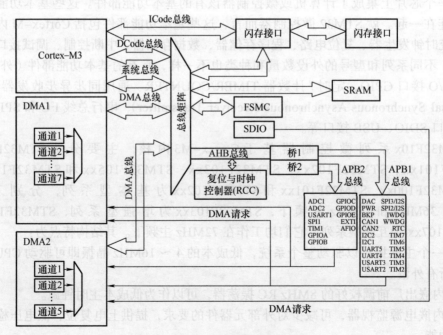

图 2-4   STM32F1 系列产品系统架构

ICode 总线：该总线将 Cortex-M3 内核的指令总线与闪存的指令接口相连接。指令预取在此总线上完成。

DCode 总线：该总线将 Cortex-M3 内核的 DCode 总线与闪存的数据接口相连接（常量加载和调试访问）。

系统总线：此总线连接 Cortex-M3 内核的系统总线（外设总线）到总线矩阵，由总线矩阵协调 Cortex-M3 内核和 DMA 间的访问。

DMA 总线：此总线将 DMA 的 AHB 主控接口与总线矩阵相连接，由总线矩阵协调 Cortex-M3 内核的 DCode 总线和 DMA 总线到 SRAM、闪存和外设的访问。

总线矩阵：总线矩阵协调 Cortex-M3 内核的系统总线和 DMA 总线之间的访问仲裁，仲裁采用轮换算法。总线矩阵包含 4 个主动部件（Cortex-M3 内核的 DCode、系统总线、DMA1 的 DMA 总线和 DMA2 的 DMA 总线）和 4 个被动部件（闪存接口、SRAM、FSMC、AHB 和 APB 的桥）。

AHB 外设通过总线矩阵与系统总线相连，允许 DMA 访问。

AHB 和 APB 的桥（APB）：两个 AHB 和 APB 的桥在 AHB 和 APB1 与 APB2 之间提供同步连接。APB1 操作速度限于 36MHz，APB2 操作为全速（最高 72MHz）。

为更加简明地理解 STM32 微控制器的内部结构，对图 2-4 进行抽象简化后如图 2-5 所示，这样对初学者的学习理解会更加方便些。

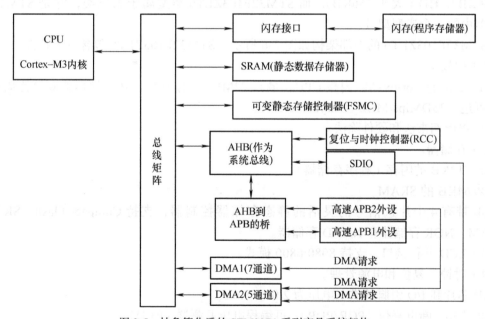

图 2-5　抽象简化后的 STM32F1 系列产品系统架构

现结合图 2-5 对 STM32 微控制器的基本原理做一下简单分析，主要包括以下内容。

1）程序存储器、静态数据存储器和所有的外设都统一编址，地址空间为 4GB。但各自都有固定的存储空间区域，使用不同的总线进行访问。这一点跟 51 单片机完全不一样。具体的地址空间请参阅相关手册。如果采用固件库开发程序，则可以不必关注具体的地址问题。

2）可将 Cortex-M3 内核视为 STM32 微控制器的 "CPU"，程序存储器、静态数据存储器、所有的外设均通过相应的总线再经总线矩阵与之相接。Cortex-M3 内核控制程序存储器、静态数据存储器和所有外设的读写访问。

3）STM32 微控制器的功能外设较多，分为高速外设和低速外设两类，各自通过桥和 AHB 系统总线连接至总线矩阵，从而实现与 Cortex-M3 内核的连接。两类外设的时钟可各自配置，速度不一样。具体某个外设属于高速还是低速，已经被意法半导体公司明确规定。所有外设均有两种访问操作方式：一是传统的方式，通过相应总线由 CPU 发出读写指令进行访问，这种方式适用于读写数据较小、速度相对较低的场合；二是 DMA 方式，即直接存储器存取，在这种方式下，外设可发出 DMA 请求，不再通过 CPU 而直接与指定的存储区发生数据交换，因此可大大提高数据访问操作的速度。

4）STM32 的系统时钟均由复位与时钟控制器 RCC 产生，它有一整套的时钟管理设备，由它为系统和各种外设提供所需的时钟以确定各自的工作速度。

2.2.2 STM32F103ZET6 内部架构

根据程序存储容量，意法半导体公司所产芯片分为三大类：LD（小于 64KB），MD（小于 256KB），HD（大于 256KB），而 STM32F103ZET6 类型属于第三类，它是 STM32 微控制器中的一个典型型号。

STM32F103ZET6 的内部架构如图 2-6 所示。STM32F103ZET6 包含以下特性。

1）内核。

① 32 位的 Cortex-M3 内核 CPU，最高 72MHz 工作频率，在存储器的 0 等待周期访问时可达 1.25DMips/MHz（Dhrystone 2.1）。

② 单周期乘法和硬件除法。

2）存储器。

① 512KB 的闪存（程序存储器）。

② 64KB 的 SRAM。

③ 带有 4 个片选信号的灵活的静态存储器控制器，支持 Compact Flash、SRAM、PSRAM、NOR 存储器和 NAND 存储器。

3）LCD 并行接口，支持 8080/6800 模式。

4）时钟、复位和电源管理。

① 芯片和 I/O 引脚的供电电压为 2.0 ~ 3.6V。

② 上电 / 断电复位（POR/PDR）、可编程电压监测器（PVD）。

③ 4 ~ 16MHz 晶体振荡器。

④ 内嵌经出厂调校的 8MHz RC 振荡器。

⑤ 内嵌带校准的 40kHz RC 振荡器。

⑥ 带校准功能的 32kHz RTC 振荡器。

5）低功耗。

① 支持睡眠、停机和待机模式。

② VBAT 为 RTC 和后备寄存器供电。

6）3 个 12 位 A/D 转换器（ADC），转换时间 1μs（16 个输入通道）。

① 转换范围：0 ～ 3.6V。

② 采样和保持功能。

③ 温度传感器。

7）2 个 12 位 D/A 转换器（DAC）。

8）DMA。

① 12 通道 DMA 控制器。

② 支持的外设包括：定时器、ADC、DAC、SDIO、I2S、SPI、I²C 和 USART。

9）调试模式。

① 串行单线调试（SWD）和 JTAG 接口。

② Cortex-M3 内核嵌入式跟踪宏单元（ETM）。

10）快速 I/O 接口（PA ～ PG）。

多达 7 个快速 I/O 接口，每个接口包含 16 根 I/O 口线，所有 I/O 接口可以映像到 16 个外部中断；几乎所有 I/O 接口均可容忍 5V 信号。

11）多达 11 个定时器。

① 4 个 16 位通用定时器，每个定时器有多达 4 个用于输入捕获 / 输出比较 /PWM 或脉冲计数的通道和增量编码器输入。

② 2 个 16 位带死区控制和紧急刹车，用于电动机控制的 PWM 高级控制定时器。

③ 2 个"看门狗"定时器（独立"看门狗"定时器和窗口"看门狗"定时器）。

④ 系统"滴答"定时器：24 位自减型计数器。

⑤ 2 个 16 位基本定时器，用于驱动 DAC。

12）多达 13 个通信接口。

① 2 个 IC 接口（支持 SMBus/PMBus）。

② 5 个 USART 接口（支持 ISO 7816 接口、LIN、IrDA 兼容接口和调制解调控制）。

③ 3 个 SPI 接口（18Mbit/s），2 个带有 PS 切换接口。

④ 1 个 CAN 接口（支持 2.0B 协议）。

⑤ 1 个 USB2.0 全速接口。

⑥ 1 个 SDIO 接口。

13）CRC 计算单元，96 位的芯片唯一代码。

14）LQFP144 封装形式。

15）工作温度：-40 ～ 105℃。

以上特性，使得 STM32F103ZET6 非常适用于电动机驱动、应用控制、医疗和手持设备、个人计算机和游戏外设、GPS 平台、工业应用、PLC、逆变器、打印机、扫描仪、报警系统和空调系统等领域。

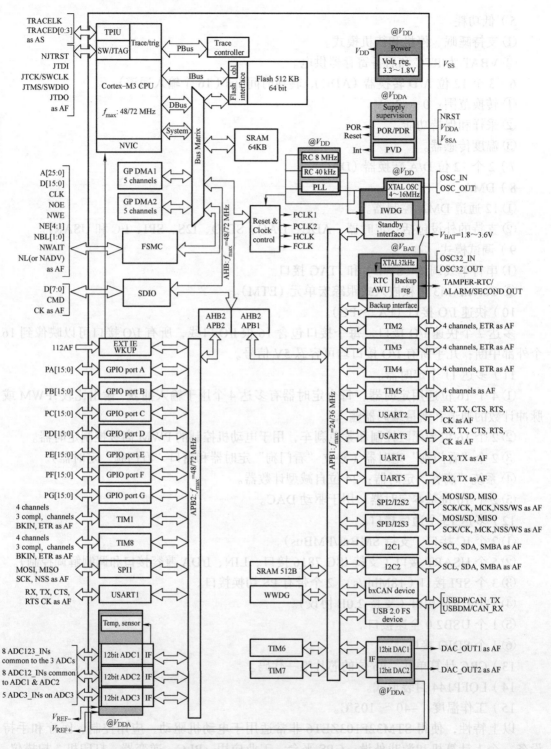

图 2-6　STM32F103ZET6 的内部架构

channels—通道　as AF—作为第二功能可作为外设功能脚的 I/O 接口　device—设备　System—系统　Power—电源
volt.reg.—电压寄存器　Bus Matrix —总线矩阵　Supply supervision—电源监视　Standby interface—备用接口
Backup interface—后备接口　Backup reg.—后备寄存器

2.3　STM32F103ZET6 的存储器映像

STM32F103ZET6 的存储器映像如图 2-7 所示。

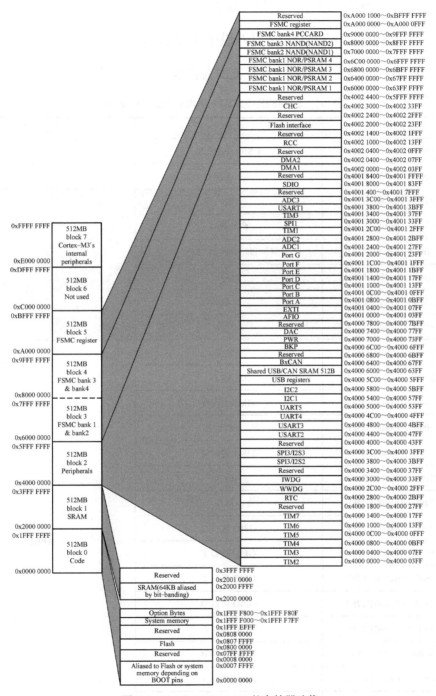

图 2-7　STM32F103ZET6 的存储器映像

block—块　bank—段　Reserved—保留　Shared—共享　registers—寄存器　Option Bytes—选项字节
System memory—系统存储器　Aliased—别名　depending on—取决于　pins—引脚

程序存储器、数据存储器、寄存器和 I/O 接口被组织在同一个 4GB 的线性地址空间内。可访问的存储器空间被分成 8 个主要的块，每块为 512MB。

数据字节以小端格式存放在存储器中。一个字中的最低地址字节被认为是该字的最低有效字节，而最高地址字节是该字的最高有效字节。

2.3.1　STM32F103ZET6 内置外设的地址范围

STM32F103ZET6 中内置外设的地址范围见表 2-1。

表 2-1　STM32F103ZET6 中内置外设的地址范围

地址范围	外设	所在总线
0x5000 0000 ～ 0x5003 FFFF	USB OTG 全速	AHB
0x4002 8000 ～ 0x4002 9FFF	以太网	
0x4002 3000 ～ 0x4002 33FF	CRC	AHB
0x4002 2000 ～ 0x4002 23FF	闪存接口	
0x4002 1000 ～ 0x4002 13FF	复位和时钟控制（RCC）	
0x4002 0400 ～ 0x4002 07FF	DMA2	
0x4002 0000 ～ 0x4002 03FF	DMA1	
0x4001 8000 ～ 0x4001 83FF	SDIO	
0x4001 3C00 ～ 0x4001 3FFF	ADC3	APB2
0x4001 3800 ～ 0x4001 3BFF	USART1	
0x4001 3400 ～ 0x4001 37FF	TIM8 定时器	
0x4001 3000 ～ 0x4001 33FF	SPI1	
0x4001 2C00 ～ 0x4001 2FFF	TIM1 定时器	
0x4001 2800 ～ 0x4001 2BFF	ADC2	
0x4001 2400 ～ 0x4001 27FF	ADC1	
0x4001 2000 ～ 0x4001 23FF	GPIO 接口 G	
0x4001 1C00 ～ 0x4001 1FFF	GPIO 接口 F	
0x4001 1800 ～ 0x4001 1BFF	GPIO 接口 E	
0x4001 1400 ～ 0x4001 17FF	GPIO 接口 D	
0x4001 1000 ～ 0x4001 13FF	GPIO 接口 C	
0x4001 0C00 ～ 0x4001 0FFF	GPIO 接口 B	
0x4001 0800 ～ 0x4001 0BFF	GPIO 接口 A	
0x4001 0400 ～ 0x4001 07FF	EXTI	
0x4001 0000 ～ 0x4001 03FF	AFIO	

（续）

地址范围	外设	所在总线
0x4000 7400 ～ 0x4000 77FF	DAC	APB1
0x4000 7000 ～ 0x4000 73FF	电源控制（PWR）	
0x4000 6C00 ～ 0x4000 6FFF	后备寄存器（BKR）	
0x4000 6400 ～ 0x4000 67FF	bxCAN	
0x4000 6000 ～ 0x4000 63FF	USB/CAN 共享的 512B SRAM	
0x4000 5C00 ～ 0x4000 5FFF	USB 全速设备寄存器	
0x4000 5800 ～ 0x4000 5BFF	I^2C2	
0x4000 5400 ～ 0x4000 57FF	I^2C1	
0x4000 5000 ～ 0x4000 53FF	UART5	
0x4000 4C00 ～ 0x4000 4FFF	UART4	
0x4000 4800 ～ 0x4000 4BFF	USART3	
0x4000 4400 ～ 0x4000 47FF	USART2	
0x4000 3C00 ～ 0x4000 3FFF	SPI3/I2S3	
0x4000 3800 ～ 0x4000 3BFF	SPI2/I2S2	
0x4000 3000 ～ 0x4000 33FF	独立"看门狗"定时器（IWDG）	
0x4000 2C00 ～ 0x4000 2FFF	窗口"看门狗"定时器（WWDG）	
0x4000 2800 ～ 0x4000 2BFF	RTC	
0x4000 1400 ～ 0x4000 17FF	TIM7 定时器	
0x4000 1000 ～ 0x4000 13FF	TIM6 定时器	
0x4000 0C00 ～ 0x4000 0FFF	TIM5 定时器	
0x4000 0800 ～ 0x4000 0BFF	TIM4 定时器	
0x4000 0400 ～ 0x4000 07FF	TIM3 定时器	
0x4000 0000 ～ 0x4000 03FF	TIM2 定时器	

以下没有分配给片上存储器和外设的存储器空间都是保留的地址空间：

0x4000 1800 ～ 0x4000 27FF、0x4000 3400 ～ 0x4000 37FF、0x4000 4000 ～ 0x4000 3FFF、0x4000 7800 ～ 0x4000 FFFF、0x4001 4000 ～ 0x4001 7FFF、0x4001 8400 ～ 0x4001 7FFF、0x4002 8000 ～ 0x4002 0FFF、0x4002 1400 ～ 0x4002 1FFF、0x4002 3400 ～ 0x4002 3FFF 和 0x4003 0000 ～ 0x4FFF FFFF其中，每个地址范围的第一个地址为对应外设的首地址，该外设的相关寄存器地址都可以用"首地址 + 偏移量"的方式找到其绝对地址。

2.3.2　嵌入式 SRAM

STM32F103ZET6 内置 64KB 的 SRAM。它可以以字节、半字（16 位）或字（32 位）访问。SRAM 的起始地址是 0x2000 0000。

Cortex-M3 内核的存储器映像包括两个位带区。这两个位带区将别名区中的每个字映射到位带区的一个位，在别名区写入一个字具有对位带区的目标位执行读 – 改写操作的相同效果。

在 STM32F103ZET6 中，外设寄存器和 SRAM 都被映射到位带区里，允许执行位带区的写和读操作。

下面的映射公式给出了别名区中的每个字是如何对应位带区的相应位的：

bit_word_addr=bit_band_base+（byte_offsetx32）+（bit_numberx4）

其中：

bit_word_addr 是别名区中字的地址，它映射到某个目标位。

bit_band_base 是别名区的起始地址。

byte_offset 是包含目标位的字节在位带区中的序号。

bit_number 是目标位所在位置（0 ~ 31）。

2.3.3 嵌入式闪存

512KB 的闪存由主存储块和信息块组成：主存储块容量为 64K × 64 位，每个存储块划分为 256 个 2KB 的页。信息块容量为 258 × 64 位。

闪存块的组织见表 2-2。

表 2-2 闪存块的组织

模块	名称	地址	大小 /B
主存储块	页 0	0x0800 0000 ~ 0x0800 07FF	2K
	页 1	0x0800 0800 ~ 0x0800 0FFF	2K
	页 2	0x0800 1000 ~ 0x0800 17FF	2K
	页 3	0x0800 1800 ~ 0x0800 1FFF	2K
	……	……	……
	页 255	0x0807 F800 ~ 0x0807 FFFF	2K
信息块	系统存储器	0x1FFF F000 ~ 0x1FFF F7FF	2K
	选择字节	0x1FFF F800 ~ 0x1FFF F80F	16
闪存接口寄存器	FLASH_ACR	0x4002 2000 ~ 0x4002 2003	4
	FLASH_KEYR	0x4002 2004 ~ 0x4002 2007	4
	FLASH_OPTKEYR	0x4002 2008 ~ 0x4002 200B	4
	FLASH_SR	0x4002 200C ~ 0x4002 200F	4
	FLASH_CR	0x4002 2010 ~ 0x4002 2013	4
	FLASH_AR	0x4002 2014 ~ 0x4002 2017	4
	保留	0x4002 2018 ~ 0x4002 201B	4
	FLASH_OBR	0x4002 201C ~ 0x4002 201F	4
	FLASH_WRPR	0x4002 2020 ~ 0x4002 2023	4

闪存接口的特性为：

1）带预取缓冲器的读接口（每字为 2×64 位）。

2）选择字节加载器。

3）闪存编程 / 擦除操作。

4）访问 / 写保护。

闪存的指令和数据访问是通过 AHB 完成的。预取模块通过 ICode 总线读取指令。仲裁作用在闪存接口，并且 DCode 总线上的数据访问优先。

2.4　STM32F103ZET6 的时钟结构

STM32 微控制器中有 5 个时钟源，分别是高速内部（High Speed Internal，HSI）时钟、高速外部（High Speed External，HSE）时钟、低速内部（Low Speed Internal，LSI）时钟、低速外部（Low Speed External，LSE）时钟和锁相环（Phase Locked Loop，PLL）倍频输出。STM32F103ZET6 的时钟系统呈树状结构，因此也称为时钟树。

STM32F103ZET6 具有多个时钟频率，分别供给 CPU 和不同的外设使用。高速时钟供 CPU 等高速设备使用，低速时钟供外设等低速设备使用。HSI、HSE 或 PLL 可被用来驱动系统时钟（SYSCLK）。

LSI、LSE 为二级时钟源，40kHz 低速内部 RC 时钟可以用于驱动独立"看门狗"定时器和通过程序选择驱动 RTC。RTC 用于从停机 / 待机模式下自动唤醒系统。

32.768kHz 低速外部晶振也可用来通过程序选择驱动 RTC。

当某个部件不被使用时，任一个时钟源都可被独立地启动或关闭，由此优化系统功耗。

用户可通过多个预分频器配置 AHB、高速 APB(APB2) 和低速 APB(APB1) 的频率。AHB 和 APB2 的最大频率是 72MHz。APB1 的最大允许频率是 36MHz。SDIO 接口的时钟频率固定为 HCLK/2。

RCC 通过 AHB 时钟（HCLK）8 分频后作为 SysTick 的外部时钟。通过对 SysTick 的控制与状态寄存器的设置，可选择上述时钟或 HCLK 时钟作为 SysTick 时钟。ADC 时钟由 APB2 时钟经 2、4、6 或 8 分频后获得。

定时器时钟频率分配由硬件按以下两种情况自动设置：

1）如果相应的 APB 预分频系数是 1，则定时器的时钟频率与所在 APB 总线频率一致。

2）否则，定时器的时钟频率被设为与其相连的 APB 总线频率的 2 倍。

FCLK 是 CPU 的自由运行时钟。

STM32 微控制器因为低功耗的需要，各模块需要分别独立开启时钟。因此，当需要使用某个外设模块时，务必要先使能对应的时钟。否则这个外设不能工作。STM32 微控制器的时钟树如图 2-8 所示。

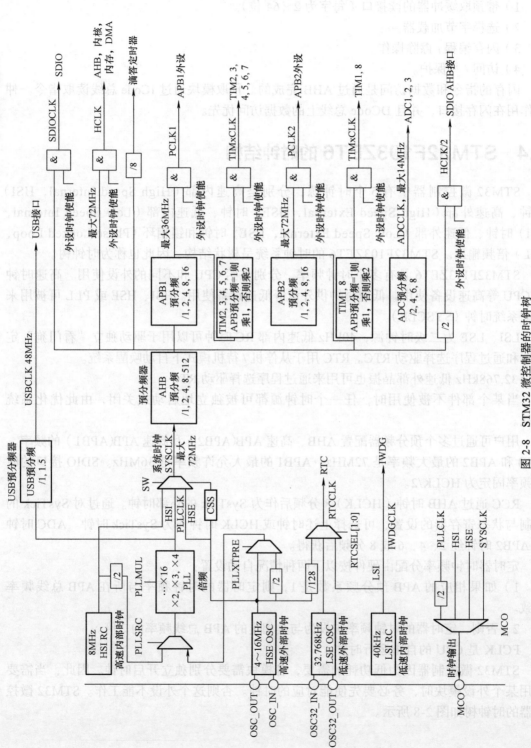

图 2-8 STM32 微控制器的时钟树

1. HSE 时钟

HSE 时钟可以由外部晶体 / 陶瓷振荡器产生，也可以由用户在外部产生。一般采用外部晶体 / 陶瓷振荡器产生 HSE 时钟，即在 OSC_IN 和 OSC_OUT 引脚之间连接 4 ～ 16MHz 外部振荡器为系统提供精确的主时钟。

为了减少时钟输出的失真和缩短启动稳定时间，晶体 / 陶瓷振荡器和负载电容器必须尽可能地靠近振荡器引脚。负载电容值必须根据所选择的振荡器来调整。

2. HSI 时钟

HSI 时钟由内部 8MHz 的 RC 振荡器产生，可直接作为系统时钟或在 2 分频后作为 PLL 输入。

HSI RC 振荡器能够在不需要任何外部器件的条件下提供系统时钟。它的启动时间比 HSE 晶体 / 陶瓷振荡器短。然而，即使在校准之后它的时钟频率精度仍较差。如果 HSE 时钟失效，HSI 时钟会被作为备用时钟源。

3. PLL

内部 PLL 可以用来倍频 HSI 时钟或 HSE 时钟。PLL 的设置（选择 HSI RC 振荡器除以 2 或 HSE 晶体 / 陶瓷振荡器为 PLL 的输入时钟、选择倍频因子）必须在其被激活前完成。一旦 PLL 被激活，这些参数就不能被改动。

如果需要在应用中使用 USB 接口，则 PLL 必须被设置为输出 48 或 72MHz 时钟，用于提供 48MHz 的 USBCLK 时钟。

4. LSE 时钟

LSE 时钟可使用一个 32.768kHz 的低速外部晶体 / 陶瓷振荡器。它为实时时钟或者其他定时功能提供一个低功耗且精确的时钟源。

5. LSI 时钟

LSI 时钟的 RC 振荡器担当着低功耗时钟源的角色，它可以在停机和待机模式下保持运行，为独立"看门狗"定时器和自动唤醒单元提供时钟。LSI 时钟频率大约 40kHz（在 30kHz 和 60kHz 之间）。

6. 系统时钟（SYSCLK）选择

系统复位后，HIS 时钟被选为系统时钟。当时钟源被直接或通过 PLL 间接作为系统时钟时，它将不能被停止。只有当目标时钟源准备就绪了（经过启动稳定阶段的延迟或 PLL 稳定），从一个时钟源到另一个时钟源的切换才会发生。在被选择的时钟源没有就绪时，系统时钟的切换不会发生。直至目标时钟源就绪，才发生切换。

7. RTC 时钟

通过设置备份域控制寄存器（RCC_BDCR）里的 RTCSEL［1:0］位，RTCCLK 时钟源可以由 HSE/128、LSE 或 LSI 时钟提供。除非备份域复位，否则此选择不能被改变。LSE 时钟在备份域里，但 HSE 和 LSI 时钟不在，因此：

1）如果 LSE 时钟被选为 RTC 时钟，只要 VBAT 维持供电，尽管 V_{DD} 供电被切断，RTC 时钟仍可继续工作。

2）LSI 时钟被选为自动唤醒单元（AWU）时钟时，如果切断 V_{DD} 供电，则不能保证 AWU 的状态。

3）如果 HSE 时钟 128 分频后作为 RTC 时钟，V_{DD} 供电被切断或内部电压调压器被关闭（1.8V 域的供电被切断）时，RTC 时钟状态不确定。必须设置电源控制寄存器的 DPB 位（取消后备区域的写保护）为 1。

8. "看门狗"时钟

如果独立"看门狗"定时器已经由硬件选项或软件启动，LSI 的 RC 振荡器将被强制处在打开状态，并且不能被关闭。在 LSI 的 RC 振荡器稳定后，时钟供应给 IWDG。

9. 时钟输出

微控制器允许输出时钟信号到外部 MCO（主时钟输出，Master Clock Output）引脚。相应的 GPIO 接口寄存器必须被配置为相应功能。可被选作 MCO 的时钟信号有 SYSCLK、HSI、HSE 和 PLL/2。

2.5 STM32F103VET6 的引脚

STM32F103VET6 比 STM32F103ZET6 少了两个口：PF 口和 PG 口，其他资源一样。

为了简化描述，后续的内容以 STM32F103VET6 为例进行介绍。STM32F103VET6 采用 LQFP100 封装，引脚图如图 2-9 所示。

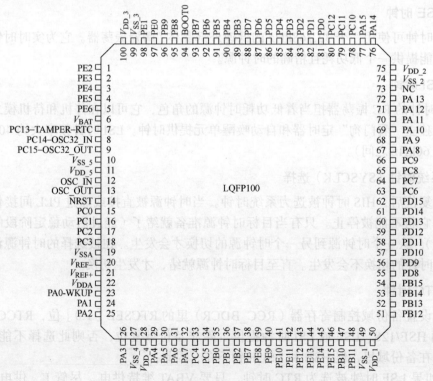

图 2-9　STM32F103VET6 的引脚图

1. 引脚定义

STM32F103VET6 的引脚定义见表 2-3。

表 2-3　STM32F103VET6 的引脚定义

引脚编号	引脚名称	类型	I/O 电平	复位后的主要功能	复用功能	
					默认情况	重映射后
1	PE2	I/O	FT	PE2	TRACECK/FSMC_A23	
2	PE3	I/O	FT	PE3	TRACED0/FSMC_A19	
3	PE4	I/O	FT	PE4	TRACED1/FSMC_A20	
4	PE5	I/O	FT	PE5	TRACED2/FSMC_A21	
5	PE6	I/O	FT	PE6	TRACED3/FSMC_A22	
6	V_{BAT}	S		V_{BAT}		
7	PC13-TAMPER-RTC	I/O		PC13	TAMPER-RTC	
8	PC14-OSC32_IN	I/O		PC14	OSC32_IN	
9	PC15-OSC32_OUT	I/O		PC15	OSC32_OUT	
10	V_{SS_5}	S		V_{SS_5}		
11	V_{DD_5}	S		V_{DD_5}		
12	OSC_IN	I		OSC_IN		
13	OSC_OUT	O		OSC_OUT		
14	NRST	I/O		NRST		
15	PC0	I/O		PC0	ADC123_IN10	
16	PC1	I/O		PC1	ADC123_IN11	
17	PC2	I/O		PC2	ADC123_IN12	
18	PC3	I/O		PC3	ADC123_IN13	
19	V_{SSA}	S		V_{SSA}		
20	V_{REF-}	S		V_{REF-}		
21	V_{REF+}	S		V_{REF+}		
22	V_{DDA}	S		V_{DDA}		
23	PA0-WKUP	I/O		PA0	WKUP/USART2_CTS/ADC123_IN0/TIM2_CH1_ETR/TIM5_CH1/TIM8_ETR	
24	PA1	I/O		PA1	USART2_RTS/ADC123_IN1/TIM5_CH2/TIM2_CH2	
25	PA2	I/O		PA2	USART2_TX/TIM5_CH3/ADC123_IN2/TIM2_CH3	

（续）

引脚编号	引脚名称	类型	I/O 电平	复位后的主要功能	复用功能	
					默认情况	重映射后
26	PA3	I/O		PA3	USART2_RX/TIM5_CH4/ADC123_IN3/TIM2_CH4	
27	V_{SS_4}	S		V_{SS_4}		
28	V_{DD_4}	S		V_{DD_4}		
29	PA4	I/O		PA4	SPI1_NSS/USART2_CK/DAC_OUT1/ADC12_IN4	
30	PA5	I/O		PA5	SPI1_SCK/DAC_OUT2/ADC12_IN5	TIM1_BKIN
31	PA6	I/O		PA6	SPI1_MISO/TIM8_BKIN/ADC12_IN6/TIM3_CH1	TIM1_CH1N
32	PA7	I/O		PA7	SPI1_MOSI/TIM8_CH1N/ADC12_IN7/TIM3_CH2	
33	PC4	I/O		PC4	ADC12_IN14	
34	PC5	I/O		PC5	ADC12_IN15	
35	PB0	I/O		PB0	ADC12_IN8/TIM3_CH3/TIM8_CH2N	TIM1_CH2N
36	PB1	I/O		PB1	ADC12_IN9/TIM3_CH4/TIM8_CH3N	TIM1_CH3N
37	PB2	I/O	FT	PB2/BOOT1		
38	PE7	I/O	FT	PE7	FSMC_D4	TIM1_ETR
39	PE8	I/O	FT	PE8	FSMC_D5	TIM1_CH1N
40	PE9	I/O	FT	PE9	FSMC_D6	TIM1_CH1
41	PE10	I/O	FT	PE10	FSMC_D7	TIM1_CH2N
42	PE11	I/O	FT	PE11	FSMC_D8	TIM1_CH2
43	PE12	I/O	FT	PE12	FSMC_D9	TIM1_CH3N
44	PE13	I/O	FT	PE13	FSMC_D10	TIM1_CH3
45	PE14	I/O	FT	PE14	FSMC_D11	TIM1_CH4
46	PE15	I/O	FT	PE15	FSMC_D12	TIM1_BKIN
47	PB10	I/O	FT	PB10	I2C2_SCL/USART3_TX	TIM2_CH3
48	PB11	I/O	FT	PB11	I2C2_SDA/USART3_RX	TIM2_CH4
49	V_{SS_1}	S		V_{SS_1}		
50	V_{DD_1}	S		V_{DD_1}		
51	PB12	I/O	FT	PB12	SPI2_NSS/I2S2_WS/I2C2_SMBA/USART3_CK/TIM1_BKIN	

（续）

引脚编号	引脚名称	类型	I/O 电平	复位后的主要功能	复用功能	
					默认情况	重映射后
52	PB13	I/O	FT	PB13	SPI2_SCK/I2S2_CK/USART3_CTS/TIM1_CH1N	
53	PB14	I/O	FT	PB14	SPI2_MISO/TIM1_CH2N/USART3_RTS	
54	PB15	I/O	FT	PB15	SPI2_MOSI/I2S2_SD/TIM1_CH3N	
55	PD8	I/O	FT	PD8	FSMC_D13	USART3_TX
56	PD9	I/O	FT	PD9	FSMC_D14	USART3_RX
57	PD10	I/O	FT	PD10	FSMC_D15	USART3_CK
58	PD11	I/O	FT	PD11	FSMC_A16	USART3_CTS
59	PD12	I/O	FT	PD12	FSMC_A17	TIM4_CH1/USART3_RTS
60	PD13	I/O	FT	PD13	FSMC_A18	TIM4_CH2
61	PD14	I/O	FT	PD14	FSMC_D0	TIM4_CH3
62	PD15	I/O	FT	PD15	FSMC_D1	TIM4_CH4
63	PC6	I/O	FT	PC6	I2S2_MCK/TIM8_CH1/SDIO_D6	TIM3_CH1
64	PC7	I/O	FT	PC7	I2S3_MCK/TIM8_CH2/SDIO_D7	TIM3_CH2
65	PC8	I/O	FT	PC8	TIM8_CH3/SDIO_D0	TIM3_CH3
66	PC9	I/O	FT	PC9	TIM8_CH4/SDIO_D1	TIM3_CH4
67	PA8	I/O	FT	PA8	USART1_CK/TIM1_CH1/MCO	
68	PA9	I/O	FT	PA9	USART1_TX/TIM1_CH2	
69	PA10	I/O	FT	PA10	USART1_RX/TIM1_CH3	
70	PA11	I/O	FT	PA11	USARTI_CTS/USBDM/CAN_RX/TIM1_CH4	
71	PA12	I/O	FT	PA12	USART1_RTS/USBDP/CAN_TX/TIM1_ETR	
72	PA13	I/O	FT	JTMS–WDIO		PA13
73	NC					
74	V_{SS_2}	S		V_{SS_2}		
75	V_{DD_2}	S		V_{DD_2}		
76	PA14	I/O	FT	JTCK–SWCLK		PA14

（续）

引脚编号	引脚名称	类型	I/O 电平	复位后的主要功能	复用功能	
					默认情况	重映射后
77	PA15	I/O	FT	JTDI	SPI3_NSS/I2S3_WS	TIM2_CH1_ETR PA15/ SPI1_NSS
78	PC10	I/O	FT	PC10	USART4_TX/SDIO_D2	USART3_TX
79	PC11	I/O	FT	PC11	USART4_RX/SDIO_D3	USART3_RX
80	PC12	I/O	FT	PC12	USART5_TX/SDIO_CK	USART3_CK
81	PD0	I/O	FT	OSC_IN	FSMC_D2	CAN_RX
82	PD1	I/O	FT	OSC_OUT	FSMC_D3	CAN_TX
83	PD2	I/O	FT	PD2	TIM3_ETR/UART5_RX/ SDIO_CMD	
84	PD3	I/O	FT	PD3	FSMC_CLK	USART2_CTS
85	PD4	I/O	FT	PD4	FSMC_NOE	USART2_RTS
86	PD5	I/O	FT	PD5	FSMC_NWE	USART2_TX
87	PD6	I/O	FT	PD6	FSMC_NWAIT	USART2_RX
88	PD7	I/O	FT	PD7	FSMC_NE1/FSMC_NCE2	USART2_CK
89	PB3	I/O	FT	JTDO	SPI3_SCK/I2S3_CK	PB3/TRACESWO TIM2_CH2/SPI1_SCK
90	PB4	I/O	FT	NJTRST	SPI3_MISO	PB4/TIM3_CH1 SPI1_MISO
91	PB5	I/O		PB5	I2C1_SMBA/SPI3_MOSI/ I2S3_SD	TIM3_CH2/SPI1_ MOSI
92	PB6	I/O	FT	PB6	I2C1_SCL/TIM4_CH1	USART1_TX
93	PB7	I/O	FT	PB7	I2C1_SDA/FSMC_NADV/ TIM4_CH2	USART1_RX
94	BOOT0	I		BOOT0		
95	PB8	I/O	FT	PB8	TIM4_CH3/SDIO_D4	I2C1_SCL/CAN_RX
96	PB9	I/O	FT	PB9	TIM4_CH4/SDIO_D5	I2C1_SCA/CAN_TX
97	PE0	I/O	FT	PE0	TIM4_ETR/FSMC_NBL0	
98	PE1	I/O	FT	PE1	FSMC_NBL1	
99	V_{SS_3}	S		V_{SS_3}		
100	V_{DD_3}	S		V_{DD_3}		

注：1. I= 输入（Input），O= 输出（Output），S= 电源（Supply）。

2. FT= 可忍受 5V 电压。

2. 启动配置引脚

在 STM32F103VET6 中，可以通过 BOOT [1:0] 引脚选择 3 种不同的启动模式。STM32F103VET6 的启动配置见表 2-4。

表 2-4　STM32F103VET6 的启动配置

启动模式选择引脚		启动模式	说明
BOOT1	BOOT0		
×	0	闪存	闪存被选为启动区域
0	1	系统存储器	系统存储器被选为启动区域
1	1	内置 SRAM	内置 SRAM 被选为启动区域

系统复位后，在 SYSCLK 的第 4 个上升沿，BOOT 引脚的值将被锁存。用户可以通过设置 BOOT1 和 BOOT0 引脚的状态，来选择在复位后的启动模式。

在从待机模式退出时，BOOT 引脚的值将被被重新锁存，因此在待机模式下，BOOT 引脚应保持为需要的启动配置。在启动延迟之后，CPU 从地址 0x0000 0000 获取堆栈顶的地址，并从启动存储器的 0x0000 0004 指示的地址开始执行代码。

因为固定了的存储器映像，代码区始终从地址 0x0000 0000 开始（通过 ICode 和 DCode 总线访问），而数据区（SRAM）始终从地址 0x2000 0000 开始（通过系统总线访问）。CPU 始终从 ICode 总线获取复位向量，即启动仅适合于从代码区开始（一般从闪存启动）。但 STM32F103VET6 实现了一个特殊的机制，其系统可以不仅仅从闪存或系统存储器启动，还可以从内置 SRAM 启动。

根据选定的启动模式，闪存、系统存储器或内置 SRAM 可以按照以下方式访问。

1）主闪存启动：闪存被映射到启动空间（0x0000 0000），但仍然能够在它原有的地址（0x0800 0000）访问它，即闪存中的内容可以在两个地址区域访问：0x0000 0000 或 0x0800 0000。

2）从系统存储器启动：系统存储器被映射到启动空间（0x0000 0000），但同样能够在它原有的地址（互联型产品原有地址为 0x1FFF B000，其他产品原有地址为 0x1FFF F000）访问它。

3）从内置 SRAM 启动：只能在 0x2000 0000 开始的地址区访问内置 SRAM。从内置 SRAM 启动时，在应用程序的初始化代码中，必须使用 NVIC 的异常表和偏移寄存器重新映射向量表到内置 SRAM 中。

内嵌的自举程序：内嵌的自举程序存放在系统存储区，在生产线上即被写入，用于通过串行接口 USART1 对闪存进行重新编程。

2.6　STM32F103VET6 最小系统设计

STM32F103VET6 最小系统是指能够让 STM32F103VET6 正常工作的包含最少元器件的系统。STM32F103VET6 片内集成了电源管理模块（包括滤波复位输入、集成的上电复位／掉电复位电路、可编程电压检测电路）、8MHz 高速内部 RC 振荡器、40kHz 低速内部 RC 振荡器等部件，外部只需 7 个无源元器件就可以让 STM32F103VET6 工作。然而，为了使用方便，在最小系统中也会加入 USB 转 TTL 串行接口、发光二极管等功能模块。

STM32F103VET6 的最小系统核心电路的仿真电路图如图 2-10 所示，图中包括了复位电路、晶体振荡电路和启动设置电路。

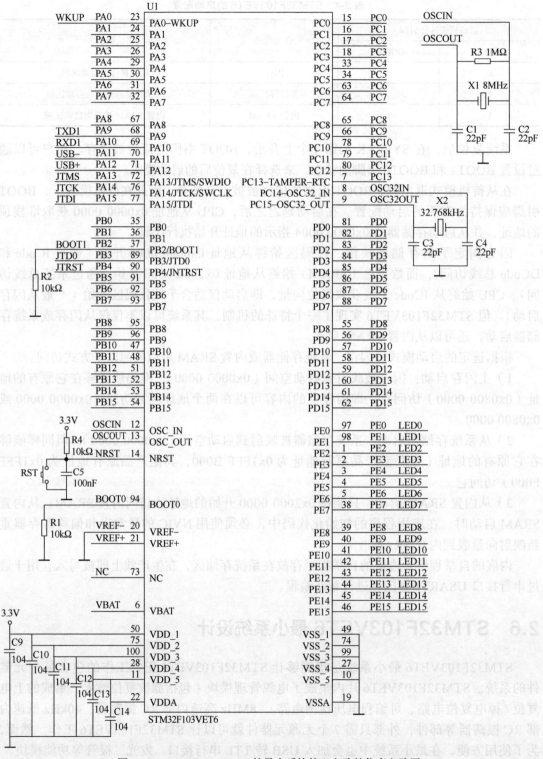

图 2-10 STM32F103VET6 的最小系统核心电路的仿真电路图

1. 复位电路

STM32F103VET6 的 NRST 引脚输入中使用了 CMOS 工艺，它连接了一个不能断开的上拉电阻 R_{pu}，其典型值为 40kΩ，外部连接了一个上拉电阻 R_4、按键 RST 及电容 C_5，当按键 RST 按下时 NRST 引脚电位变为 0，通过这个方式实现手动复位。

2. 晶体振荡电路

STM32F103VET6 一共外接了两个晶振：8MHz 的晶振 X1 提供给 HSE 时钟，32.768kHz 的晶振 X2 提供给 LSE 时钟。

3. 启动设置电路

启动设置电路有启动设置引脚 BOOT1 和 BOOT0 组成。二者均通过 10kΩ 的电阻接地。从闪存启动。

4. JTAG 接口电路

为了方便系统采用 JLINK 仿真器进行下载和在线仿真，在最小系统中预留了 JTAG 接口电路用来实现 STM32F103VET6 与 JLINK 仿真器进行连接，JTAG 接口电路的仿真电路图如图 2-11 所示。

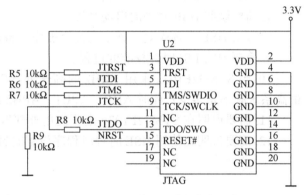

图 2-11　JTAG 接口电路的仿真电路图

5. 流水灯电路

最小系统板载 16 个 LED 流水灯，对应 STM32F103VET6 的 PE0 ～ PE15 引脚，流水灯电路原理图如图 2-12 所示。

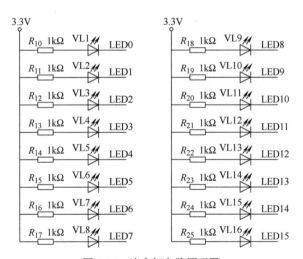

图 2-12　流水灯电路原理图

另外，功能模块还有 USB 转 TTL 串口电路（采用 CH340G）、独立按键电路、ADC 采集电路（采用 10kΩ 电位器）和 5V 转 3.3V 电源电路（采用 AMS1117–3.3V），具体电路从略。

习题

1. 采用 Cortex–M3 内核的 STM32F1 具有哪些特点？

2. STM32F103x 的系统结构的主要部分包括哪些？

3. 在 STM32F103x 中，有哪几种启动方式？说明启动过程。

4. STM32F103x 的低功耗工作模式有几种？

5. 哪几种事件发生时会产生一个系统复位？

6. STM32F103x 支持几种时钟源？

7. 简要说明 HSE 时钟的启动过程。

8. 如果 HSE 时钟失效，哪个时钟会被作为备用时钟源？

9. 简要说明 LSI 时钟校准的过程。

10. 当 STM32F103x 采用 8MHz 的高速外部时钟源时，通过 PLL 倍频后能够得到的最高系统频率是多少？此时 AHB、APB1、APB2 的最高频率分别是多少？

11. 简要说明在 STM32F103x 上不使用外部振荡器时 OSC_IN 和 OSC_OUT 的接法。

12. 简要说明在使用 HSE 时钟时程序设置时钟参数的流程。

第3章

嵌入式开发环境的搭建

本章讲述了嵌入式开发环境的搭建，包括 Keil MDK 安装配置、Keil MDK 下新工程的创建、Cortex 微控制器软件接口标准 CMSIS、STM32F103 开发板的选择和 STM32 仿真器的选择。

3.1 Keil MDK 安装配置

3.1.1 Keil MDK 简介

Keil 公司是一家微控制器（MCU）软件开发工具的独立供应商，由两家私人公司联合运营，分别是德国的 Keil Elektronik GmbH 和美国的 Keil Software Inc.。Keil 公司制造和销售种类广泛的开发工具，包括 ANSIC 编译器、宏汇编程序、调试器、连接器、库管理器、固件和实时操作系统核心（Real-time Kernel）。

MDK 即 RealView MDK 或 MDK-ARM（Microcontroller Development Kit），是 ARM 公司收购 Keil 公司以后，基于 μVision 界面推出的针对 ARM 7、ARM 9、Cortex-M 系列、Cortex-R4 等的嵌入式软件开发工具。

Keil MDK 的全称是 Keil Microcontroller Development Kit，中文名称为 Keil 微控制器开发套件，并且 Keil MDK、Keil ARM-MDK、RealView MDK、I-MDK 和 μVision5（老版本为 μVision4 和 μVision3）这几个名称都是指同一个产品。Keil MDK 支持 40 多个厂商超过 5000 种基于 ARM 的微控制器和多种仿真器，集成了行业领先的 ARMC/C++编译工具链，符合 Cortex 微控制器软件接口标准（Cortex Microcontroller Software Interface Standard，CMSIS）。Keil MDK 提供了软件包管理器、多种实时操作系统（RTX、Micrium RTOS 和 RT-Thread 等）、IPv4/IPv6、USB Device 和 OTG 协议栈、IoT 安全连接以及 GUI 库等，还提供了性能分析器，可以评估代码覆盖、运行时间以及函数调用次数等，指导开发者进行代码优化。Keil MDK 同时提供了大量的项目例程，帮助开发者快速掌握 Keil MDK 的功能。Keil MDK 是用于 ARM 7、ARM 9、Cortex-M、Cortex-R 等系列微控制器的完整软件开发环境，也是目前常用的嵌入式集成开发环境之一，能够满足大多数苛刻的嵌入式应用开发的需要。

Keil MDK 主要包含以下 4 个核心组成部分：

1）μVision IDE：它是一个集项目管理器、源代码编辑器、调试器于一体的集成开发环境。

2）RVCT：它是 ARM 公司提供的编译工具链，包含编译器、汇编器、链接器和相关工具。

3）RL-ARM：它是实时库，可将其作为工程的库来使用。

4）ULINK/JLINK USB-JTAG 仿真器：它用于连接目标系统的调试接口（JTAG 或 SWD 方式），帮助用户在目标硬件上调试程序。

其中，μVision IDE 还具有如下主要内容：

1）项目管理器，用于产生和维护项目。

2）处理器数据库，集成了一个能自动配置选项的工具。

3）带有用于汇编、编译和链接的 Make 工具。

4）全功能的源码编辑器。

5）模板编辑器，可用于在源码中插入通用文本序列和头部块。

6）源码浏览器，用于快速寻找、定位和分析应用程序中的代码和数据。

7）函数浏览器，用于在程序中对函数进行快速导航。

8）函数略图（Function Sketch），可形成某个源文件的函数视图。

9）带有一些内置工具，例如"Find in Files"等。

10）一体化的模拟调试和目标硬件调试。

11）配置向导，可实现图形化地快速生成启动文件和配置文件。

12）可与多种第三方工具和软件版本控制系统接口。

13）带有 Flash 编程工具对话窗口。

14）丰富的工具设置对话窗口。

15）完善的在线帮助和用户指南。

Keil MDK 支持：

1）Cortex-M0/M0+/M3/M4/M7。

2）Cortex-M23/M33 non-secure。

3）Cortex-M23/M33 secure/non-secure。

4）ARM 7，ARM 9，Cortex-R4，SecurCore® SC000，SC300。

5）ARM V8-M architecture。

使用 Keil MDK 作为嵌入式开发工具时，其开发的流程与其他开发工具基本一样，一般可以分以下几步：

1）新建一个工程，从处理器库中选择目标芯片。

2）自动生成启动文件或使用芯片厂商提供的基于 CMSIS 标准的启动文件及固件库。

3）配置编译器环境。

4）用 C 语言或汇编语言编写源文件。

5）编译目标应用程序。

6）修改源程序中的错误。

7）调试应用程序。

Keil MDK 包括 μVision5 集成开发环境与 RealView 编译器（RealView Compilation Tools，RVCT）。支持 ARM 7、ARM 9 和 Cortex-M，可自动配置启动代码，集成了闪存烧写模块，具有 Simulation 设备模拟、性能分析等功能。

目前，Keil MDK 在我国 ARM 开发工具市场的占有率在 90% 以上。Keil MDK 主要为开发者提供以下开发工具。

（1）启动代码生成向导　启动代码和系统硬件结合紧密。只有使用汇编语言才能编写，因此成为许多开发者难以跨越的门槛。Keil MDK 的 μVision5 工具可以自动生成完善的启动代码，并提供图形化的窗口，方便修改。无论是对于初学者还是对于有经验的开发者而言，都能大大节省开发时间，提高系统设计效率。

（2）设备模拟器　Keil MDK 的设备模拟器可以仿真整个目标硬件，如快速指令集仿真、外部信号和 I/O 接口仿真、中断过程仿真、片内外围设备仿真等。这使开发者在没有硬件的情况下也能进行完整的软件设计开发与调试工作，软硬件开发可以同步进行，大大缩短了开发周期。

（3）性能分析器　Keil MDK 的性能分析器可辅助开发者查看代码覆盖情况、程序运行时间、函数调用次数等高端控制功能，帮助开发者轻松地进行代码优化，提高嵌入式系统设计开发的质量。

（4）RealView 编译器　Keil MDK 的 RealView 编译器与 ARM 公司以前的工具包 ADS1.2 相比，其代码尺寸小 10%，代码性能提高了至少 20%。

（5）ULINK2/Pro 仿真器和闪存编程模块　Keil MDK 不必寻求第三方编程软、硬件的支持。通过配套的 ULINK2/Pro 仿真器与闪存编程工具，可以轻松地实现 CPU 片内闪存和外扩闪存烧写。并支持用户自行添加闪存编程算法，而且支持闪存的整片删除、扇区删除、编程前自动删除和编程后自动校验等功能。

（6）Cortex 系列内核　Keil MDK 是第一款支持 Cortex 系列内核开发的开发工具，并为开发者提供了完善的工具集，因此可以用它设计与开发基于 Cortex-M3 内核的 STM32 嵌入式系统。

（7）提供专业的本地化技术支持和服务　Keil MDK 的国内用户可以享受专业的本地化技术支持和服务，如电话、E-mail、论坛和中文技术文档等，这将为开发者设计出更有竞争力的产品提供更多的助力。

此外，Keil MDK 还具有自己的实时操作系统（RTOS），即 RTX。传统的 8 位或 16 位单片机往往不适合使用实时操作系统，但 Cortex-M3 内核除了为用户提供更好的性能、更高的性价比，还具备对小型操作系统的良好支持，因此在设计和开发 STM32 嵌入式系统时，开发者可以在 Keil MDK 上使用 RTOS，而使用 RTOS 可以为工程组织提供良好的结构，并提高代码的重复使用率，使程序调试更加容易，项目管理更加简单。

3.1.2　Keil MDK 下载

官方下载地址：http://www2.keil.com/mdk5。

1）打开官方网站并下载 Keil MDK，Keil MDK 下载界面如图 3-1 所示。

2）按照要求填写信息，并单击"Submit"按钮，信息填写界面如图 3-2 所示。

3）单击"MDKxxx.EXE"按钮下载，MDKxxx.EXE 下载界面如图 3-3 所示。这里下载的是 MDK536.EXE，等待下载完成。

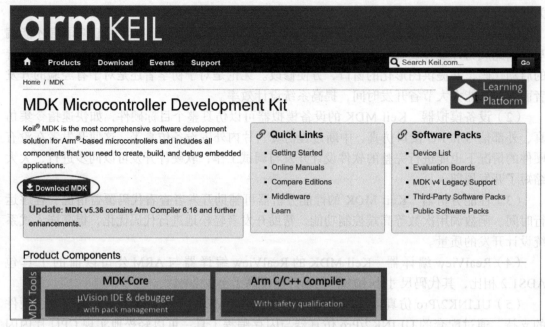

图 3-1　Keil MDK 下载界面

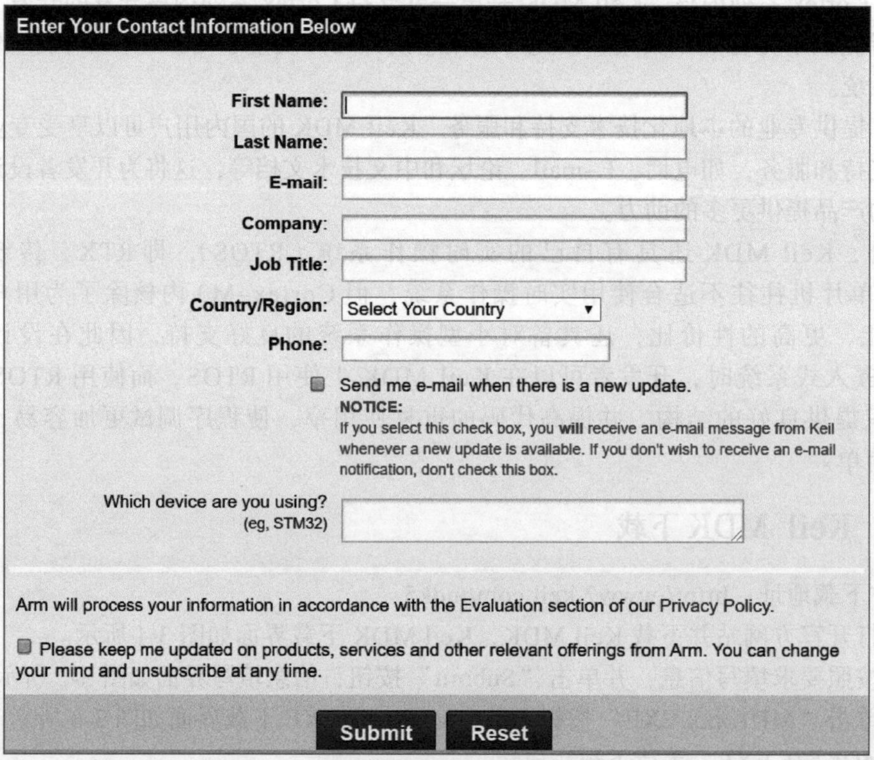

图 3-2　信息填写界面

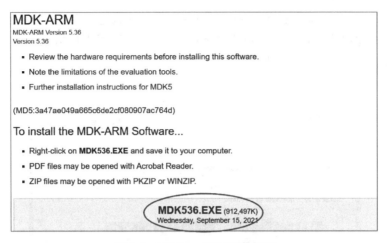

图 3-3　MDKxxx.EXE 下载界面

3.1.3　Keil MDK 安装

1）双击安装文件。双击 Keil MDK 安装文件，Keil MDK 安装文件图标如图 3-4 所示。

图 3-4　Keil MDK 安装文件图标

2）Keil MDK 安装过程。Keil MDK 的安装界面如图 3-5 所示。

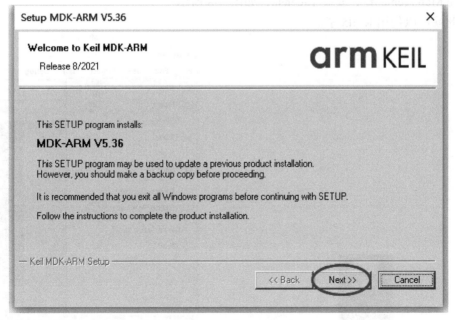

图 3-5　Keil MDK 的安装界面

欢迎界面单击"Next"按钮；选中"同意协议"复选框，单击"Next"按钮；选择安装路径，此时建议为默认路径，单击"Next"按钮；填写用户信息，单击"Next"按钮；等待安装。Keil MDK 的安装进程如图 3-6 所示。

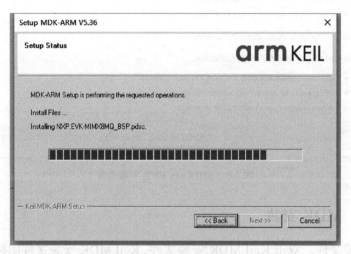

图 3-6　Keil MDK 的安装进程

最后单击"Finish"按钮，完成安装。

安装完成后，弹出 Pack Installer 欢迎界面。

MDK 安装成功后，桌面会有 Keil μVision5 的图标（以下简称 Keil5），如图 3-7 所示。

如果购买了正版的 Keil5，则以管理员身份运行 Keil5，打开后单击"File"→"License Management"，安装 License，如图 3-8 所示。

至此就可以使用 Keil5 了。

图 3-7　Keil μVision5 的图标

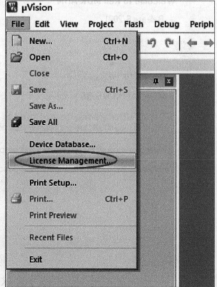
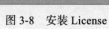

图 3-8　安装 License

Keil5 的功能限制如表 3-1 所示。

表 3-1　Keil5 的功能限制

特性	Lite 轻量版	Essential 基本版	Plus 升级版	Professional 专业版
带有包安装器的 μVision® IDE	√	√	√	√
带源代码的 CMSIS RTX5 RTOS	√	√	√	√
调试器	32KB	√	√	√
C/C++ ARM 编译器	32KB	√	√	√
中间件：IPv4 网络，USB 设备，文件系统，图形			√	√
TÜV SÜD 认证的 ARM 编译器和功能安全认证套件				√
中间件：IPv6 网络，USB 主设备，IoT 连接				√
固定虚拟平台模型				√
快速模型连接				√
ARM 处理器支持				
Cortex–M0/M0+/M3/M4/M7	√	√	√	√
Cortex–M23/M33（非安全）		√	√	√
Cortex–M23/M33（安全 / 非安全）			√	√
ARM 7，ARM 9，Cortex–R4，SecurCore® SC000，SC300			√	√
ARM V8–M 内核架构				√

3.1.4　安装库文件

1）回到 Keil5 界面，单击图 3-9 中圈内所示的"Pack Installer"按钮。

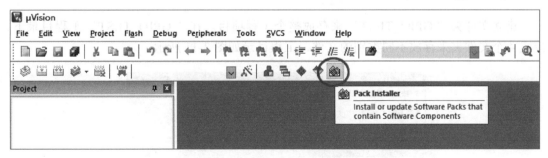

图 3-9　"Pack Installer"按钮

2）单击后将弹出之前关闭的 Pack Installer 对话框，如图 3-10 所示。

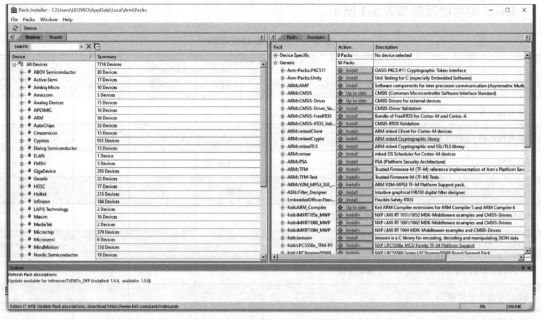

图 3-10 Pack Installer 窗口

3）在图 3-10 所示对话框的左侧窗口选择所使用的芯片（STM32F103），在右侧窗口单击"Device Specific"→"Keil::STM32F1xx_DFP"→"Install"，安装库文件，在下方的"Output"区可看到库文件的下载进度。

4）等待库文件下载完成。当 Keil::STM32F1xx_DFP 处"Action"的状态变为"Up to date"，表示该库文件已下载完成。

打开一个工程，测试编译是否成功。

3.2 Keil MDK 下新工程的创建

创建一个新工程，对 STM32 的 GPIO 功能进行简单的测试。

3.2.1 建立文件夹

建立文件夹"GPIO_TEST"来存放整个工程项目。在"GPIO_TEST"工程目录下，建立 4 个文件夹来存放不同类别的文件，工程目录如图 3-11 所示。

图 3-11 工程目录

图 3-11 中 4 个文件夹存放文件的类型如下：lib——存放库文件；obj——存放工程文件；out——存放编译输出文件；user——存放用户源代码文件。

3.2.2　打开 Keil μVision

打开 Keil μVision 后，将显示上一次使用的工程，如图 3-12 所示。

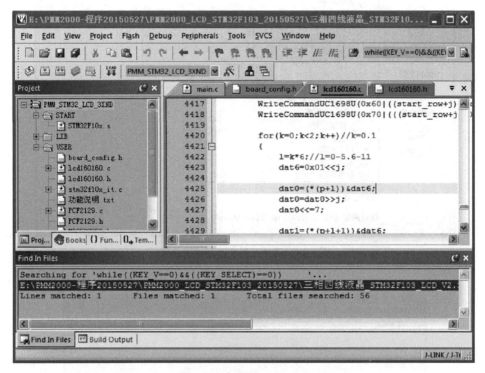

图 3-12　打开 Keil μVision

3.2.3　新建工程

单击菜单"Project"→"New μVision Project"，如图 3-13 所示。

图 3-13　新建工程

把该工程存放在刚刚建立的"obj"文件夹下，并输入工程文件名称，如图 3-14 和图 3-15 所示。

图 3-11 中 4 个文件都将成为生成的关联附件：HB——目标依赖文件；obj——存有链接目录文件；H；source——存有信息文件。

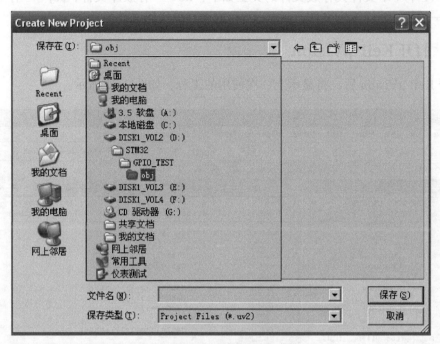

图 3-14　选择工程文件存放文件夹

图 3-15　输入工程文件名称

单击"保存"按钮后弹出选择器件对话框，如图 3-16 所示。选择" STMicroelectronics"下的"STM32F103VB"（选择使用器件型号）。

提示工程名称栏会自动出现"obj"，工程文件名称输入完毕后按 "保存"，如图 3-15 所示。

66

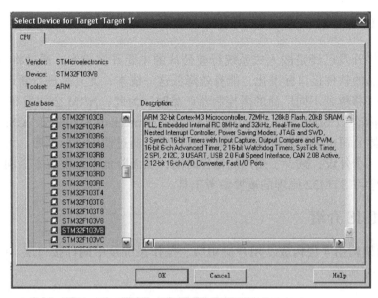

图 3-16　选择器件对话框

单击 "OK" 按钮后弹出的对话框如图 3-17 所示，在该界面中单击 "是" 按钮，以加载 STM32 的启动代码。

图 3-17　加载 STM32 的启动代码

至此工程建立成功，如图 3-18 所示。

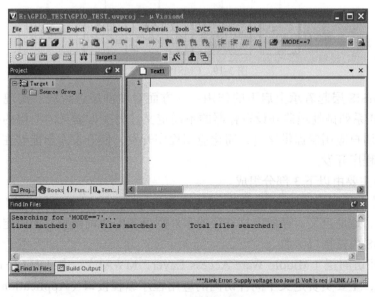

图 3-18　工程建立成功

3.3　Cortex 微控制器软件接口标准 CMSIS

目前，软件开发已经是嵌入式系统行业公认的主要开发成本，通过将所有 Cortex-M 芯片供应商产品的软件接口标准化，能有效降低这一成本，尤其是进行新产品开发或者将现有项目或软件移植到不同厂商的微控制器产品时。为此，ARM 公司发布了 Cortex 微控制器软件接口标准（Cortex Microcontroller Software Interface Standard，CMSIS）。

意法半导体公司也为开发者提供了标准外设库，通过使用该标准库，无需深入掌握细节便可开发每一个外设，减少了用户的编程时间，从而降低了开发成本。同时，标准库也是学习者深入学习 STM32 原理的重要参考工具。

3.3.1　CMSIS 介绍

CMSIS 的架构由 4 层构成：用户应用层、操作系统及中间件接口层、CMSIS 层、硬件层，如图 3-19 所示。

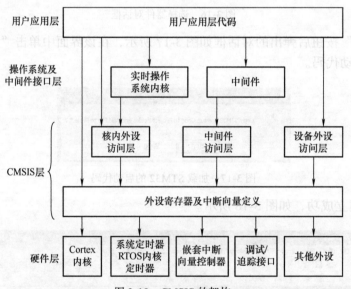

图 3-19　CMSIS 的架构

其中，CMSIS 层起着承上启下的作用：一方面对硬件层进行统一实现，屏蔽不同厂商对 Cortex-M 系列微处理器外设寄存器的不同定义；另一方面又向上层的操作系统及中间件接口层和用户应用层提供接口，简化应用程序开发，使开发人员能够在完全透明的情况下进行应用程序开发。

CMSIS 层主要由以下 3 部分组成。

1）核内外设访问层（Core Peripheral Access Layer，CPAL）：由 ARM 公司实现，包括了命名定义、地址定义、存取内核寄存器和外围设备的协助函数，同时定义了一个与设备无关的 RTOS 内核接口函数。

2）中间件访问层（Middle Ware Access Layer，MWAL）：由 ARM 公司实现，芯片厂商提供更新，主要负责定义中间件访问的应用程序编程接口（Application Programming

Inter-face，API）函数，如 TCP/IP 栈、SD/MMC、USB 协议等。

3）设备外设访问层（Device Peripheral Access Layer，DPAL）：由芯片厂商实现，负责对硬件寄存器地址及外设接口进行定义。另外，芯片厂商会对异常向量进行扩展，以处理相应异常。

3.3.2　STM32F10x 标准函数库

STM32 标准函数库也称为固件库，它是意法半导体公司为嵌入式系统开发者访问 STM32 底层硬件而提供的一个 API，由程序、数据结构和宏组成，还包括微控制器所有外设的性能特征、驱动描述和应用实例。在 STM32 标准函数库中，每个外设驱动都由一组函数组成，这组函数覆盖了外设驱动的所有功能。可以将 STM32 标准函数库中的函数视为对寄存器复杂配置过程高度封装后所形成的函数接口，通过调用这些函数接口即可实现对 STM32 寄存器的配置，从而达到控制的目的。

STM32 标准函数库覆盖了从 GPIO 接口到定时器，再到 CAN、PC、SPI、UART 和 ADC 等所有的标准外设，对应的函数源代码只使用了基本的 C 语言编程知识，非常易于理解和使用，并且方便进行二次开发和应用。实际上，STM32 标准函数库中的函数只是建立在寄存器与应用程序之间的程序代码，向下对相关的寄存器进行配置，向上为应用程序提供配置寄存器的标准函数接口。STM32 标准函数库的函数构建这里不再详述。

在传统 8 位单片机的开发过程中，通常通过直接配置单片机的寄存器来控制单片机的工作方式。在配置过程中，常常需要查阅寄存器表来确定所需要使用的寄存器配置位，以及是置 0 还是置 1。虽然这些都是很琐碎、机械的工作，但是因为 8 位单片机的资源比较有限，寄存器相对来说比较简单，所以可以用直接配置寄存器的方式进行开发，而且采用这种方式进行开发，参数设置更加直观，程序运行时对 CPU 资源的占用也会相对少一些。

STM32 微控制器的外设资源丰富，与传统 8 位单片机相比，STM32 微控制器的寄存器无论是在数量上还是在复杂度上都有大幅度提升。如果对 STM32 微控制器采用直接配置寄存器的开发方式，则查阅寄存器表会相当困难，而且面对众多的寄存器位，在配置过程中也很容易出错，这会造成编程速度慢、程序维护复杂等问题，并且程序的维护成本也会很高。库函数开发方式提供了完备的寄存器配置标准函数接口，使开发者仅通过调用相关函数接口就能实现烦琐的寄存器配置，简单易学，编程速度快，程序可读性高，并降低了程序的维护成本，很好地解决了上述问题。

虽然采用寄存器开发方式能够让参数配置更加直观，而且相对于库函数开发方式，其生成的代码量会相对少一些，资源占用也会更少一些，但因为 STM32 微控制器较传统 8 位单片机而言有充足的 CPU 资源，权衡库函数开发的优势与不足后，在一般情况下，可以牺牲一点 CPU 资源，选择更加便捷的库函数开发方式。一般只有对代码运行时间要求极为苛刻的项目，如需要频繁调用中断服务函数等，才会选用直接配置寄存器的方式进行系统的开发工作。

自从出现以来，STM32 标准函数库中各种库函数的构建也在不断完善，开发者对于 STM32 标准函数库的认识也在不断加深，越来越多的开发者倾向于用库函数进行开发。虽然目前 STM32F1 系列和 STM32F4 系列各有一套自己的函数库，但是它们大部分是相互兼容的，在采用库函数进行开发时，STM32F1 系列和 STM32F4 系列之间的程序移植，只需要进行小修改即可。如果采用寄存器进行开发，则二者之间的程序移植是非常困难的。

当然，采用库函数开发并不是完全不涉及寄存器，前面也提到过，虽然库函数开发简单易学，编程速度快，程序可读性高，但是它是在直接配置寄存器开发的基础上发展而来的，因此想要学好库函数开发，必须先对 STM32 的寄存器配置有一个基本的认识和了解。通过认识寄存器可以更好地掌握库函数开发，同样通过学习库函数开发也可以进一步了解寄存器。

STM32F10x 标准函数库包括微控制器所有外设的性能特征，而且包括每一个外设的驱动描述和应用实例。通过使用该函数库，无需深入掌握细节便可开发每一个外设，这减少了用户编程时间，从而降低了开发成本。

每一个外设驱动都由一组函数组成，这组函数覆盖了该外设的所有功能，每个器件的开发都由一个通用 API 驱动，API 对该程序的结构、函数和参数名都进行了标准化。因此，对于多数应用程序来说，用户可以直接使用。对于那些在代码长短和执行速度方面有严格要求的应用程序，可以参考函数库，根据实际情况进行调整。因此，在掌握了微控制器细节之后结合标准外设库进行开发将达到事半功倍的效果。

系统相关的源程序文件和头文件都以"stm32f10x_"开头，如 stm32f10x.h。外设函数的命名以该外设的缩写加下画线开头，下画线用以分隔外设缩写和函数名，函数名的每个单词的第一个字母大写，如 GPIO_ReadInputDataBit。

1. Libraries 文件夹下的标准函数库的源代码及启动文件

Libraries 文件夹由 CMSIS 和 STM32F10x_StdPeriph_Driver 组成，如图 3-20 所示。

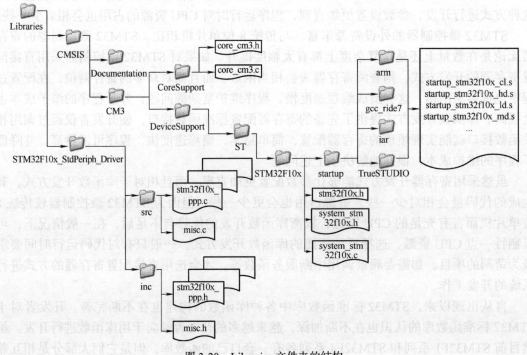

图 3-20 Libraries 文件夹的结构

1）core_cm3.c 和 core_cm3.h 分别是核内外设访问层的源文件和头文件，作用是为采用 Cortex-M3 内核的芯片外设提供进入内核的接口。这两个文件对其他公司的同系列芯片也是相同的。

2）stm32f10x.h 是设备外设访问层的头文件，包含了 STM32F10x 全系列所有外设寄存器的定义（寄存器的基地址和布局）、位定义、中断向量表、存储空间的地址映射等。

3）system_stm32f10x.c 和 system_stm32f10x.h 分别是设备外设访问层的源文件和头文件，包含了两个函数和一个全局变量。函数 SystemInit() 用来初始化系统时钟（系统时钟源、PLL 倍频因子、AHB/APBx 的预分频及其闪存），启动文件在完成复位后跳转到 main() 函数之前调用该函数。函数 SystemCoreClockUpdate() 用来更新系统时钟，当系统时钟变化后必须执行该函数进行更新。全局变量 SystemCoreClock 包含了 HCLK，方便用户在程序中设置 SysTick 定时器和其他参数。

4）startup_stm32f10x_X.s 是用汇编写的系统启动文件，X 代表不同的芯片型号，使用时要与芯片对应。

启动文件是任何处理器上电复位后首先运行的一段汇编程序，为 C 语言的运行搭建合适的环境。其主要作用为：设置初始堆栈指针（SP）；设置初始程序计数器（PC）为复位向量，并在执行 main() 函数前调用 SystemInit() 函数初始化系统时钟；设置向量表入口为异常事件的入口地址；复位后微处理器为线程模式，优先级为特权级，堆栈设置为 MSP 主堆栈。

5）stm32f10x_ppp.c 和 stm32f10x_ppp.h 分别为外设驱动源文件和头文件，ppp 代表不同的外设，使用时将相应文件加入工程。其包含了相关外设的初始化配置和部分功能应用函数，这部分是进行编程功能实现的重要组成部分。

6）misc.c 和 misc.h 提供了外设对内核中的 NVIC 的访问函数，在配置中断时，必须把这两个文件加到工程中。

2. Project 文件夹下是采用标准库写的一些工程模板和例子

Project 文件夹由 STM32F10x_StdPeriph_Template 和 STM32F10x_StdPeriph_Examples 组成。在 STM32F10x_StdPeriph_Template 中有 3 个重要文件：stm32f10x_it.c、stm32f10x_it.h 和 stm32f10x_conf.h。

1）stm32f10x_it.c 和 stm32f10x_it.h 是用来编写中断服务函数的，其中已经定义了一些系统异常的接口，其他普通中断服务函数要自己添加，中断服务函数的接口在启动文件中已经写好。

2）stm32f10x_conf.h 文件被包含进 stm32f10x.h 文件中，用来配置使用了哪些外设的头文件，用这个头文件可以方便地增加和删除外设驱动函数。

为了更好地使用标准外设库进行程序设计，除了掌握标准函数库的文件结构，还必须掌握其体系结构，将这些库文件对应到 CMSIS 的架构上。标准外设库体系结构如图 3-21 所示。

图 3-21 描述了库文件之间的包含调用关系，在使用标准函数库开发时，可直接把位于 CMSIS 层的文件添加到工程中，不用修改，用户只需根据需要修改用户应用层的文件

便可以进行软件开发。

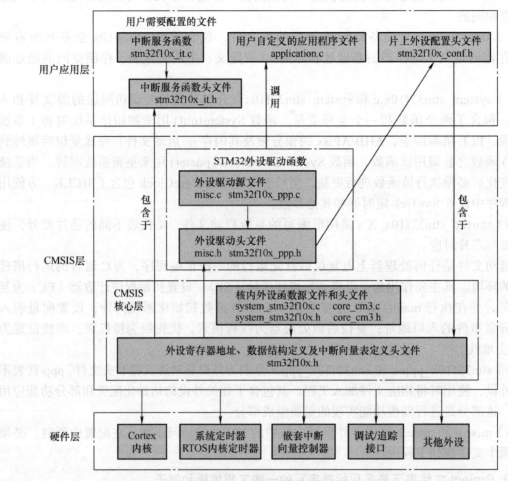

图 3-21 标准外设库体系结构

3.4 STM32F103 开发板的选择

本书应用实例是在野火 F103- 指南者开发板上调试通过的，该开发板的价格因模块配置的不同而不同。

野火 F103- 指南者开发板使用 STM32F103VET6 作为主控芯片，使用 3.2 寸液晶显示器进行交互。可通过 WiFi 的形式接入互联网，支持使用串行接口（TTL）、RS-485、CAN、USB 协议与其他设备通信，板载闪存、EEPROM 存储器、全彩 RGB LED 灯，还提供了各式通用接口，能满足各种各样的学习需求。

野火 F103- 指南者开发板如图 3-22 所示。

野火 F103- 指南者开发板硬件资源描述如图 3-23 所示。

图 3-22 野火 F103- 指南者开发板

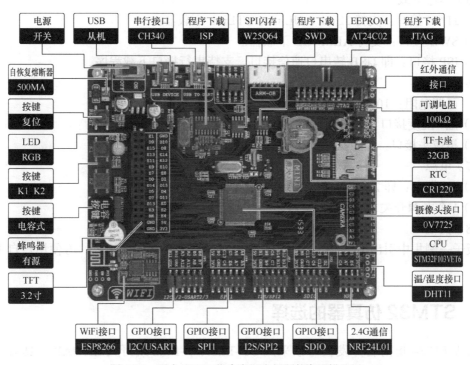

图 3-23 野火 F103- 指南者开发板硬件资源描述图

野火 F103- 指南者开发板的主要资源如下：

（1）系统

主控芯片：STM32F103VET6，具有 512kB 闪存，64kB SRAM，系统时钟频率 72MHz，LQFP100 封装。

（2）通信

1）WiFi：ESP8266 模组，硬件 TCP/IP，板载天线。

2）USB 转串行接口通信：CH340，带 Mini USB 接口。

3）USB 通信：Mini USB 接口。

4）红外通信：红外接收头接口。

5）2.4G 通信：NRF24L01 模块接口。

（3）交互

1）显示：FSMC 液晶显示器接口。支持的液晶显示器有：① 3.2 寸，ILI9341 芯片，240×320 分辨率，可选电阻或电容触摸屏；② 5 寸，800×480 分辨率，5 点电容屏。

2）1 个全彩 RGB LED 灯。

3）3 个实体按键，1 个电容式按键。

4）有源蜂鸣器。

（4）存储器

1）SPI 闪存：W25Q64，8MB。

2）EEPROM：AT24C02，256B。

3）SD 卡：Micro SD 卡接口，最大支持 32GB 容量。

（5）程序下载

1）JTAG 接口：支持 JLink、ULink、STLink 下载器。

2）SWD 接口：支持 ARM-OB 下载器。

3）ISP 接口：即 USB 转串口通信接口，支持串行接口下载程序。

（6）传感器

1）可调电阻：100kΩ 电位器。

2）温 / 湿度接口：DHT11、DS18B20 接口。

3）摄像头接口：摄像头接口，可驱动 OV7725。

（7）电源

1）5V 供电：即 2 个 Micro USB 接口，它们均可用作 5V 供电。

2）1 个电源开关，1 个自恢复熔断器。

（8）其他

板子一侧集中引出 IIC、SPI、SDIO、USART 等通信接口的引脚，方便用户自主外扩开发。

3.5 STM32 仿真器的选择

野火 F103- 指南者开发板可以采用 ST-Link、J-Link 或野火 fireDAP 仿真器（符合 CMSIS-DAP Debugger 规范）下载程序。

CMSIS-DAP 支持访问 CoreSight 调试访问接口（DAP）的固件规范。

（1）调试功能

1）对运行的微控制器予以控制，允许启动和停止程序。

2）可单步调试源码和汇编代码。

3）可在微控制器运行时设置断点。

4）即时读 / 写存储器内容和外设寄存器。

5）对内部和外部闪存编程。

（2）跟踪功能

1）串行线查看器（SWV）提供程序计数器（PC）采样、数据跟踪、事件跟踪和仪器跟踪信息。

2）指令（ETM）实现历史序列调试、软件性能分析和代码覆盖率分析。

野火 fireDAP 仿真器如图 3-24 所示。

J-Link 仿真器如图 3-25 所示。J-Link 仿真器通过 JTAG 接口与 STM32F103 等微控制器连接，实现程序的调试和下载。

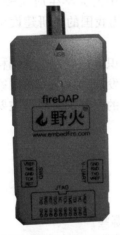

图 3-24　野火 fireDAP 仿真器

图 3-25　J-Link 仿真器

JTAG（联合测试行动小组，Joint Test Action Group）是一种国际标准测试协议（IEEE1149.1 兼容），主要用于芯片内部测试。现在多数的高级器件都支持 JTAG，如 DSP、FPGA 器件等。标准的 JTAG 接口是 4 线的，即 TMS、TCK、TDI、TDO，分别为模式选择、时钟、数据输入、数据输出线。

JTAG 最初是用来对芯片进行测试的，JTAG 的基本原理是在器件内部定义一个测试访问口（Test Access Port，TAP），通过专用的 JTAG 测试工具对内部节点进行测试。该测试允许多个器件通过 JTAG 接口串联在一起，形成一个 JTAG 链，并可实现对各个器件分别测试。现在，JTAG 接口还常用于实现在线编程（In-System Programmable，ISP）和对闪存等器件进行编程。

JTAG 编程方式是在线编程，传统生产流程中先对芯片进行预编程，再安装到板上，简化的流程为先固定器件到电路板上，再用 JTAG 编程方式编程，从而大大加快了工程进度。JTAG 接口可对 PSD 芯片内部的所有部件进行编程。

具有 JTAG 接口的芯片有如下引脚：

1）TMS：测试模式选择，用来设置 JTAG 接口处于某种特定的测试模式。

2）TCK：测试时钟输入。

3）TDI：测试数据输入，数据通过 TDI 引脚输入 JTAG 接口。

4）TDO：测试数据输出，数据通过 TDO 引脚从 JTAG 接口输出。

5）可选引脚 TRST：测试复位，这是个输入引脚，低电平有效。

含有 JTAG 接口的芯片种类较多，如 CPU、DSP、CPLD 等。

JTAG 内部有一个状态机，称为 TAP 控制器。TAP 控制器通过 TCK 引脚和 TMS 引脚进行状态的改变，实现数据和指令的输入。

JTAG 定义了一个串行的移位寄存器。寄存器的每一个单元分配给 IC 芯片的相应引脚，每一个独立的单元称为边界扫描单元（Boundary-Scan Cell，BSC）。这个串联的 BSC 在 IC 芯片内部构成 JTAG 回路，所有的边界扫描寄存器（Boundary-Scan Register，BSR）通过 JTAG 测试激活，平时这些引脚则保持正常的功能。

嵌入式开发环境除 Keil MDK 外，还有 IAR 等开发环境，但目前均为国外公司的产品，我国目前还没有自主知识产权的 Arm 开发环境，我国的大学生应当关心国家建设，立足自力更生，提升自身科技水平，发扬"航天精神"，为我国的科研建设出一份力，开发出如 Keil MDK 的开发环境，摆脱国外公司的制约。

大部分人认为工科专业属于自然科学，蕴含较少的意识形态属性，认同科学技术是无国界的，然而在实际生活中，任何一种科学技术的产生、发展和应用都与国家的倡导与需求息息相关，因此从这个角度来看，科学技术也是有国界的，其国界属性主要体现在科技的来源性、科技的权属性以及科技的服务性 3 个方面。

习题

1. 什么是 Keil MDK？ Keil MDK 支持的微控制器有哪些？

2. Keil MDK 主要包含哪 4 个核心组成部分？

3. 使用 Keil MDK 作为嵌入式开发工具，其开发的流程一般可以分哪几步？

4. J-Link 仿真器的作用是什么？

5. 说明 Keil5 进入调试模式的步骤。

6. CMSIS 的架构由哪 4 层构成？

7. STM32F10x 的标准函数库是什么？

8. 什么是 CMSIS-DAP？

9. CoreSight 的两个主要功能是什么？

10. 标准函数库的 Libraries 文件夹包含哪些文件？

11. 简要说明 CMSIS 层各部分的作用。

第 4 章

中断系统

本章讲述了中断系统，包括中断的基本概念、STM32F103 的中断系统、STM32F103 的外部中断/事件控制器（EXTI）、STM32F10x 的中断系统库函数、外部中断设计流程和外部中断设计实例。

4.1 中断的基本概念

在实际的应用系统中，STM32 微控制器可能与各种各样的外设相连接。这些外设的结构形式、信号种类与大小、工作速度等差异很大，因此，需要有效的方法使微控制器与外设协调工作。通常微控制器与外设交换数据有 3 种方式：无条件传输方式、程序查询方式以及中断方式。

1. 无条件传输方式

微控制器不必了解外设状态，当执行传输数据指令时直接向外设发送数据，因此适合于快速设备或者状态明确的外设。

2. 程序查询方式

微控制器主动对外设的状态进行查询，依据查询状态传输数据。查询方式常常使微控制器处于等待状态，同时也不能做出快速响应。因此，在微控制器任务不太繁忙，对外设响应速度要求不高的情况下常采用这种方式。

3. 中断方式

外设主动向微控制器发送请求，微控制器接到请求后立即中断当前工作，处理外设的请求，处理完毕后继续处理未完成的工作。这种传输方式提高了 STM32 微控制器的利用率，并且对外设有较快的响应速度。因此，中断方式更加适应实时控制的需要。

4.1.1 中断的定义

为了更好地描述中断，这里用日常生活中常见的例子来做一个比喻。假如你有朋友下午要来拜访，可又不知道他具体什么时候到，为了提高效率，你就边看书边等。在看书的过程中，门铃响了，这时，你先在书签上记下你当前阅读的页码，然后暂停阅读，放下手中的书，开门接待朋友。等接待完毕后，再从书签上找到阅读进度，从刚才暂停的页码处继续看书。这个例子很好地呈现了日常生活中的中断及其处理过程：门铃的铃声让你暂时中止当前的工作（看书），而去处理更为紧急的事情（朋友来访），把急需处理的事情（接待朋友）处理完毕之后，再回过头来继续做原来的事情（看书）。显然这样的处理方式比你一个下午不做任何事情，一直站在门口等要高效多了。

类似地，在计算机执行程序的过程中，CPU 暂时中止其正在执行的程序，转去执行请求中断的那个外设或事件的服务程序，等处理完毕后再返回执行原来中止的程序，叫作中断。

4.1.2　中断的应用

1. 提高 CPU 工作效率

在早期的计算机系统中，CPU 工作速度快，外设工作速度慢，形成了 CPU 等待的现象，效率降低。设置中断后，CPU 不必花费大量的时间等待和查询外设工作，例如，计算机和打印机连接，计算机可以快速地传送一行字符给打印机（由于打印机存储容量有限，一次不能传送很多），打印机开始打印字符，CPU 可以不理会打印机，处理自己的工作，待打印机打印该行字符完毕，发给 CPU 一个信号，CPU 产生中断，中断正在处理的工作，转而再传送一行字符给打印机，这样在打印机打印字符期间（外设慢速工作），CPU 可以不必等待或查询，而是自行处理自己的工作，从而大大提高了 CPU 工作效率。

2. 具有实时处理功能

实时控制是微型计算机系统，特别是微控制器系统应用领域的一个重要任务。在实时控制系统中，现场各种参数和状态的变化是随机发生的，要求 CPU 能做出快速响应、及时处理。有了中断系统，这些参数和状态的变化可以作为中断信号，使 CPU 中断，在相应的中断服务程序中及时处理这些参数和状态的变化。

3. 具有故障处理功能

微控制器应用系统在实际运行中，常会出现一些故障。例如电源突然掉电、硬件自检出错和运算溢出等。利用中断，就可执行处理故障的中断程序服务。例如，电源突然掉电时，由于稳压电源输出端接有大电容，从电源掉电至大电容的电压下降到正常工作电压之下，一般有几毫秒至几百毫秒的时间。这段时间内若使 CPU 产生中断，处理掉电的中断服务程序将需要保存的数据和信息及时转移到具有备用电源的存储器中，待电源恢复正常时再将这些数据和信息送回到原存储单元之中，返回中断点继续执行原程序。

4. 实现分时操作

微控制器应用系统通常需要控制多个外设同时工作，例如键盘、打印机、显示器、A/D 转换器和 D/A 转换器等，这些设备的工作有些是随机的，有些是定时的，对于一些定时工作的外设，可以利用定时器，时间一到产生中断，中断服务程序去控制这些外设工作，例如动态扫描显示，即每隔一定时间会更换显示字位码和字段码。

此外，中断系统还能用于程序调试、多机连接等。因此，中断系统是计算机中重要的组成部分。可以说，有了中断系统后，现在的计算机才能比原来无中断系统的早期计算机演绎出更多姿多彩的功能。

4.1.3　中断源与中断屏蔽

1.中断源

中断源是指能引发中断的事件。通常中断源都与外设有关。在前面讲述的朋友来访的例子中，门铃的铃声是一个中断源，它由门铃这个外设发出，告诉主人（CPU）有客来访（事件），并等待主人（CPU）响应和处理（开门接待客人）。计算机系统中，常见的中断源有按键、定时器溢出、串行接口收到数据等，与此相关的外设有键盘、定时器和串行接口等。

每个中断源都有它对应的中断标志位，一旦该中断发生，它的中断标志位就会被置位。如果中断标志位被清除，那么它所对应的中断便不会再被响应。所以，一般在中断服务程序最后要将对应的中断标志位清零，否则CPU将始终响应该中断，不断执行该中断服务程序。

2.中断屏蔽

中断屏蔽是中断系统一个十分重要的功能。在计算机系统中，程序设计人员可以通过设置相应的中断屏蔽位，禁止CPU响应某个中断，从而实现中断屏蔽。在微控制器的中断控制系统中，对一个中断源能否响应，一般由"中断允许总控制位"和该中断自身的"中断允许控制位"共同决定。这两个中断控制位中的任何一个被关闭，该中断都将无法响应。

中断屏蔽的目的是保证在执行一些关键程序时不响应中断，以免造成延迟而引起错误。例如，在系统启动执行初始化程序时屏蔽键盘中断，能够使初始化程序顺利进行，这时，按任何按键都不会响应。当然，对于一些重要的中断请求是不能屏蔽的，例如系统重启、电源故障、内存出错等影响整个系统工作的中断请求。因此，从中断是否可以被屏蔽划分，中断可分为可屏蔽中断和不可屏蔽中断两类。

值得注意的是，尽管某个中断源可以被屏蔽，但一旦该中断发生，不管该中断被屏蔽与否，它的中断标志位都会被置位，而且只要该中断标志位不被软件清除，它就一直有效，等待该中断重新被使用时，它即会被CPU响应。

4.1.4　中断处理过程

中断处理过程如图4-1所示，其大致可以分为4步：中断请求、中断响应、中断服务和中断返回。

在中断系统中，通常将CPU处在正常情况下运行的程序称为主程序，把产生申请中断信号的事件称为中断源，由中断源向CPU所发出的申请中断信号称为中断请求信号，CPU接收中断请求信号停止现行程序的运行而转向为中断服务称为中断响应，为中断服务的程序称为中断服务程序或中断处

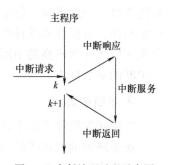

图4-1　中断处理过程示意图

理程序。现行程序被打断的地方称为断点，执行完中断服务程序后CPU会返回断点处继续执行主程序，称为中断返回。

在整个中断处理过程中，由于CPU执行完中断服务程序之后仍然要返回主程序，因

此在执行中断服务程序之前，要将主程序中断处的地址，即断点处（主程序下一条指令的地址，见图 4-1 中的 $k+1$ 点）保存起来，称为保护断点。又由于 CPU 在执行中断服务程序时，可能会使用和改变主程序使用过的寄存器、标志位甚至内存单元，因此，在执行中断服务程序前，还要把有关的数据保护起来，称为现场保护。在 CPU 执行完中断服务程序后，则要恢复原来的数据，并返回主程序的断点处继续执行，称为恢复现场和恢复断点。

在微控制器中，断点的保护和恢复操作，是在系统响应中断和执行中断返回指令时由微控制器内部硬件自动实现的。简单地说，就是在响应中断时，硬件会自动将断点地址压进系统的堆栈保存，而当执行中断返回指令时，微控制器的硬件又会自动将压入堆栈的断点弹出到 CPU 的执行指针寄存器中。在新型微控制器的中断处理过程中，保护和恢复现场的工作也由内部硬件自动完成，无需用户操心，用户只需集中精力编写中断服务程序即可。

4.1.5　中断优先级与中断嵌套

1. 中断优先级

计算机系统中的中断往往不止一个，那么，对于多个同时发生的中断或者嵌套发生的中断，CPU 又该如何处理？应该先响应哪一个中断？为什么？其答案就是设定的中断优先级。

为了更形象地说明中断优先级的概念，还是从生活中的实例开始讲起。生活中的突发事件很多，为了便于快速处理，通常把这些事件按重要性或紧急程度从高到低依次排列，这种分级就称为优先级。如果多个事件同时发生，则根据它们的优先级从高到低依次响应。例如，在前面讲述的朋友来访的例子中，如果门铃响的同时，电话铃也响了，那么你将在这两个中断请求中选择先响应哪一个请求。这里就有一个优先的问题。如果开门比接电话更重要（即门铃的优先级比电话的优先级高），那么就应该先开门（处理门铃中断），然后再接电话（处理电话中断），最后再回来继续看书（回到主程序）。

类似地，计算机系统中的中断源众多，它们也有轻重缓急之分，这种分级就被称为中断优先级。一般来说，各个中断源的优先级都有事先规定。通常，中断优先级是根据中断的实时性、重要性和软件处理的方便性预先设定的。当同时有多个中断请求产生时，CPU 会先响应优先级较高的中断请求。由此可见，中断优先级是中断响应的重要标准，也是区分中断的重要标志。

2. 中断嵌套

中断优先级除了用于并发中断，还用于嵌套中断。

还是回到前面讲述的朋友来访的例子，在你看书的时电话铃响了，你去接电话，在通话的过程中门铃又响了。这时，门铃中断和电话中断形成了嵌套。由于门铃的优先级比电话的优先级高，你只能让打电话的对方稍等，放下电话去开门。开门之后再回头继续接电话，通话完毕再回去继续看书。当然，如果门铃的优先级比电话的优先级低，那么在通话的过程中门铃响了也不予理睬，继续接听电话（处理电话中断），通话结束后再去开门（即处理门铃中断）。

类似地，在计算机系统中，中断嵌套是指当系统正在执行一个中断服务程序时又有新的中断事件发生而产生了新的中断请求。此时，CPU 如何处理取决于新旧两个中断的优先级。当新发生的中断的优先级高于正在处理的中断时，CPU 将终止执行优先级较低的当前中断服务程序，转去处理新发生的，优先级较高的中断，处理完毕才返回原来的中断服务程序继续执行。通俗地说，中断嵌套其实就是更高一级的中断"加塞儿"，即当 CPU 正在处理中断时，又接收了更紧急的另一件"急件"，转而处理更高一级的中断的行为。

4.2　STM32F103 的中断系统

在了解了中断相关基础知识后，下面从中断控制器、中断优先级、中断向量表和中断服务程序 4 个方面来分析 STM32F103 微控制器的中断系统，最后介绍设置和使用 STM32F103 中断系统的全过程。

4.2.1　嵌套向量中断控制器（NVIC）

嵌套向量中断控制器，简称 NVIC，是 Cortex-M3 内核不可分离的一部分，它与后者的逻辑紧密耦合，有一部分甚至水乳交融在一起。NVIC 与 Cortex-M3 内核相辅相成，里应外合，共同完成对中断的响应。

Cortex-M3 内核共支持 256 个中断，其中有 16 个内部中断，240 个外部中断和可编程的 256 级中断优先级的设置。STM32 微控制器目前支持的中断共 84 个（16 个内部 +68 个外部），还有 16 级可编程的中断优先级。

STM32 微控制器可支持 68 个中断通道，它们已经固定分配给相应的外部设备，每个中断通道都具备自己的中断优先级控制字（8 位，但是 STM32 微控制器中只使用 4 位，即高 4 位有效），每 4 个通道的 8 位中断优先级控制字构成一个 32 位的中断优先级寄存器。68 个通道的中断优先级控制字至少构成 17 个 32 位的中断优先级寄存器。

4.2.2　STM32F103 的中断优先级

中断优先级决定了一个中断是否能被屏蔽，以及在未屏蔽的情况下何时可以响应。中断优先级的数值越小，则优先级越高。

STM32 微控制器（Cortex-M3 内核）中有两个中断优先级的概念：抢占式优先级和响应优先级，也可将响应优先级称作"亚优先级"或"副优先级"，每个中断源都需要被指定这两种中断优先级。

1. 抢占式优先级（Preemption Priority）

高抢占式优先级的中断事件可打断当前主程序 / 中断服务程序的运行，俗称中断嵌套。

2. 响应优先级（Subpriority）

在抢占式优先级相同的情况下，高响应优先级的中断优先被响应。

在抢占式优先级相同的情况下，如果有低响应优先级的中断正在执行，高响应优先级的中断要等待已被响应的低响应优先级的中断执行结束后才能得到响应（不能嵌套）。

3. 判断中断是否会被响应的依据

首先依据抢占式优先级判断，其次依据响应优先级判断。抢占式优先级决定是否会有中断嵌套。

4. 优先级冲突的处理

具有高抢占式优先级的中断可以在具有低抢占式优先级的中断的处理过程中被响应，即中断的嵌套，或者说高抢占式优先级的中断可以嵌套低抢占式优先级的中断。

当两个中断源的抢占式优先级相同时，这两个中断将没有嵌套关系，当一个中断到来后，如果正在处理另一个中断，这个后到来的中断就要等到前一个中断处理完之后才能被处理。如果这两个中断同时到达，则 NVIC 根据它们的响应优先级高低来决定先处理哪一个；如果它们的抢占式优先级和响应优先级都相等，则根据它们在中断向量表中的排位顺序来决定先处理哪一个。

5. STM32 微控制器中对中断优先级的定义

STM32 微控制器中指定中断优先级的优先级寄存器位有 4 位，这 4 位的分组方式如下。

1）第 0 组：所有 4 位用于指定响应优先级。

2）第 1 组：最高 1 位用于指定抢占式优先级，最低 3 位用于指定响应优先级。

3）第 2 组：最高 2 位用于指定抢占式优先级，最低 2 位用于指定响应优先级。

4）第 3 组：最高 3 位用于指定抢占式优先级，最低 1 位用于指定响应优先级。

5）第 4 组：所有 4 位用于指定抢占式优先级。

优先级分组方式所对应的抢占式优先级和响应优先级寄存器位数和所表示的优先级数分配如图 4-2 所示。

图 4-2　STM32F103 优先级寄存器位数和所表示的优先级数分配图

4.2.3　STM32F103 的中断向量表

中断向量表是中断系统中非常重要的概念。它是一块存储区域，通常位于存储器的地址处，在这块存储区域上按中断号从小到大依次存放着所有中断服务程序的入口地址。当某中断产生且经判断其未被屏蔽，CPU 会根据识别到的中断号到中断向量表中找到该中断的所在表项，取出该中断对应的中断服务程序的入口地址，然后跳转到该地址执行。STM32F103 的中断向量表见表 4-1。

表 4-1 STM32F103 的中断向量表

中断号	优先级	优先级类型	名称	说明	入口地址
—	—	—	—	保留	0x0000 0000
	−3	固定	Reset	复位	0x0000 0004
	−2	固定	NMI	不可屏蔽中断RCC时钟安全系统（CSS）连接到NMI向量	0x0000 0008
	−1	固定	硬件失效	—	0x0000 000C
	0	可设置	存储管理	存储器管理	0x0000 0010
	1	可设置	总线错误	预取指失败，存储器访问失败	0x0000 0014
	2	可设置	错误应用	未定义的指令或非法状态	0x0000 0018
—	—	—	—	保留	0x0000 001C
—	—	—	—	保留	0x0000 0020
—	—	—	—	保留	0x0000 0024
—	—	—	—	保留	0x0000 0028
	3	可设置	SVCall	通过 SWI 指令的系统服务调用	0x0000 002C
	4	可设置	调试监控（Debug Monitor）	调试监控器	0x0000 0030
—	—	—	—	保留	0x0000 0034
	5	可设置	PendSV	可挂起的系统服务	0x0000 0038
	6	可设置	SysTick	系统嘀嗒定时器	0x0000 003C
0	7	可设置	WWDG	窗口定时器中断	0x0000 0040
1	8	可设置	PVD	连到 EXTI 的电源电压检测（PVD）中断	0x0000 0044
2	9	可设置	TAMPER	侵入检测中断	0x0000 0048
3	10	可设置	RTC	实时时钟（RTC）全局中断	0x0000 004C
4	11	可设置	FLASH	闪存全局中断	0x0000 0050
5	12	可设置	RCC	复位和时钟控制（RCC）中断	0x0000 0054
6	13	可设置	EXTI0	EXTI 线 0 中断	0x0000 0058
7	14	可设置	EXTI1	EXTI 线 1 中断	0x0000 005C
8	15	可设置	EXTI2	EXTI 线 2 中断	0x0000 0060
9	16	可设置	EXTI3	EXTI 线 3 中断	0x0000 0064
10	17	可设置	EXTI4	EXTI 线 4 中断	0x0000 0068
11	18	可设置	DMA1 通道 1	DMA1 通道 1 全局中断	0x0000 006C
12	19	可设置	DMA1 通道 2	DMA1 通道 2 全局中断	0x0000 0070
13	20	可设置	DMA1 通道 3	DMA1 通道 3 全局中断	0x0000 0074
14	21	可设置	DMA1 通道 4	DMA1 通道 4 全局中断	0x0000 0078
15	22	可设置	DMA1 通道 5	DMA1 通道 5 全局中断	0x0000 007C
16	23	可设置	DMA1 通道 6	DMA1 通道 6 全局中断	0x0000 0080

（续）

中断号	优先级	优先级类型	名称	说明	入口地址
17	24	可设置	DMA1 通道 7	DMA1 通道 7 全局中断	0x0000 0084
18	25	可设置	ADC1_2	ADC1 和 ADC2 的全局中断	0x0000 0088
19	26	可设置	USB_HP_CAN_TX	USB 高优先级或 CAN 发送中断	0x0000 008C
20	27	可设置	USB_LP_CAN_RX0	USB 低优先级或 CAN 接收 0 中断	0x0000 0090
21	28	可设置	CAN_RX1	CAN 接收 1 中断	0x0000 0094
22	29	可设置	CAN_SCE	CAN SCE 中断	0x0000 0098
23	30	可设置	EXTI9_5	EXTI 线 [9:5] 中断	0x0000 009C
24	31	可设置	TIM1_BRK	TIM1 刹车中断	0x0000 00A0
25	32	可设置	TIM1_UP	TIM1 更新中断	0x0000 00A4
26	33	可设置	TIM1_TRG_COM	TIM1 触发和通信中断	0x0000 00A8
27	34	可设置	TIM1_CC	TIM1 捕获比较中断	0x0000 00AC
28	35	可设置	TIM2	TIM2 全局中断	0x0000 00B0
29	36	可设置	TIM3	TIM3 全局中断	0x0000 00B4
30	37	可设置	TIM4	TIM4 全局中断	0x0000 00B8
31	38	可设置	I2C1_EV	I^2C1 事件中断	0x0000 00BC
32	39	可设置	I2C1_ER	I^2C1 错误中断	0x0000 00C0
33	40	可设置	I2C2_EV	I^2C2 事件中断	0x0000 00C4
34	41	可设置	I2C2_ER	I^2C2 错误中断	0x0000 00C8
35	42	可设置	SPI1	SPI1 全局中断	0x0000 00CC
36	43	可设置	SPI2	SPI2 全局中断	0x0000 00D0
37	44	可设置	USART1	USART1 全局中断	0x0000 00D4
38	45	可设置	USART2	USART2 全局中断	0x0000 00D8
39	46	可设置	USART3	USART3 全局中断	0x0000 00DC
40	47	可设置	EXTI15_10	EXTI 线 [15:10] 中断	0x0000 00E0
41	48	可设置	RTCAlarm	连接 EXTI 的 RTC 闹钟中断	0x0000 00E4
42	49	可设置	USB 唤醒	连接 EXTI 的从 USB 待机唤醒中断	0x0000 00E8
43	50	可设置	TIM8_BRK	TIM8 刹车中断	0x0000 00EC
44	51	可设置	TIM8_UP	TIM8 更新中断	0x0000 00F0
45	52	可设置	TIM8_TRG_COM	TIM8 触发和通信中断	0x0000 00F4
46	53	可设置	TIM8_CC	TIM8 捕获比较中断	0x0000 00F8
47	54	可设置	ADC3	ADC3 全局中断	0x0000 00FC
48	55	可设置	FSMC	FSMC 全局中断	0x0000 0100
49	56	可设置	SDIO	SDIO 全局中断	0x0000 0104
50	57	可设置	TIM5	TIM5 全局中断	0x0000 0108

（续）

中断号	优先级	优先级类型	名称	说明	入口地址
51	58	可设置	SPI3	SPI3 全局中断	0x0000 010C
52	59	可设置	UART4	UART4 全局中断	0x0000 0110
53	60	可设置	UART5	UART5 全局中断	0x0000 0114
54	61	可设置	TIM6	TIM6 全局中断	0x0000 0118
55	62	可设置	TIM7	TIM7 全局中断	0x0000 011C
56	63	可设置	DMA2 通道 1	DMA2 通道 1 全局中断	0x0000 0120
57	64	可设置	DMA2 通道 2	DMA2 通道 2 全局中断	0x0000 0124
58	65	可设置	DMA2 通道 3	DMA2 通道 3 全局中断	0x0000 0128
59	66	可设置	DMA2 通道 4_5	DMA2 通道 4 和 DMA2 通道 5 全局中断	0x0000 012C

STM32F103 系列微控制器的不同产品支持的可屏蔽中断数量略有不同，互联型的 STM32F105 系列和 STM32F107 系列共支持 68 个可屏蔽中断通道，而其他非互联型的产品（包括 STM32F103 系列）支持 60 个可屏蔽中断通道，上述通道均不包括 Cortex-M3 内核中断源，即表 4-1 中的前 16 行。

4.2.4 STM32F103 的中断服务程序

中断服务程序在结构上与函数非常相似。但不同的是，函数一般有参数有返回值，并在应用程序中被人为显式地调用执行，而中断服务程序一般没有参数也没有返回值，并只有中断发生时才会被自动隐式地调用执行。每个中断都有自己的中断服务程序，用来记录中断发生后要执行的真正意义上的处理操作。

STM32F103 所有的中断服务程序在该微控制器所属产品系列的启动代码文件 startup_stm32f10x_xx.s 中都有预定义，通常以 PPP_IRQHandler 命名，其中 PPP 是对应的外设名。用户开发自己的 STM32F103 应用时可在文件 stm32f10x_it.c 中使用 C 语言编写函数重新定义之。程序在编译、链接生成可执行文件的阶段，会使用用户自定义的同名中断服务程序替代启动代码中原来默认的中断服务程序。

尤其需要注意的是，在更新 STM32F103 的中断服务程序时，必须确保 STM32F103 中断服务程序文件（stm32f10x_it.c）中的中断服务程序名（如 EXTI1_IRQHandler）和启动代码文件（startup_stm32f10x_xx.s）中的中断服务程序名（EXTI1_IRQHandler）相同，否则在生成可执行文件时无法使用用户自定义的中断服务程序替换原来默认的中断服务程序。

4.3 STM32F103 的外部中断 / 事件控制器（EXTI）

STM32F103 的外部中断 / 事件控制器（EXTI）由 19 个产生中断 / 事件请求的边沿检测器组成，每条输入线可以独立地配置输入类型（脉冲或挂起）和对应的触发事件（上升沿、下降沿或者双边沿都触发）。

4.3.1 EXTI 的内部结构

在 STM32F103 中，EXTI 由 19 根外部输入线、19 个产生中断/事件请求的边沿检测器和 APB 外设接口等部分组成，如图 4-3 所示。

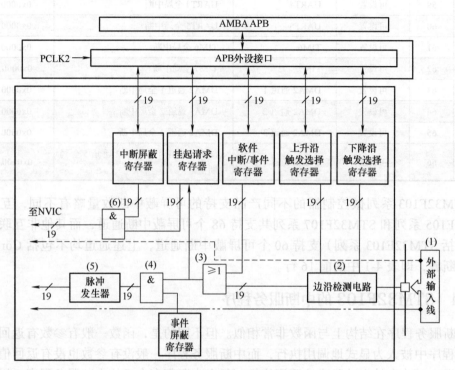

图 4-3 EXTI 的内部结构图

1. 外部输入线

从图 4-3 可以看出，STM32F103 的 EXTI 内部信号线上画有一条斜线，旁边标有 19，表示这样的线路共有 19 套。

与此对应，EXTI 的外部输入线也有 19 根，分别是 EXTI0 ～ EXTI18。除了 EXTI16（PVD 输出）、EXTI17（RTC 闹钟）和 EXTI18（USB 唤醒）外，其他 16 根外部输入线 EXTI0 ～ EXTI15 可以分别对应于 STM32F103 的 16 个引脚 Px0 ～ Px15，其中 x 为 A、B、C、D、E、F 和 G。

STM32F103 最多有 112 个引脚，可用以下方式连接到 16 根外部输入线上，如图 4-4 所示，任一接口的 0 号引脚（如 PA0 ～ PG0）映射到 EXTI 的外部输入线 EXTI0 上，任一接口的 1 号引脚（如 PA1 ～ PG1）映射到 EXTI 的外部输入线 EXTI1 上，以此类推，任一接口的 15 号引脚（如 PA15 ～ PG15）映射到 EXTI 的外部输入线 EXTI15 上。需要注意的是，在同一时刻，只能有一个接口的 n 号引脚映射到 EXTI 对应的外部输入线 EXTIn 上，n 取 0 ～ 15。

另外，如果想要将 STM32F103 的 I/O 引脚映射为 EXTI 的外部输入线，必须将该引脚设置为输入模式。

2. APB 外设接口

图 4-3 上部所示的 APB 外设接口是 STM32F103 的每个功能模块都有的部分，CPU 通过这样的接口访问各个功能模块。

尤其需要注意的是，如果使用 STM32F103 引脚的外部输入线映射功能，必须打开 APB2 上该引脚对应接口的时钟以及 AFIO 功能时钟。

3. 边沿检测器

EXTI 中的边沿检测器共有 19 个，用来连接 19 个外部输入线，是 EXTI 的主体部分。每个边沿检测器由边沿检测电路、控制寄存器、门电路和脉冲发生器等部分组成。

4.3.2　EXTI 的工作原理

1. 外部中断 / 事件请求的产生和传输

从图 4-3 可以看出，外部中断 / 事件请求的产生和传输过程如下：

1）外部信号从编号（1）的 STM32F103 微控制器引脚（外部输入线）进入。

2）经过边沿检测电路。这个边沿检测电路受到上升沿触发选择寄存器和下降沿触发选择寄存器控制，用户可以配置这两个寄存器来选择在哪一个边沿产生中断 / 事件，由于选择上升沿或下降沿分别受两个平行的寄存器控制，所以用户还可以在双边沿（即同时选择上升沿和下降沿）都产生中断 / 事件。

3）经过编号（3）的或门。这个或门的另一个输入是软件中断 / 事件寄存器。由此可见，软件可以优先于外部信号产生一个中断 / 事件请求，即当软件中断 / 事件寄存器对应位为 1 时，不管外部信号如何，编号（3）的或门都会输出有效的信号。到此为止，无论是中断或事件，外部信号的传输路径都是一致的。

4）外部信号进入编号（4）的与门。这个与门的另一个输入是事件屏蔽寄存器。如果事件屏蔽寄存器的对应位为 0，则该外部信号不能传输到与门的另一端，从而实现对某个外部事件的屏蔽；如果事件屏蔽寄存器的对应位为 1，则与门产生有效的输出并送至编号（5）的脉冲发生器。脉冲发生器把一个跳变的信号转变为一个单脉冲，输出到 STM32F103 微控制器的其他功能模块。以上是外部事件请求信号的传输路径。

5）外部信号进入挂起请求寄存器，挂起请求寄存器记录了外部信号的电平变化。外

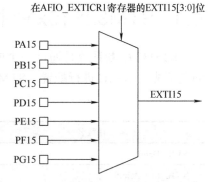

图 4-4　STM32F103 的外部输入线映射

87

部信号经过挂起请求寄存器后，最后进入编号（6）的与门。这个与门的功能和编号（4）的与门类似，用于引入中断屏蔽寄存器的控制。只有当中断屏蔽寄存器的对应位为 1 时，该外部信号才被送至 Cortex-M3 内核的 NVIC，从而发出一个中断请求，否则屏蔽之。以上是外部中断请求信号的传输路径。

2. 中断与事件

由上面讲述的外部中断/事件请求信号的产生和传输过程可知，从外部信号看，中断和事件的请求信号没有区别，只是在 STM32F103 微控制器内部将它们分开。

1）一路信号（中断）会被送至 NVIC 向 CPU 产生中断请求，至于 CPU 如何响应，由用户编写或系统默认的对应的中断服务程序决定。

2）另一路信号（事件）会向其他功能模块（如定时器、USART、DMA 等）发送单脉冲信号，至于其他功能模块会如何响应这个单脉冲信号，则由对应的功能模块自己决定。

4.3.3 EXTI 的主要特性

STM32F103 微控制器的 EXTI，具有以下主要特性：

1）每根外部输入线都可以独立地配置它的触发事件（上升沿、下降沿或双边沿），并能够单独地被屏蔽。

2）每个外部中断都有专用的标志位（挂起请求寄存器），保持着它的中断请求。

3）可以将多达 112 个通用 I/O 引脚映射到 16 根外部输入线上。

4）可以检测脉冲宽度低于 APB2 时钟宽度的外部信号。

4.4 STM32F10x 的中断系统库函数

STM32 中断系统是通过一个嵌套向量中断控制器（NVIC）进行中断控制的，使用中断前要先对 NVIC 进行配置。STM32 标准库中提供了 NVIC 相关库函数，见表 4-2。

表 4-2　NVIC 相关库函数

函数名	描述
NVIC_DeInit	将外设 NVIC 寄存器重设为默认值
NVIC_SCBDeInit	将外设 SCB 寄存器重设为默认值
NVIC_PriorityGroupConfig	设置优先级分组：抢占式优先级和响应优先级
NVIC_Init	根据 NVIC_InitStruct 中指定的参数初始化外设 NVIC 寄存器
NVIC_StructInit	把 NVIC_InitStruct 中的每一个参数按默认值填入
NVIC_SETPRIMASK	使能 PRIMASK 优先级：提升执行优先级至 0
NVIC_RESETPRIMASK	失能 PRIMASK 优先级
NVIC_SETFAULTMASK	使能 FAULTMASK 优先级：提升执行优先级至 -1
NVIC_RESETFAULTMASK	失能 FAULTMASK 优先级
NVIC_BASEPRICONFIG	改变执行优先级从 N（最低可设置优先级）提升至 1
NVIC_GetBASEPRI	返回 BASEPRI 屏蔽值

（续）

函数名	描述
NVIC_GetCurrentPendingIRQChannel	返回当前待处理 IRQ 标识符
NVIC_GetIRQChannelPendingBitStatus	检查指定的 IRQ 通道待处理位设置与否
NVIC_SetIRQChannelPendingBit	设置指定的 IRQ 通道待处理位
NVIC_ClearIRQChannelPendingBit	清除指定的 IRQ 通道待处理位
NVIC_GetCurrentActiveHandler	返回当前活动 Handler（IRQ 通道和系统 Handler）的标识符
NVIC_GetIRQChannelActiveBitStatus	检查指定的 IRQ 通道活动位设置与否
NVIC_GetCPUID	返回 ID 号码、Cortex-M3 内核的版本号和实现细节
NVIC_SetVectorTable	设置向量表的位置和偏移
NVIC_GenerateSystemReset	产生一个系统复位
NVIC_GenerateCoreReset	产生一个内核（内核 +NVIC）复位
NVIC_SystemLPConfig	选择系统进入低功耗模式的条件
NVIC_SystemHandlerConfig	使能或者失能指定的系统 Handler
NVIC_SystemHandlerPriorityConfig	设置指定的系统 Handler 优先级
NVIC_CetSystemHandlerPendingBitStatus	检查指定的系统 Handler 待处理位设置与否
NVIC_SetSystemHandlerPendingBit	设置系统 Handler 待处理位
NVIC_ClearSystemHandlerPendingBit	清除系统 Handler 待处理位
NVIC_GetSystemHandlerActiveBitStatus	检查系统 Handler 活动位设置与否
NVIC_GetFaultHandlerSources	返回表示出错的系统 Handler 源
NVIC_GetFaultAddress	返回产生表示出错的系统 Handler 所在位置的地址

4.4.1 STM32F10x 的 NVIC 相关库函数

1. 函数 NVIC_DeInit

函数名：NVIC_DeInit。

函数原型：void NVIC_DeInit（void）。

功能描述：将外设 NVIC 寄存器重设为默认值。

输入参数：无。

输出参数：无。

返回值：无。

例如：

/*Resets the NVIC registers to their default reset value */
NVIC_DeInit();

2. 函数 NVIC_Init

函数名：NVIC_Init。

函数原型：void NVIC_Init（NVIC_InitTypeDef* NVIC_InitStruct）。

功能描述：根据 NVIC_ InitStruct 中指定的参数初始化外设 NVIC 寄存器。

输入参数：NVIC_ InitStruct 为指向结构体 NVIC_InitTypeDef 的指针，包含了外设 GPIO 的配置信息。

输出参数：无。

返回值：无。

1）NVIC_InitTypeDef structure。

NVIC_InitTypeDef 定义于文件"stm32f10x_nvic.h"：
Typedef struct
{
u8 NVIC_IRQChannel;
u8 NVIC_IRQChannelPreemptionPriority; u8 NVIC_IRQChannelSubPriority;
FunctionalState NVIC_IRQChannelCmd;
}NVIC_InitTypeDef;

2）NVIC_IRQChannel。

该参数用以使能或者失能指定的 IRQ 通道。表 4-3 给出了该参数可取的值。

表 4-3　NVIC_IRQChannel 可取的值

取值	描述
WWDG_IRQn	窗口"看门狗"定时器中断
PVD_IRQn	PVD 通过 EXTI 探测中断
TAMPER_IRQn	篡改中断
RTC_IRQn	RTC 全局中断
FlashItf_IRQn	闪存全局中断
RCC_IRQn	RCC 全局中断
EXTI0_IRQn	外部中断线 0 中断
EXTI1_IRQn	外部中断线 1 中断
EXTI2_IRQn	外部中断线 2 中断
EXTI3_IRQn	外部中断线 3 中断
EXTI4_IRQn	外部中断线 4 中断
DMAChannel1_IRQn	DMA1 通道 1 中断
DMAChannel2_IRQn	DMA1 通道 2 中断
DMAChannel3_IRQn	DMA1 通道 3 中断
DMAChannel4_IRQn	DMA1 通道 4 中断
DMAChannel5_IRQn	DMA1 通道 5 中断
DMAChannel6_IRQn	DMA1 通道 6 中断
DMAChannel7_IRQn	DMA1 通道 7 中断

（续）

取值	描述
ADC_IRQn	ADC 全局中断
USB_HP_CANTX_IRQn	USB 高优先级或 CAN 发送中断
USB_LP_CANRX0_IRQn	USB 低优先级或 CAN 接收 0 中断
CAN_RX1_IRQn	CAN 接收 1 中断
CAN_SCE_IRQn	CAN SCE 中断
EXTI9_5_IRQn	外部中断线 9 ～ 5 中断
TIM1_BRK_IRQn	TIM1 暂停中断
TIM1_UP_IRQn	TIM1 刷新中断
TIM1_TRG_COM_IRQn	TIM1 触发和通信中断
TIM1_CC_IRQn	TIM1 捕获比较中断
TIM2_IRQn	TIM2 全局中断
TIM3_IRQn	TIM3 全局中断
TIM4_IRQn	TIM4 全局中断
I2C1_EV_IRQn	I^2C1 事件中断
I2C1_ER_IRQn	I^2C1 错误中断
I2C2_EV_IRQn	I^2C2 事件中断
I2C2_ER_IRQn	I^2C2 错误中断
SPI1_IRQn	SPI1 全局中断
SPI2_IRQn	SPI2 全局中断
USART1_IRQn	USART1 全局中断
USART2_IRQn	USART2 全局中断
USART3_IRQn	USART3 全局中断
EXTI15_10_IRQn	外部中断线 15 ～ 10 中断
RTCAlarm_IRQn	RTC 闹钟通过 EXTI 线中断
USBWakeUp_IRQn	USB 通过 EXTI 线从悬挂唤醒中断

3）NVIC_IRQChannelPreemptionPriority。

该参数设置了 NVIC_IRQChannel 中的抢占式优先级。

4）NVIC_IRQChannelSubPriority。

该参数设置了 NVIC_IRQChannel 中的响应优先级。

表 4-4 给出了由函数 NVIC_PriorityGroupConfig 设置的抢占式优先级和响应优先级可取的值。

表 4-4　抢占式优先级和响应优先级值

NVIC_PriorityGroup	NVIC_IRQChannel 的抢占式优先级	NVIC_IRQChannel 的响应优先级	描述
NVIC_PriorityGroup_0	0	0 ~ 15	抢占式优先级 0 位，响应优先级 4 位
NVIC_PriorityGroup_1	0 ~ 1	0 ~ 7	抢占式优先级 1 位，响应优先级 3 位
NVIC_PriorityGroup_2	0 ~ 3	0 ~ 3	抢占式优先级 2 位，响应优先级 2 位
NVIC_PriorityGroup_3	0 ~ 7	0 ~ 1	抢占式优先级 3 位，响应优先级 1 位
NVIC_PriorityGroup_4	0 ~ 15	0	抢占式优先级 4 位，响应优先级 0 位

注：1. 选中 NVIC_PriorityGroup_0，则参数 NVIC_IRQChannelPreemptionPriority 对中断通道的设置不产生影响。

　　2. 选中 NVIC_PriorityGroup_4，则参数 NVIC_IRQChannelSubPriority 对中断通道的设置不产生影响。

5）NVIC_IRQChannelCmd。

该参数指定了在 NVIC_IRQChannel 中定义的 IRQ 通道被使能还是失能。这个参数取值为 ENABLE 或者 DISABLE。

例如：

NVIC_InitTypeDef NVIC_InitStructure;
/*Configure the Priority Grouping with 1 bit */
NVIC_PriorityGroupConfig(NVIC_PriorityGroup_1);
/*Enable TIM3 global interrupt with Preemption Priority 0 and SubPriority as 2 * /
NVIC_InitStructure.NVIC_IRQChannel=TIM3_IRQChannel;
NVIC_InitStructure.NVIC_IRQChannelPreemptionPriority=0;
NVIC_InitStructure.NVIC_IRQChannelSubPriority = 2;
NVIC_InitStructure.NVIC_IRQChannelCmd =ENABLE;
NVIC_Init(&NVIC_InitStructure);

3. 函数 NVIC_PriorityGroupConfig

函数名：NVIC_PriorityGroupConfig。

函数原型：void NVIC_PriorityGroupConfig（u32 NVIC_PriorityGroup）。

功能描述：设置优先级分组，抢占式优先级和响应优先级。

输入参数：NVIC_PriorityGroup，结构体优先级分组。

参阅 Section：NVIC_PriorityGroup 可查看更多该参数允许取值范围。

输出参数：无。

返回值：无。

NVIC_PriorityGroup 用于设置优先级分组位长度，见表 4-5。

表 4-5　NVIC_PriorityGroup 的取值

取值	描述
NVIC_PriorityGroup_0	抢占式优先级 0 位，响应优先级 4 位
NVIC_PriorityGroup_1	抢占式优先级 1 位，响应优先级 3 位

（续）

取值	描述
NVIC_PriorityGroup_2	抢占式优先级 2 位，响应优先级 2 位
NVIC_PriorityGroup_3	抢占式优先级 3 位，响应优先级 1 位
NVIC_PriorityGroup_4	抢占式优先级 4 位，响应优先级 0 位

例如：

/* Configure the Priority Grouping with 1 bit * /
NVIC_PriorityGroupConfig(NVIC_PriorityGroup_1);

4.4.2　STM32F10x 的 EXTI 相关库函数

STM32 标准库中提供了几乎覆盖所有 EXTI 操作的库函数，见表 4-6。

表 4-6　EXTI 相关库函数

函数名称	功能
EXTI_DeInit	将外设 EXTI 寄存器重设为默认值
EXTI_Init	根据 EXTI_InitStruct 中指定的参数初始化外设 EXTI 寄存器
EXTI_StructInit	把 EXTI_InitStruct 中的每一个参数按默认值填入
EXTI_GenerateSWInterrupt	产生一个软件终端
EXTI_GetFlagStatus	检查指定的 EXTI 线路标志位设置与否
EXTI_ClearFlag	清除 EXTI 线路挂起标志位
EXTI_GetITStatus	检查指定的 EXTI 线路触发请求发生与否
EXTI_ClearITPendingBit	清除 EXTI 线路挂起位

1. 函数 EXTI_DeInit

函数名：EXTI_DeInit。

函数原型：void EXTI_DeInit（void）。

功能描述：将外设 EXTI 寄存器重设为默认值。

输入参数：无。

输出参数：无。

返回值：无。

例如：

/*Resets the EXTI registers to their default reset value */
EXTI_DeInit();

2. 函数 EXTI_Init

函数名：EXTI_Init,

函数原型：void EXTI_Init（EXTI_InitTypeDef* EXTI_InitStruct）。

功能描述：根据 EXTI_ InitStruct 中指定的参数初始化外设 EXTI 寄存器。

输入参数：EXTI_InitStruct，指向结构体 EXTI_InitTypeDef 的指针，包含了外设 EXTI 的配置信息。

输出参数：无。

返回值：无。

1）EXTI_InitTypeDef structure。

EXTI_InitTypeDef 定义于文件"stm32f10x_exti.h"：

```
typedef struct
{
u32 EXTI_Line;
EXTIMode_TypeDef EXTI_Mode;
EXTIrigger_TypeDef EXTI_Trigger;
FunctionalState EXTI_LineCmd;
}EXTI_InitTypeDef;
```

2）EXTI_Line。

EXTI_Line 选择了待使能或者失能的外部线路。表 4-7 给出了该参数可取的值。

表 4-7　EXTI_Line 可取的值

取值	描述
EXTI_Line0	外部中断线 0
EXTI_Line1	外部中断线 1
EXTI_Line2	外部中断线 2
EXTI_Line3	外部中断线 3
EXTI_Line4	外部中断线 4
EXTI_Line5	外部中断线 5
EXTI_Line6	外部中断线 6
EXTI_Line7	外部中断线 7
EXTI_Line8	外部中断线 8
EXTI_Line9	外部中断线 9
EXTI_Line10	外部中断线 10
EXTI_Line11	外部中断线 11
EXTI_Line12	外部中断线 12
EXTI_Line13	外部中断线 13
EXTI_Line14	外部中断线 14
EXTI_Line15	外部中断线 15
EXTI_Line16	外部中断线 16
EXTI_Line17	外部中断线 17
EXTI_Line18	外部中断线 18

3）EXTI_Mode。

EXTI_Mode 设置了被使能线路的模式。表 4-8 给出了该参数可取的值。

表 4-8　EXTI_Mode 可取的值

取值	描述
EXTI_Mode_Event	设置 EXTI 线路为事件请求
EXTI_Mode_Interrupt	设置 EXTI 线路为中断请求

4）EXTI_Trigger。

EXTI_Trigger 设置了被使能线路的触发边沿。表 4-9 给出了该参数可取的值。

表 4-9　EXTI_Trigger 可取的值

取值	描述
EXTI_Trigger_Falling	设置输入线路下降沿为中断请求
EXTI_Trigger_Rising	设置输入线路上升沿为中断请求
EXTI_Trigger_Rising_Falling	设置输入线路上升沿和下降沿为中断请求

5）EXTI_LineCmd。

EXTI_LineCmd 用来定义选中线路的新状态。它可以被设为 ENABLE 或者 DISABLE。

例如：

```
/*Enables external lines 12 and 14 interrupt generation on fallingedge */
EXTI_InitTypeDef  EXTI_InitStructure;
EXTI_InitStructure.EXTI_Line=EXTI_Line12|EXTI_Line14;
EXTI_InitStructure.EXTI_Mode = EXTI_Mode_Interrupt;
EXTI_InitStructure.EXTI_Trigger = EXTI_Trigger_Falling;
EXTI_InitStructure.EXTI_LineCmd =ENABLE;
EXTI_Init( & EXTI_InitStructure);
```

3. 函数 EXTI_GetFlagStatus

函数名：EXTI_GetFlagStatus。

函数原型：FlagStatus EXTI_GetFlagStatus（u32 EXTI_Line）。

功能描述：检查指定的 EXTI 线路标志位设置与否。

输入参数：EXTI_Line，待检查 EXTI 线路标志位。

输出参数：无。

返回值：EXTI_Line 的新状态（SET 或者 RESET）。

例如：

```
/*Get the status of EXTI line 8*/
FlagStatus  EXTIStatus;
EXTIStatus=EXTI_GetFlagStatus(EXTI_Line8);
```

4. 函数 EXTI_ClearFlag

函数名：EXTI_ClearFlag。

函数原型：void EXTI_ClearFlag（u32 EXTI_Line）。

功能描述：清除 EXTI 线路挂起标志位。

输入参数：EXTI_Line，待清除标志位的 EXTI 线路。

输出参数：无。

返回值：无。

例如：

```
/*Clear the EXTI line 2 pending flag */
EXTI_ClearFlag(EXTI_Line2);
```

5. 函数 EXTI_GetITStatus

函数名：EXTI_GetITStatus。

函数原型：ITStatus EXTI_GetITStatus（u32 EXTI_Line）。

功能描述：检查指定的 EXTI 线路触发请求发生与否。

输入参数：EXTI_Line，待检查 EXTI 线路的挂起位。

输出参数：无。

返回值：EXTI_Line 的新状态（SET 或者 RESET）。

例如：

```
/*Get thestatus of EXTI line 8*/
ITStatus  EXTIStatus;
EXTIStatus=EXTI_GetITStatus(EXTI_Line8);
```

6. 函数 EXTI_ClearITPendingBit

函数名：EXTI_ClearITPendingBit。

函数原型：void EXTI_ClearITPendingBit（u32 EXTI_Line）。

功能描述：清除 EXTI 线路挂起位。

输入参数：EXTI_Line，待清除 EXTI 线路的挂起位。

输出参数：无。

返回值：无。

例如：

```
/*Clears the EXTI line 2 interrupt pending bit */
EXTI_ClearITPendingBit(EXTI_Line2);
```

4.4.3 EXTI 中断线 GPIO 引脚映射库函数

函数 GPIO_EXTILineConfig

函数名：GPIO_EXTILineConfig。

函数原型：void GPIO_EXTILineConfig（u8 GPIO_PortSource，u8 GPIO_PinSource）。

功能描述：选择 GPIO 引脚用作外部中断线路。

输入参数 1：GPIO_PortSource，选择用作外部中断线源的 GPIO 接口。

输入参数 2：GPIO_PinSource，待设置的外部中断线路，该参数可以取 GPIO_PinSourcex（x 可以是 0 ~ 15）。

输出参数：无。

返回值：无。

例如：

/* 选择 PB8 作为 EXTI Line 8*/
GPIO_EXTILineConfig(GPIO_PortSource_GPIOB,GPIO_PinSource8);

4.5　外部中断设计流程

STM32 外部中断设计流程包括 3 部分，即 NVIC 设置、中断接口配置、中断处理。

4.5.1　NVIC 设置

在使用外部中断时首先要对 NVIC 进行设置，NVIC 设置流程如图 4-5 所示。主要包括以下内容：

1）根据需要对中断优先级进行分组，确定抢占式优先级和响应优先级的个数。

2）选择中断通道，不同的引脚对应不同的中断通道，在 stm32f10x.h 中定义了中断通道结构体 IRQn_Type，它包含了所有型号芯片的所有中断通道。外部中断 EXTI0 ~ EXTI4 有独立的中断通道 EXTI0_IRQn ~ EXTI4_IRQn，而 EXTI5 ~ EXTI9 共用一个中断通道 EXTI9_5_IRQn，EXTI10 ~ EXTI15 共用一个中断通道 EXTI15_10_IRQn。

3）根据系统要求设置中断优先级，包括抢占式优先级和响应优先级。

4）使能相应的中断，完成 NVIC 设置。

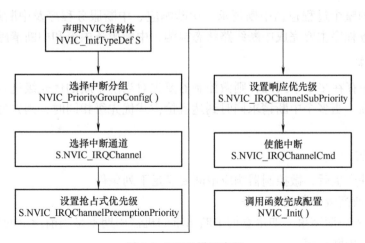

图 4-5　NVIC 设置流程

4.5.2 中断接口配置

NVIC 设置完成后要对中断接口进行配置，即配置哪个引脚发生什么中断。GPIO 外部中断接口配置流程如图 4-6 所示。

中断接口配置主要包括以下内容：

1）首先配置 GPIO，再配置引脚，然后使能引脚。

2）对外部中断方式进行配置，包括中断线路设置、中断或事件选择、触发方式设置，最后使能中断线路完成设置。

其中，中断线路 EXTI_Line0 ～ EXTI_Line15 分别对应 EXTI0 ～ EXTI15，即每个接口的 16 个引脚。EXTI_Line16 ～ EXTI_Line18 分别对应 PVD 输出事件、RTC 闹钟事件和 USB 唤醒事件。

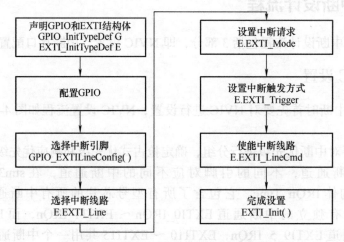

图 4-6　GPIO 外部中断接口配置流程

4.5.3 中断处理

中断处理的整个过程包括中断请求、中断响应、中断服务程序及中断返回 4 个步骤。其中，中断服务程序主要完成中断线路状态检测、中断服务内容和中断清除。

1. 中断请求

如果系统中存在多个中断源，则微控制器要先对当前中断的优先级进行判断，先响应优先级高的中断。当多个中断请求同时到达且抢占式优先级相同时，则先处理响应优先级高的中断。

2. 中断响应

在中断事件产生后，微控制器响应中断要满足下列条件。

1）无同级或高级中断正在服务。

2）当前指令周期结束，如果查询中断请求的机器周期不是当前指令的最后一个周期，则无法执行当前中断请求。

3）若微控制器正在执行系统指令，则需要执行到当前指令及下一条指令时才能响应中断请求。

如果中断发生，且微控制器满足上述条件，则系统将按照下面的步骤执行相应的中断请求。

1）置位中断优先级有效触发器，即关闭同级和低级中断。

2）调用入口地址，断点入栈。

3）进入中断服务程序。

STM32 在启动文件中提供了标准的中断入口来对应相应中断。

值得注意的是，外部中断 EXTI0 ～ EXTI4 有独立的入口 EXTI0_IRQHandler ～ EXTI4_IRQHandler，而 EXTI5 ～ EXTI9 共用一个入口 EXTI9_5_IRQHandler，EXTI10 ～ EXTI15 共用一个入口 EXTI15_10_IRQHandler。在 stm32f10x_it.c 文件中添加中断服务函数时函数名必须与后面使用的中断服务程序名称一致，无返回值，无参数。

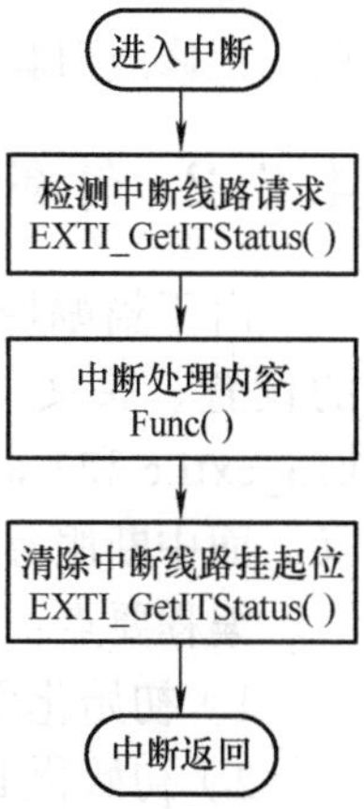

3. 中断服务程序

以外部中断为例，中断服务程序处理流程如图 4-7 所示。

4. 中断返回

中断返回是指中断服务程序完成后，微控制器返回到原来主程序的断点处继续执行。

例如外部中断 0 的中断服务程序如下：

```
void EXTI0_IRQHandler(void)
{
    if(EXTI_GetITStatus(EXTI_Line0)!=RESET)      // 确保产生了 EXTI 线中断
    {
……/* 中断服务内容 */
    EXTI_ClearITPendingBit(EXTI_Line0);          // 清除中断标志位
    }
}
```

图 4-7　中断服务程序处理流程

4.6　外部中断设计实例

中断在嵌入式应用中占有非常重要的地位，几乎每个控制器都有中断功能。中断对保证紧急事件在第一时间处理是非常重要的。

设计使用外接的按键来作为触发源，使得微控制器产生中断，并在中断服务函数中实现控制 RGB 彩灯的任务。

4.6.1　外部中断的硬件设计

按键机械触点断开、闭合时，由于触点的弹性作用，按键不会马上稳定接通或一下子断开，会产生抖动信号，需要用软件消抖处理，但这样不方便输入检测，因此这里使用的开发板连接的按键附带硬件消抖功能，如图 4-8 所示。它利用电容充放电的延时消除了抖动信号，从而简化了软件的处理，软件只需要直接检测引脚的电平即可。

从按键硬件消抖电路可知，这些按键在没有被按下的时候，GPIO 引脚的输入状态为低电平（按键所在的电路不通，引脚接地），当按键按下时，GPIO 引脚的输入状态为高电平（按键所在的电路导通，引脚接到电源）。只要检测按键引脚的输入电平，即可判断按键是否被按下。

若使用的开发板按键的连接方式或引脚不一样，只需根据工程修改引脚即可，程序的控制原理相同。

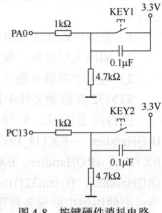

图 4-8　按键硬件消抖电路

4.6.2　外部中断的软件设计

由于篇幅原因，这里只讲解核心的部分代码，有些变量的设置、头文件的包含等并没有涉及。首先创建两个文件 bsp_exti.c 和 bsp_exti.h，用来存放 EXTI 驱动程序及相关宏定义，而中断服务函数将放在 stm32f10x_it.h 文件中。

编程要点：

1）初始化用来产生中断的 GPIO 接口。

2）初始化 EXTI。

3）配置 NVIC。

4）编写中断服务函数。

1. 按键和 EXTI 的宏定义

```
#ifndef __EXTI_H
#define __EXTI_H

#include "stm32f10x.h"

// 引脚定义
#define KEY1_INT_GPIO_PORT              GPIOA
#define KEY1_INT_GPIO_CLK               (RCC_APB2Periph_GPIOA|RCC_APB2Periph_
                                        AFIO)

#define KEY1_INT_GPIO_PIN               GPIO_Pin_0
#define KEY1_INT_EXTI_PORTSOURCE        GPIO_PortSourceGPIOA
#define KEY1_INT_EXTI_PINSOURCE         GPIO_PinSource0
#define KEY1_INT_EXTI_LINE              EXTI_Line0
#define KEY1_INT_EXTI_IRQ               EXTI0_IRQn

#define KEY1_IRQHandler                 EXTI0_IRQHandler

#define KEY2_INT_GPIO_PORT              GPIOC
#define KEY2_INT_GPIO_CLK               (RCC_APB2Periph_GPIOC|RCC_APB2Periph_
                                        AFIO)
#define KEY2_INT_GPIO_PIN               GPIO_Pin_13
```

```
#define KEY2_INT_EXTI_PORTSOURCE            GPIO_PortSourceGPIOC
#define KEY2_INT_EXTI_PINSOURCE             GPIO_PinSource13
#define KEY2_INT_EXTI_LINE                  EXTI_Line13
#define KEY2_INT_EXTI_IRQ                   EXTI15_10_IRQn

#define KEY2_IRQHandler                     EXTI15_10_IRQHandler

void EXTI_Key_Config(void);

#endif /* __EXTI_H */
```

使用宏定义方法指定与硬件电路设计相关的配置，这对于程序移植或升级非常有用。

在上面的宏定义中，除了打开 GPIO 的接口时钟外，还打开了 AFIO 的时钟，这是因为后面配置 EXTI 信号源的时候需要用到 AFIO 的外部中断控制寄存器 AFIO_EXTICRx。

2. NVIC 的配置

```
#include "bsp_exti.h"
  /************************************
  * @brief 配置 NVIC
  * @param 无
  * @retval 无
  ************************************/
static void NVIC_Configuration(void)
{
  NVIC_InitTypeDef NVIC_InitStructure;

  /* 配置 NVIC 为优先级组 1 */
  NVIC_PriorityGroupConfig(NVIC_PriorityGroup_1);

  /* 配置中断源：按键 1 */
  NVIC_InitStructure.NVIC_IRQChannel = KEY1_INT_EXTI_IRQ;
  /* 配置抢占式优先级 */
  NVIC_InitStructure.NVIC_IRQChannelPreemptionPriority = 1;
  /* 配置响应优先级 */
  NVIC_InitStructure.NVIC_IRQChannelSubPriority = 1;
  /* 使能中断通道 */
  NVIC_InitStructure.NVIC_IRQChannelCmd = ENABLE;
  NVIC_Init(&NVIC_InitStructure);

  /* 配置中断源：按键 2，其他的使用上面相关配置 */
  NVIC_InitStructure.NVIC_IRQChannel = KEY2_INT_EXTI_IRQ;
  NVIC_Init(&NVIC_InitStructure);
}
```

这里配置的两个中断的优先级一样，如果出现了两个按键同时按下的情况，那么到底该先执行哪一个中断？答案是若两个中断的优先级一样，中断来临时，具体先执行哪个中断由硬件的中断编号决定，编号越小，优先级越高。当然，也可以把抢占式优先级设置成一样的，响应优先级设置成不一样的，这样就可以区别两个按键同时按下的情况，而不用去对比中断编号了。

3. EXTI 的中断配置

```
/*************************************************
 * @brief 配置 I/O 接口为 EXTI 中断口，并设置中断优先级
 * @param 无
 * @retval 无
 *************************************************/
void EXTI_Key_Config(void)
{
GPIO_InitTypeDef GPIO_InitStructure;
EXTI_InitTypeDef EXTI_InitStructure;

/* 开启按键 GPIO 接口的时钟 */
RCC_APB2PeriphClockCmd(KEY1_INT_GPIO_CLK,ENABLE);

/* 配置 NVIC 中断 */
NVIC_Configuration();

/*-------------------------- 按键 1 配置 --------------------------*/
/* 选择按键用到的 GPIO */
   GPIO_InitStructure.GPIO_Pin = KEY1_INT_GPIO_PIN;
   /* 配置为浮空输入 */
   GPIO_InitStructure.GPIO_Mode = GPIO_Mode_IN_FLOATING;
   GPIO_Init(KEY1_INT_GPIO_PORT, &GPIO_InitStructure);

/* 选择 EXTI 的信号源 */
   GPIO_EXTILineConfig(KEY1_INT_EXTI_PORTSOURCE, KEY1_INT_EXTI_PINSOURCE);
   EXTI_InitStructure.EXTI_Line = KEY1_INT_EXTI_LINE;

/* EXTI 为中断模式 */
   EXTI_InitStructure.EXTI_Mode = EXTI_Mode_Interrupt;
/* 上升沿中断 */
   EXTI_InitStructure.EXTI_Trigger = EXTI_Trigger_Rising;
   /* 使能中断 */
   EXTI_InitStructure.EXTI_LineCmd = ENABLE;
   EXTI_Init(&EXTI_InitStructure);

/*-------------------------- 按键 2 配置 --------------------------*/
/* 选择按键用到的 GPIO 接口 */
   GPIO_InitStructure.GPIO_Pin = KEY2_INT_GPIO_PIN;
   /* 配置为浮空输入 */
   GPIO_InitStructure.GPIO_Mode = GPIO_Mode_IN_FLOATING;
   GPIO_Init(KEY2_INT_GPIO_PORT, &GPIO_InitStructure);
```

```
/* 选择 EXTI 的信号源 */
GPIO_EXTILineConfig(KEY2_INT_EXTI_PORTSOURCE, KEY2_INT_EXTI_PINSOURCE);
EXTI_InitStructure.EXTI_Line = KEY2_INT_EXTI_LINE;

/* EXTI 为中断模式 */
EXTI_InitStructure.EXTI_Mode = EXTI_Mode_Interrupt;
/* 下降沿中断 */
EXTI_InitStructure.EXTI_Trigger = EXTI_Trigger_Falling;
/* 使能中断 */
EXTI_InitStructure.EXTI_LineCmd = ENABLE;
EXTI_Init(&EXTI_InitStructure);
}
```

首先，使用 GPIO_InitTypeDef 和 EXTI_InitTypeDef 结构体定义两个用于 GPIO 接口和 EXTI 初始化配置的变量。

使用 GPIO 接口之前必须开启 GPIO 接口的时钟；使用 EXTI 之前必须开启 AFIO 时钟。

调用 NVIC_Configuration 函数完成对按键 1、按键 2 的中断优先级配置，并使能中断通道。

作为外部输入线时需把 GPIO 接口配置为输入模式，具体为浮空输入，由外部电路决定引脚的状态。

GPIO_EXTILineConfig 函数用来指定中断 / 事件的输入源，它实际是在设定外部中断配置寄存器的 AFIO EXTICRx 值，该函数接收两个参数，第 1 个参数指定 GPIO 接口源，第 2 个参数选择对应的 GPIO 引脚的编号。

由于目的是产生中断，执行中断服务函数，因此 EXTI 选择中断模式，按键 1 使用上升沿触发方式，并使能 EXTI 线。

按键 2 基本上采用与按键 1 相似的参数配置，只是改为下降沿触发方式。

两个按键的电路是一样的，可代码中设置按键 1 为上升沿中断，按键 2 为下降沿中断。按键 1 检测的是按键按下的状态，按键 2 检测的是按键弹开的状态。

4. EXTI 中断服务函数

```
void KEY1_IRQHandler(void)
{
  // 确保产生了 EXTI 线中断
if(EXTI_GetITStatus(KEY1_INT_EXTI_LINE) != RESET)
{
    // LED1 取反
    LED1_TOGGLE;
    // 清除中断标志位
    EXTI_ClearITPendingBit(KEY1_INT_EXTI_LINE);
  }
}
```

103

```
void KEY2_IRQHandler(void)
{
   // 确保产生了 EXTI 线中断
   if(EXTI_GetITStatus(KEY2_INT_EXTI_LINE) != RESET)
   {
       // LED2 取反
       LED2_TOGGLE;
       // 清除中断标志位
       EXTI_ClearITPendingBit(KEY2_INT_EXTI_LINE);
   }
}
```

当中断发生时，对应的中断服务函数就会被执行，可以在中断服务函数中实现一些控制。

一般为确保中断确实发生，会在中断服务函数中调用中断标志位状态读取函数，读取外设的中断标志位，并判断中断标志位的状态。

EXTI_GetITStatus 函数用来获取 EXTI 的中断标志位状态，如果 EXTI 线有中断发生，则函数返回 "SET"，否则返回 "RESET"。实际上，EXTI_GetITStatus 函数是通过读取 EXTI_PR 寄存器的值来判断 EXTI 线状态的。

按键 1 的中断服务函数会让 LED1 翻转其状态，按键 2 的中断服务函数会让 LED2 翻转其状态。执行任务后需要调用 EXTI_ClearITPendingBit 函数清除 EXTI 线的中断标志位。

5. main 函数

```
#include "stm32f10x.h"
#include "bsp_led.h"
#include "bsp_exti.h"
/*******************
  * @brief   主函数
  * @param   无
  * @retval  无
  ****************/
int main(void)
{
/* LED 接口初始化 */
LED_GPIO_Config();

    /* 初始化 EXTI 中断，按下按键会触发中断，
     * 触发中断会进入 stm32f4xx_it.c 文件中的函数
     * KEY1_IRQHandler 和 KEY2_IRQHandler，处理中断，翻转 LED 状态。
     */
    EXTI_Key_Config();

    /* 等待中断，由于使用中断方式，CPU 不用轮询按键 */
    while(1)
```

```
        {
        }
    }
```

　　main 函数非常简单，只有两个任务函数。LED_GPIO_Config 函数定义在 bsp_led.c 文件内，完成 LED 彩灯的 GPIO 接口初始化配置；EXTI_Key_Config 函数完成两个按键的 GPIO 接口配置和 EXTI 配置。

　　保证开发板相关硬件连接正确，把编译好的程序下载到开发板。此时 LED 彩灯是暗的，如果按下开发板上的按键 1（KEY1），LED 彩灯变亮，再按下按键 1，LED 彩灯又变暗；如果按下开发板上的按键 2（KEY2）并弹开，LED 彩灯变亮，再按下开发板上的按键 2 并弹开，LED 彩灯又变暗。按键按下表示上升沿，按键弹开表示下降沿，这跟软件的设置是一样的。

 习题

　　1. 什么是中断？

　　2. 什么是中断源？

　　3. 什么是中断屏蔽？

　　4. 中断的处理过程是什么？

　　5. 什么是中断优先级？

　　6. 什么是中断向量表？

　　7. 什么是断点？

第 5 章

通用输入 / 输出接口

本章讲述了通用输入 / 输出接口（GPIO），包括通用输入 / 输出接口概述、GPIO 的功能、GPIO 常用库函数、GPIO 使用流程、GPIO 输出应用实例和 GPIO 输入应用实例。

5.1 通用输入 / 输出接口概述

GPIO 是通用输入 / 输出接口（General Purpose Input Output）的缩写，其功能是让嵌入式微处理器能够通过软件灵活地读出或控制单个物理引脚上的高、低电平，实现内核和外部系统之间的信息交换。GPIO 是嵌入式微处理器使用最多的外设，充分利用其通用性和灵活性，是开发者必须掌握的重要技能。作为输入时，GPIO 可以接收来自外部的开关量信号、脉冲信号等，如来自键盘、拨码开关的信号；作为输出时，GPIO 可以将内部的数据送给外设或功能模块，如输出到 LED、数码管、控制继电器等。另外，从理论上讲，当嵌入式微处理器上没有足够的外设时，可以通过软件控制 GPIO 来模仿 UART、SPI、PC、FSMC 等各种外设的功能。

几乎在所有的嵌入式系统应用中，都涉及开关量的输入和输出功能，例如状态指示、报警输出、继电器闭合和断开、按钮状态读入、开关量报警信息的输入等。这些开关量的输入和控制输出都可以通过 GPIO 实现。

STM32F103VET6 有 80 根多功能且双向能承受 5V 电压的快速 I/O 接口线。每 16 根接口线分为一组，分别为 PA、PB、PC、PD、PE。每个 GPIO 有 2 个 32 位配置寄存器（GPIOx_CRL 和 GPIOx_CRH）、2 个 32 位数据寄存器（GPIOx_IDR 和 GPIOx_ODR）、1 个 32 位置位 / 复位寄存器（GPIOx_BSRR）、1 个 16 位复位寄存器（GPIOx_BRR）和 1 个 32 位锁定寄存器（GPIOx_LCKR）。

GPIO 接口的每个位都可以由软件分别配置成以下模式。

（1）输入浮空　浮空（Floating）就是逻辑器件的输入引脚既不接高电平，也不接低电平。由于逻辑器件的内部结构原因，当它输入引脚悬空时，相当于该引脚接了高电平。一般实际运用时，引脚不建议悬空，易受干扰。

（2）输入上拉　上拉就是把电压拉高，比如拉到 V_{cc}。上拉可将不确定的信号通过一个电阻钳位在高电平，电阻同时起限流作用，其强弱只是上拉电阻的阻值不同，没有什么严格区分。

（3）输入下拉　下拉就是把电压拉低，拉到 GND。与上拉原理相似。

（4）模拟输入　模拟输入是指传统的模拟量输入，而数字输入是输入数字信号，即 0 和 1 的二进制数字信号。

（5）开漏输出 其输出端相当于晶体管的集电极，要得到高电平状态需要上拉电阻才行，适合于做电流型的驱动，其吸收电流的能力相对强（一般 20mA 以内）。

（6）推挽输出 它可以输出高、低电平，连接数字器件。推挽结构一般是指两个晶体管分别受两个互补信号的控制，总是在一个晶体管导通的时候另一个截止。

（7）推挽复用输出 它可以理解为 GPIO 被用作第二功能时的配置情况（并非作为通用 I/O 接口使用）。

（8）开漏复用输出 复用功能可以理解为 GPIO 被用作第二功能时的配置情况（即并非作为 GPIO 使用）。端口必须配置成复用功能输出模式（推挽或开漏）。一个 I/O 接口的基本结构如图 5-1 所示。

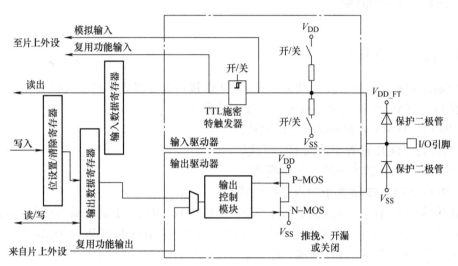

图 5-1 一个 I/O 接口的基本结构

I/O 接口包括以下几部分。

5.1.1 输入通道

输入通道包括输入数据寄存器和输入驱动器（见图 5-1 上方的点画线框部分）。在接近 I/O 引脚处连接了两个保护二极管，假设保护二极管的导通电压降为 U_d，则输入到输入驱动器的信号电压范围被钳位在

$$V_{SS}-U_d<U_{in}<V_{DD}+U_d$$

由于 U_d 的导通压降不会超过 0.7V，若电源电压 V_{DD} 为 3.3V，则输入到输入驱动器的信号最低不会低于 –0.7V，最高不会高于 4V，起到了保护作用。在实际工程设计中，一般都将输入信号尽可能调理到 0 ~ 3.3V，也就是说，一般情况下，两个保护二极管都不会导通，输入驱动器中包括了两个电阻，分别通过开关接电源 V_{DD}（该电阻称为上拉电阻）和地 V_{SS}（该电阻称为下拉电阻）。开关受软件的控制，用来设置当 I/O 接口用作输入时，选择使用上拉电阻或者下拉电阻。

输入驱动器中的另外一个部件是 TTL 施密特触发器，当 I/O 接口用于开关量输入或者复用功能输入时，TTL 施密特触发器用于对输入波形进行整形。

5.1.2　输出通道

输出通道中包括位设置 / 清除寄存器、输出数据寄存器和输出驱动器。

要输出的开关量数据首先写入到位设置 / 清除存器，通过读 / 写命令进入输出数据寄存器，然后进入输出驱动的输出控制模块。输出控制模块可以接收开关量的输出和复用功能输出。输出的信号通过由 P-MOS 和 N-MOS 场效应晶体管组成的电路输出到 I/O 引脚。通过软件设置，由 P-MOS 和 N-MOS 场效应晶体管电路可以构成推挽模式、开漏模式或者关闭模式。

5.2　GPIO 的功能

5.2.1　普通 I/O 功能

复位期间和刚复位后，复用功能未开启，I/O 接口被配置成浮空输入模式。

复位后，JTAG 引脚被置于输入上拉或下拉模式。

1）PA13：JTMS 被置于输入上拉模式。

2）PA14：JTCK 被置于输入下拉模式。

3）PA15：JTDI 被置于输入上拉模式。

4）PB4：JNTRST 被置于输入上拉模式。

当作为输出配置时，写到输出数据寄存器（GPIOx_ODR）上的值输出到相应的 I/O 引脚。可以用推挽模式或开漏模式（当输出 0 时，只有 N-MOS 被打开）使用输出驱动器。

输入数据寄存器（GPIOx_IDR）在每个 APB2 时钟周期捕捉 I/O 引脚上的数据。

所有 GPIO 引脚有一个内部弱上拉模式和弱下拉模式，当配置为输入时，它们可以被激活也可以被断开。

5.2.2　单独的位设置或位清除

当对 GPIOx_ODR 的个别位编程时，软件不需要禁止中断：在单次 APB2 写操作中，可以只更改一个或多个位。这是通过对"置位 / 复位寄存器"（置位是 GPIOx_BSRR，复位是 GPIOx_BRR）中想要更改的位写 1 来实现的。没被选择的位将不被更改。

5.2.3　外部中断 / 唤醒线

所有接口都有外部中断能力。为了使用外部中断线，接口必须配置成输入模式。

5.2.4　复用功能（AF）

使用复用功能前必须对接口位配置寄存器编程。

1）对于复用输入功能，接口必须配置成输入模式（浮空、上拉或下拉）且输入引脚必须由外部驱动。

2）对于复用输出功能，接口必须配置成复用功能输出模式（推挽或开漏）。

3）对于双向复用功能，接口必须配置成复用功能输出模式（推挽或开漏）。此时，输入驱动器被配置成浮空输入模式。

如果把接口配置成复用输出功能，则引脚和输出寄存器断开，并和片上外设的输出信号连接。

如果软件把一个 GPIO 引脚配置成复用输出功能，但是外设没有被激活，那么它的输出将不确定。

5.2.5 软件重新映射 I/O 复用功能

为了使不同封装器件的外设 I/O 功能的数量达到最优，可以把一些复用功能重新映射到其他一些引脚上。这可以通过软件配置 AFIO 寄存器来完成，这时，复用功能就不再映射到它们的原始引脚上了。

5.2.6 GPIO 锁定机制

GPIO 锁定机制允许冻结 I/O 接口配置。当在一个接口上执行了锁定（LOCK）程序，在下一次复位之前，将不能再更改接口的配置。这个功能主要用于一些关键引脚的配置，防止程序跑飞引起灾难性后果。

5.2.7 输入配置

当 I/O 接口配置为输入时：

1）输出缓冲器被禁止。

2）TTL 施密特触发器被激活。

3）根据输入配置（上拉、下拉或浮空）的不同，弱上拉和下拉电阻被连接。

4）出现在 I/O 引脚上的数据在每个 APB2 时钟周期被采样到输入数据寄存器。

5）对输入数据寄存器的读访问可得到 I/O 接口状态。

输入配置如图 5-2 所示。

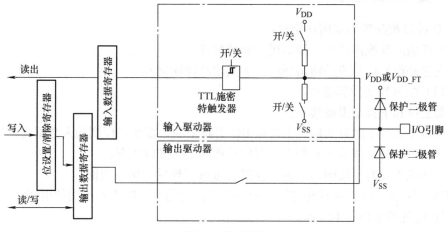

图 5-2　输入配置

5.2.8 输出配置

当 I/O 接口被配置为输出时：

1）输出缓冲器被激活。

① 开漏模式：输出寄存器上的 0 激活 N-MOS，而输出寄存器上的 1 将接口置于高阻状态（P-MOS 从不被激活）。

② 推挽模式：输出寄存器上的 0 激活 N-MOS，而输出寄存器上的 1 将激活 P-MOS。

2）TTL 施密特触发器被激活。

3）弱上拉和下拉电阻被禁止。

4）出现在 I/O 引脚上的数据在每个 APB2 时钟周期被采样到输入数据寄存器。

5）在开漏模式时，对输入数据寄存器的读访问可得到 I/O 接口状态。

6）在推挽模式时，对输出数据寄存器的读访问可得到最后一次写的值。

输出配置如图 5-3 所示。

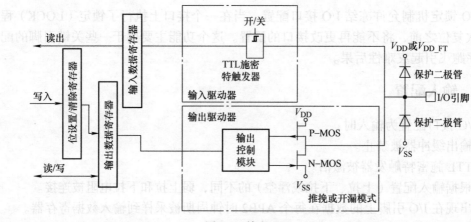

图 5-3　输出配置

5.2.9 复用功能配置

当 I/O 接口被配置为复用功能时：

1）在开漏或推挽模式中，输出缓冲器被打开。

2）内置外设的信号驱动输出缓冲器（复用功能输出）。

3）TTL 施密特触发器被激活。

4）弱上拉和下拉电阻被禁止。

5）在每个 APB2 时钟周期，出现在 I/O 引脚上的数据被采样到输入数据寄存器。

6）开漏模式时，读输入数据寄存器时可得到 I/O 接口状态。

7）在推挽模式时，读输出数据寄存器时可得到最后一次写的值。

一组复用功能 I/O 寄存器允许用户把一些复用功能重新映像到不同的引脚。

复用功能配置如图 5-4 所示。

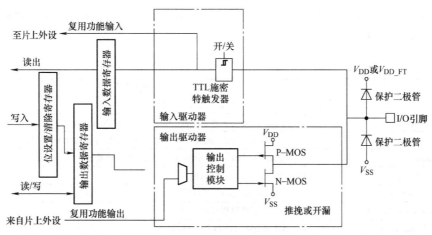

图 5-4 复用功能配置

5.2.10 模拟输入配置

当 I/O 接口被配置为模拟输入配置时：

1）输出缓冲器被禁止。

2）禁止 TTL 施密特触发器，实现了每个模拟 I/O 引脚上的零消耗。TTL 施密特触发器输出值被强制置为 0。

3）弱上拉和下拉电阻被禁止。

4）读取输入数据寄存器时数值为 0。

模拟输入配置如图 5-5 所示。

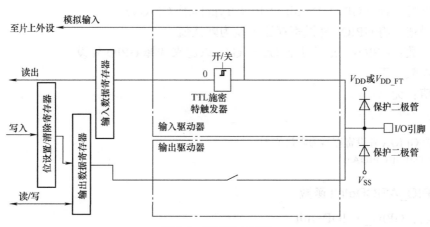

图 5-5 模拟输入配置

5.3 GPIO 常用库函数

STM32 标准库中提供了几乎覆盖所有 GPIO 操作的库函数，见表 5-1。为了理解这些库函数的具体使用方法，下面对标准库中的相关库函数做详细介绍。

GPIO 操作的库函数一共有 17 个，这些库函数都被定义在 stm32f10x_gpio.c 中，使用 stm32f10x_gpio.h 头文件。

表 5-1　GPIO 库函数

主要功能	高级控制定时器
GPIO_DeInit	将 GPIOx 外设寄存器重设为默认值
GPIO_AFIODeInit	将复用功能（重映射事件控制和 EXTI 设置）重设为默认值
GPIO_Init	根据 GPIO_InitStruct 中指定的参数初始化外设 GPIOx 寄存器
GPIO_StructInit	把 GPIO_InitStruct 中的每一个参数按默认值填入
GPIO_ReadInputDataBit	读取指定接口引脚的输入
GPIO_ReadInputData	读取指定的 GPIO 接口输入
GPIO_ReadOutputDataBit	读取指定接口引脚的输出
GPIO_ReadOutputData	读取指定的 GPIO 接口输出
GPIO_SetBits	设置指定的数据接口位
GPIO_ResetBits	清除指定的数据接口位
GPIO_WriteBit	设置或清除指定的数据接口位
GPIO_Write	向指定 GPIO 数据接口写入数据
GPIO_PinLockConfig	锁定 GPIO 引脚设置寄存器
GPIO_EventOutputConfig	选择 GPIO 引脚用作事件输出
GPIO_EventOutputCmd	使能或者失能事件输出
GPIO_PinRemapConfig	改变指定引脚的映射
GPIO_EXTILineConfig	选择 GPIO 引脚用作外部中断线路

1. GPIO_DeInit 函数

函数名：GPIO_DeInit。

函数原型：void GPIO_DeInit（GPIO_TypeDef* GPIOx）。

功能描述：将 GPIOx 外设寄存器重设为默认值。

输入参数：GPIOx：x 可以是（A ~ G），以此来选择 GPIO 外设。

输出参数：无。

返回值：无。

例如：

/* 重置 GPIOA 外设寄存器为默认值 */
GPIO_DeInit(GPIOA);

2. GPIO_AFIODeInit 函数

函数名：GPIO_AFIODeInit。

函数原型：void GPIO_AFIODeInit（void）。

功能描述：将复用功能（重映射事件控制和 EXTI 设置）重设为默认值。

输入参数：无。

输出参数：无。

返回值：无。

例如：

```
/* 复用功能寄存器复位为默认值 */
GPIO_AFIODeInit();
```

3. GPIO_Init 函数

函数名：GPIO_Init。

函数原型：void GPIO_Init（GPIO_TypeDef* GPIOx，GPIO_InitTypeDef* GPIO_InitStruct）。

功能描述：根据 GPIO_InitStruct 中指定的参数初始化外设 GPIOx 寄存器。

输入参数 1：GPIOx，x 可以是（A ~ G），以此来选择外设。

输入参数 2：GPIO_InitStruct，指向结构 GPIO_InitTypeDef 的指针，包含了 GPIO 外设的配置信息。

输出参数：无。

返回值：无。

例如：

```
/* 配置所有的 GPIOA 引脚为输入浮动模式 */
GPIO_InitTypeDef GPIO_InitStructure;
GPIO_InitStructure.GPIO_Pin=GPIO_Pin_ALL;
GPIO_InitStructure.GPIO_Speed=GPIO_Speed_10MHz;
GPIO_InitStructure.GPIO_Mode=GPIO_Mode_IN_FLOATING;
GPIO_Init(GPIOA, & GPIO_InitStructure);
```

其中，GPIO_InitTypeDef 是结构体。GPIO_InitTypeDef 定义于文件 stm32f10x_gpio.h：

```
typedef struct
{
    uint16_t GPIO_Pin;
    GPIOSpeed_TypeDef GPIO_Speed;
    GPIOMode_TypeDef GPIO_Mode;
}GPIO_InitTypeDef;
```

GPIO_Pin 用于选择待设置的 GPIO 接口引脚，使用操作符"｜"可以一次选中多个引脚。也可以使用下面的任意组合。GPIO_Pin 定义于文件 stm32f10x_gpio.h：

```
#define GPIO_Pin_0       ((uint16_t) 0x0001) /*!<Pin 0 selected*/
#define GPIO_Pin_1       ((uint16_t) 0x0002) /*!<Pin 1 selected*/
#define GPIO_Pin_2       ((uint16_t) 0x0004) /*!<Pin 2 selected*/
#define GPIO_Pin_3       ((uint16_t) 0x0008) /*!<Pin 3 selected*/
#define GPIO_Pin_4       ((uint16_t) 0x0010) /*!<Pin 4 selected*/
#define GPIO_Pin_5       ((uint16_t) 0x0020) /*!<Pin 5 selected*/
#define GPIO_Pin_6       ((uint16_t) 0x0040) /*!<Pin 6 selected*/
#define GPIO_Pin_7       ((uint16_t) 0x0080) /*!<Pin 7 selected*/
#define GPIO_Pin_8       ((uint16_t) 0x0100) /*!<Pin 8 selected*/
#define GPIO_Pin_9       ((uint16_t) 0x0200) /*!<Pin 9 selected*/
#define GPIO_Pin_10      ((uint16_t) 0x0400) /*!<Pin 10 selected*/
#define GPIO_Pin_11      ((uint16_t) 0x0800) /*!<Pin 11 selected*/
#define GPIO_Pin_12      ((uint16_t) 0x1000) /*!<Pin 12 selected*/
```

```
#define GPIO_Pin_13        ((uint16_t) 0x2000) /*!<Pin 13 selected*/
#define GPIO_Pin_14        ((uint16_t) 0x4000) /*!<Pin 14 selected*/
#define GPIO_Pin_15        ((uint16_t) 0x8000) /*!<Pin 15 selected*/
#define GPIO_Pin_A11       ((uint16_t) 0xFFEF)/*!<All pins selected*/
```

GPIO_Speed 用于设置选中引脚的速率：

```
typedef enum
{
    GPIO_Speed_10MHz=1;/* 最高输出速率 10MHz*/
GPIO_Speed_2MHz;/* 最高输出速率 2MHz*/
GPIO_Speed_50MHz;/* 最高输出速率 50MHz*/
}GPIOSpeed_TypeDef;
```

GPIO_Mode 用于设置选中引脚的工作状态：

```
typedef enun
{
GPIO_Mode_AIN=0x0;/* 模拟输入 */
GPIO_Mode_IN_FLOATING = 0x04;/* 浮空输入 */
GPIO_Mode_IPD=0x28;/* 下拉输入 */
GPIO_Mode_IPU=0x48;/* 上拉输入 */
GPIO_Mode_Out_OD=0x14;/* 开漏输出 */
GPIO_Mode_Out_PP=0x10;/* 推挽输出 */
GPIO_Mode_AF_OD=0x1C;/* 复用开漏输出 */
GPIO_Mode_AF_PP=0x18;/* 复用推挽输出 */
}GPIOMode_TypeDef;
```

4. GPIO_StructInit 函数

函数名：GPIO_StructInit。

函数原型：void GPIO_StructInit（GPIO_InitTypeDef* GPIO_InitStruct）。

功能描述：把 GPIO_InitStruct 中的每一个参数按默认值填入。

输入参数：GPIO_InitStruct，这是一个 GPIO_InitTypeDef 结构体指针，指向待初始化的 GPIO_InitTypeDef 结构体。

输出参数：无。

返回值：无。

例如：

```
/* 使 GPIO 的参数设置为初始化参数初始化结构 */
GPIO_InitTypeDef GPIO InitStructure;
GPIO_StructInit(&GPIO_InitStructure);
```

其中，GPIO_InitStruct 默认值为：

```
GPIO_Pin        GPIO_Pin_ALL
GPIO_Speed      GPIO_Speed_2MHz
GPIO_Mode       GPIO_Mode_IN_FLOATING
```

5. GPIO_ReadInputDataBit 函数

函数名：GPIO_ReadInputDataBit。

函数原型：u8 GPIO_ReadInputDataBit（GPIO_TypeDef * GPIOx，u16 GPIO_Pin）。

功能描述：读取指定接口引脚的输入。

输入参数 1：GPIOx，x 可以是（A ～ G），以此来选择外设。

输入参数 2：GPIO_Pin，读取指定的接口位，这个参数的值是 GPIO_Pin_x，其中 x 是（0 ～ 15）。

输出参数：无。

返回值：输入接口引脚值。

例如：

```
/* 读出 PB5 的输入数据并将它存储在变量 ReadValue 中 */
u8 ReadValue;
ReadValue=GPIO_ReadInputDataBit(GPIOB,GPIO_Pin_5);
```

6. GPIO_ReadInputData 函数

函数名：GPIO_ReadInputData。

函数原型：u16 GPIO_ReadInputData（GPIO_TypeDef * GPIOx）。

功能描述：读取指定的 GPIO 接口输入。

输入参数：GPIOx，x 可以是（A ～ G），以此来选择外设。

输出参数：无。

返回值：GPIO 接口输入值。

例如：

```
/* 读出 GPIOB 接口的输入数据并将它存储在变量 ReadValue 中 */
u16 ReadValue;
ReadValue=GPIO_ReadInputData(GPIOB);
```

7. GPIO_ReadOutputDataBit 函数

函数名：GPIO_ReadOutputDataBit。

函数原型：u8 GPIO_ReadOutputDataBit（GPIO_TypeDef * GPIOx，u16 GPIO_Pin）。

功能描述：读取指定接口引脚的输出。

输入参数 1：GPIOx：x 可以是（A ～ G），以此来选择外设。

输入参数 2：GPIO_Pin：读取指定的接口位，这个参数的值是 GPIO_Pin_x，其中 x 是（0 ～ 15）。

输出参数：无。

返回值：输出接口引脚值。

例如：

```
/* 读出 PB5 的输出数据并将它存储在变量 ReadValue 中 */
u8 ReadValue;
ReadValue=GPIO_ReadOutputDataBit(GPIOB,GPIO_Pin_5);
```

115

8. GPIO_ReadOutputData 函数

函数名：GPIO_ReadOutputData。

函数原型：u16 GPIO_ReadOutputData（GPIO_TypeDef * GPIOx）。

功能描述：读取指定的 GPIO 接口输出。

输入参数：GPIOx，x 可以是（A ～ G），以此来选择外设。

输出参数：无。

返回值：GPIO 接口输出值。

例如：

```
/* 读出 GPIOB 的输出数据并将它存储在变量 ReadValue 中 */
u16 ReadValue;
ReadValue=GPIO_ReadOutputData(GPIOB);
```

9. GPIO_SetBits 函数

函数名：GPIO_SetBits。

函数原型：void GPIO_SetBits（GPIO_TypeDef * GPIOx，u16 GPIO_Pin）。

功能描述：设置指定的数据接口位。

输入参数 1：GPIOx，x 可以是（A ～ G），以此来选择外设。

输入参数 2：GPIO_Pin，待设置的接口位，这个参数的值是 GPIO_Pin_x，其中 x 是（0 ～ 15）。

输出参数：无。

返回值：无。

例如：

```
/* 设置 GPIOB 接口的 PB5 和 PB9 引脚 */
GPIO_SetBits(GPIOB,GPIO_Pin_5|GPIO_Pin_9);
```

10. GPIO_ResetBits 函数

函数名：GPIO_ResetBits。

函数原型：void GPIO_ResetBits（GPIO_TypeDef * GPIOx，u16 GPIO_Pin）。

功能描述：清除指定的数据接口位。

输入参数 1：GPIOx，x 可以是（A ～ G），以此来选择外设。

输入参数 2：GPIO_Pin，待清除的接口位，这个参数的值是 GPIO_Pin_x，其中 x 是（0 ～ 15）。

输出参数：无。

返回值：无。

例如：

```
/* 清除 GPIOB 接口的 PB5 和 PB9 引脚 */
GPIO_ResetBits(GPIOB,GPIO_Pin_5|GPIO_Pin_9);
```

11. GPIO_WriteBit 函数

函数名：GPIO_WriteBit。

函数原型：void GPIO_WriteBit（GPIO_TypeDef * GPIOx，u16 GPIO_Pin，BitAction BitVal）。

功能描述：设置或清除指定的数据接口位。

输入参数 1：GPIOx，x 可以是（A ～ G），以此来选择外设。

输入参数 2：GPIO_Pin，待设置或清除的接口位，这个参数的值是 GPIO_Pin_x，其中 x 是（0 ～ 15）。

输入参数 3：BitVal，它用来指定待写入的值，该参数是 BitAction 枚举类型，取值必须是 Bit RESET，即清除接口位，或者 Bit_SET，即设置接口位。

输出参数：无。

返回值：无。

例如：

```
/* 设置 GPIOB 接口的 PB5 引脚 */
GPIO_WriteBit(GPIOB,GPIO_Pin_5,Bit_SET);
```

12. GPIO_Write 函数

函数名：GPIO_Write。

函数原型：void GPIO_Write（GPIO_TypeDef * GPIOx，u16 PortVal）。

功能描述：向指定的数据接口写入数据。

输入参数 1：GPIOx，x 可以是（A ～ G），以此来选择外设。

输入参数 2：PortVal，待写入指定接口的数据。

输出参数：无。

返回值：无。

例如：

```
/* 将数据写入 GPIOB 数据接口 */
GPIO_Write(GPIOB,0x1101);
```

13. GPIO_PinLockConfig 函数

函数名：GPIO_PinLockConfig。

函数原型：void GPIO_PinLockConfig（GPIO_TypeDef * GPIOx，u16 GPIO_Pin）。

功能描述：锁定 GPIO 引脚设置寄存器。

输入参数 1：GPIOx，x 可以是（A ～ G），以此来选择外设。

输入参数 2：GPIO_Pin，待锁定的接口位，这个参数的值是 GPIO_Pin_x，其中 x 是（0 ～ 15）。

输出参数：无。

返回值：无。

例如：

/* 锁定 GPIOB 接口 PB5 和 PB9 引脚的值 */
GPIO_PinLockConfig(GPIOB,GPIO_Pin_5|GPIO_Pin_9);

14. GPIO_EventOutputConfig 函数

函数名：GPIO_EventOutputConfig。
函数原型：void GPIO_EventOutputConfig（u8 GPIO_PortSource，u8 GPIO_PinSource）。
功能描述：选择 GPIO 引脚用作事件输出。
输入参数 1：GPIO_PortSource，选择用于事件输出的接口。
输入参数 2：GPIO_PinSource，选择事件输出的引脚。
输出参数：无。
返回值：无。
例如：

/* 选择 GPIOB 的 PB5 引脚作为事件输出的引脚 */
GPIO_EventOutputConfig(GPIO_PortSourceGPIOB,GPIO_PinSource5);

15. GPIO_EventOutputCmd 函数

函数名：GPIO_EventOutputCmd。
函数原型：void GPIO_EventOutputCmd（FunctionalState NewState）。
功能描述：使能或者失能事件输出。
输入参数：NewState，即事件输出状态，它必须是 ENABLE 或 DISABLE。
输出参数：无。
返回值：无。
例如：

/* 使能 GPIOB 的 PB10 的事件输出 */
GPIO_InitStructure,GPIO_Pin =GPIO_Pin_10;
GPIO_InitStructure.GPIO_Speed=GPIO_Speed_50MHz;
GPIO_InitStructure,GPIO_Mode=GPIO_Mode_AF_PP;
GPIO_Init(GPIOB,&GPIO_InitStructure);
GPIO_EventOutputConfig(GPIO_PortSourceGPIOB,GPIO_PinSource10);
GPIO_EventOutputCmd(ENABLE);

16. GPIO_PinRemapConfig 函数

函数名：GPIO_PinRemapConfig。
函数原型：void GPIO_PinRemapConfig（u32 GPIO_Remap，FunctionalState NewState）。
功能描述：改变指定引脚的映射。
输入参数 1：GPIO_Remap，选择重映射的引脚。
输入参数 2：NewState，即事件输出状态，它必须是 ENABLE 或 DISABLE。
输出参数：无。
返回值：无。

例如：

/*I2C1_SCL 映射到 PB8,I2C1_SDA 映射到 PB9*/
GPIO_PinRemapConfig(GPIO_Remap_I2C1,ENABLE);
　GPIO_Remap 用于选择用作事件输出的 GPIO 接口。

17. GPIO_EXTILineConfig 函数

函数名：GPIO_EXTILineConfig。
函数原型：void GPIO_EXTILineConfig（u8 GPIO_PortSource，u8 GPIO_PinSource）。
功能描述：选择 GPIO 接口引脚用作外部中断线路。
输入参数 1：GPIO_PortSource，选择用作外部中断线路的 GPIO 接口。
输入参数 2：GPIO_PinSource，待设置的指定中断线路。
输出参数：无。
返回值：无。
例如：

/* 选择 GPIOB 的 PB8 引脚为 EXTI 的 8 号线 */
GPIO_EXTILineConfig(GPIO_PortSourceGPIOB,GPIO_PinSource8);

5.4　GPIO 使用流程

根据 I/O 接口的特定硬件特征，I/O 接口的每个引脚都可以由软件配置成多种工作模式。
在运行程序之前必须对每个用到的引脚的功能进行配置。
1）如果某些引脚的复用功能没有使用，可以先配置为 GPIO。
2）如果某些引脚的复用功能被使用，需要对复用的 I/O 接口进行配置。
3）I/O 接口具有锁定机制，允许冻结 I/O 接口。当在一个接口上执行了锁定（LOCK）程序后，在下一次复位之前，将不能再更改接口的配置。

5.4.1　普通 GPIO 配置

GPIO 是最基本的应用，其基本配置方法为：
1）配置 GPIO 时钟，完成初始化。
2）利用函数 GPIO_Init 配置引脚，包括引脚名称、引脚传输速率和引脚工作模式。
3）完成 GPIO_Init 的设置。

5.4.2　I/O 复用功能 AFIO 配置

I/O 复用功能 AFIO 常对应到外设的输入输出功能。使用时，需要先配置 I/O 接口为复用功能，打开 AFIO 时钟，然后再根据不同的复用功能进行配置。对应外设的输入输出功能有下述 3 种情况。
1）外设对应的引脚为输出：需要根据外围电路的配置选择对应的引脚为复用功能的

119

推挽输出或复用功能的开漏输出。

2）外设对应的引脚为输入：根据外围电路的配置可以选择浮空输入、带上拉电阻输入或带下拉电阻输入。

3）ADC 对应的引脚：配置引脚为模拟输入。

5.5 GPIO 输出应用实例

这里给出的 GPIO 输出应用实例是使用固件库点亮 LED 灯。

5.5.1 GPIO 输出应用的硬件设计

STM32F103 与 LED 灯的连接如图 5-6 所示。这是一个 RGB 彩灯，由红蓝绿 3 个 LED 灯构成，使用 PWM 控制时可以混合成 256 种不同的颜色。

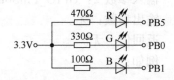

这些 LED 的阴极都连接到 STM32F103 的 GPIO 引脚，只要控制 GPIO 引脚的电平输出状态，即可控制 LED 的亮灭。如果使用的开发板中 LED 的连接方式或引脚不一样，只需修改程序的引脚相关部分即可，程序的控制原理相同。

图 5-6　STM32F103 与 LED 灯的连接

5.5.2 GPIO 输出应用的软件设计

为了使工程更加有条理，把控制 LED 相关的代码独立分开存储，方便以后移植。在"工程模板"之上新建 bsp_led.c 及 bsp_led.h 文件，其中的 bsp 即 Board Support Packet 的缩写（板级支持包）。

编程要点：

1）使能 GPIO 时钟。

2）初始化 GPIO 目标引脚为推挽输出模式。

3）编写简单的测试程序，控制 GPIO 引脚输出高、低电平。

1. bsp_led.h 头文件

```
#ifndef_LED_H
#define_LED_H
#include "stm32f10x.h"
/* 定义 LED 连接的 GPIO 接口，用户只需要修改下面的代码即可改变控制的 LED 引脚 */
// R- 红色
#define LED1_GPIO_PORT    GPIOB                        /* GPIO 接口 */
#define LED1_GPIO_CLK     RCC_APB2Periph_GPIOB         /* GPIO 时钟 */
#define LED1_GPIO_PIN     GPIO_Pin_5                   /* 连接到 SCL 时钟线的 GPIO */
// G- 绿色
#define LED2_GPIO_PORT    GPIOB                        /* GPIO 接口 */
#define LED2_GPIO_CLK     RCC_APB2Periph_GPIOB         /* GPIO 时钟 */
#define LED2_GPIO_PIN     GPIO_Pin_0                   /* 连接到 SCL 时钟线的 GPIO */
// B- 蓝色
```

```
#define LED3_GPIO_PORT    GPIOB                         /* GPIO 接口 */
#define LED3_GPIO_CLK     RCC_APB2Periph_GPIOB          /* GPIO 时钟 */
#define LED3_GPIO_PIN     GPIO_Pin_1                    /* 连接到 SCL 时钟线的 GPIO */
```

以上代码分别把控制 LED 的 GPIO 接口、GPIO 引脚号以及 GPIO 时钟封装起来了。在实际控制的时候就直接用这些宏，以达到应用代码与硬件无关的效果。

其中的 GPIO 时钟宏 RCC_APB2Periph_GPIOB 是 STM32 标准库定义的 GPIO 时钟相关的宏，它的作用与 GPIO_Pin_x 这类宏类似，用于指示寄存器位，方便库函数使用。

下面在初始化 GPIO 时钟的时候可以看到它的用法。

```
/** LED on 或 off 反转的宏定义，1 – off,0 – on */
#define ON  0
#define OFF 1
/* 使用标准的固件库控制 GPIO*/
#define LED1(a)    if (a)    \
               GPIO_SetBits(LED1_GPIO_PORT,LED1_GPIO_PIN);\
               else    \
               GPIO_ResetBits(LED1_GPIO_PORT,LED1_GPIO_PIN)

#define LED2(a)    if (a)    \
               GPIO_SetBits(LED2_GPIO_PORT,LED2_GPIO_PIN);\
               else    \
               GPIO_ResetBits(LED2_GPIO_PORT,LED2_GPIO_PIN)

#define LED3(a)    if (a)    \
               GPIO_SetBits(LED3_GPIO_PORT,LED3_GPIO_PIN);\
               else    \
               GPIO_ResetBits(LED3_GPIO_PORT,LED3_GPIO_PIN)

/* 用直接操作寄存器的方法控制 GPIO */
#define digitalHi(p,i)        {p->BSRR=i;}// 输出为高电平
#define digitalLo(p,i)        {p->BRR=i;}// 输出低电平
#define digitalToggle(p,i)    {p->ODR ^=i;}// 输出反转状态

/* 定义控制 GPIO 的宏 */
#define LED1_TOGGLE        digitalToggle(LED1_GPIO_PORT,LED1_GPIO_PIN)
#define LED1_OFF           digitalHi(LED1_GPIO_PORT,LED1_GPIO_PIN)
#define LED1_ON            digitalLo(LED1_GPIO_PORT,LED1_GPIO_PIN)

#define LED2_TOGGLE        digitalToggle(LED2_GPIO_PORT,LED2_GPIO_PIN)
#define LED2_OFF           digitalHi(LED2_GPIO_PORT,LED2_GPIO_PIN)
#define LED2_ON            digitalLo(LED2_GPIO_PORT,LED2_GPIO_PIN)

#define LED3_TOGGLE        digitalToggle(LED3_GPIO_PORT,LED3_GPIO_PIN)
#define LED3_OFF           digitalHi(LED3_GPIO_PORT,LED3_GPIO_PIN)
#define LED3_ON            digitalLo(LED3_GPIO_PORT,LED3_GPIO_PIN)
```

121

```
/* 基本混色，高级用法中使用 PWM 可混出全彩颜色，且效果更好 */
// 红
#define LED_RED \
                LED1_ON;\
                LED2_OFF;\
                LED3_OFF
// 绿
#define LED_GREEN \
                LED1_OFF;\
                LED2_ON;\
                LED3_OFF
// 蓝
#define LED_BLUE \
                LED1_OFF;\
                LED2_OFF;\
                LED3_ON
// 黄（红 + 绿）
#define LED_YELLOW \
                LED1_ON;\
                LED2_ON;\
                LED3_OFF
// 紫（红 + 蓝）
#define LED_PURPLE \
                LED1_ON;\
                LED2_OFF;\
                LED3_ON
// 青（绿 + 蓝）
#define LED_CYAN \
                LED1_OFF;\
                LED2_ON;\
                LED3_ON
// 白（红 + 绿 + 蓝）
#define LED_WHITE \
                LED1_ON;\
                LED2_ON;\
                LED3_ON
// 黑（全部关闭）
#define LED_RGBOFF \
                LED1_OFF;\
                LED2_OFF;\
                LED3_OFF
void LED_GPIO_Config(void);
#endif /* __LED_H */
```

  这部分宏控制 LED 亮灭的操作是通过直接向 BSRR、BRR 和 ODR 这 3 个寄存器写入控制指令来实现的，对 BSRR 写 1 输出高电平，对 BRR 写 1 输出低电平，对 ODR 寄存器某位进行异或操作可反转位的状态。

RGB 彩灯可以实现混色。

代码中的"\"是 C 语言中的续行符语法，表示续行符的下一行与续行符所在的代码是同一行。因为代码中宏定义关键字"# define"只对当前行有效，所以这里使用续行符来连接起来，以下的代码是等效的：

define LED_YELLOW LED1_ON;LED2_ON;LED3_OFF

应用续行符的时候要注意，在"\"后面不能有任何字符（包括注释、空格），只能直换行。

2. bsp_led.c 程序

```c
#include "bsp_led.h"

/*****************************
 * @brief 初始化控制 LED 的 GPIO
 * @param 无
 * @retval 无
 ****************************/
void LED_GPIO_Config(void)
{
    /* 定义一个 GPIO_InitTypeDef 类型的结构体 */
    GPIO_InitTypeDef GPIO_InitStructure;

    /* 开启 LED 相关的 GPIO 外设时钟 */
    RCC_APB2PeriphClockCmd( LED1_GPIO_CLK | LED2_GPIO_CLK | LED3_GPIO_CLK,
ENABLE);
    /* 选择要控制的 GPIO 引脚 */
    GPIO_InitStructure.GPIO_Pin = LED1_GPIO_PIN;

    /* 设置引脚模式为通用推挽输出 */
    GPIO_InitStructure.GPIO_Mode = GPIO_Mode_Out_PP;

    /* 设置引脚速率为 50MHz*/
    GPIO_InitStructure.GPIO_Speed = GPIO_Speed_50MHz;

    /* 调用库函数，初始化 GPIO*/
    GPIO_Init(LED1_GPIO_PORT, &GPIO_InitStructure);

    /* 选择要控制的 GPIO 引脚 */
    GPIO_InitStructure.GPIO_Pin = LED2_GPIO_PIN;

    /* 调用库函数，初始化 GPIO*/
    GPIO_Init(LED2_GPIO_PORT, &GPIO_InitStructure);

    /* 选择要控制的 GPIO 引脚 */
```

123

```
GPIO_InitStructure.GPIO_Pin = LED3_GPIO_PIN;

/* 调用库函数，初始化 GPIOF*/
GPIO_Init(LED3_GPIO_PORT, &GPIO_InitStructure);

/* 关闭 LED1 灯 */
GPIO_SetBits(LED1_GPIO_PORT, LED1_GPIO_PIN);

/* 关闭 LED2 灯 */
GPIO_SetBits(LED2_GPIO_PORT, LED2_GPIO_PIN);

/* 关闭 LED3 灯 */
GPIO_SetBits(LED3_GPIO_PORT, LED3_GPIO_PIN);
}
```

初始化 GPIO 时钟时采用了 STM32 库函数。

函数执行流程如下：

1）使用 GPIO_InitTypeDef 定义 GPIO 初始化结构体变量，以便后面用于存储 GPIO 配置。

2）调用函数 RCC_APB2PeriphClockCmd 来使能 LED 的 GPIO 时钟。该函数有两个输入参数，第 1 个参数用于指示要配置的时钟，如本例中的 RCC_APB2Periph_GPIOB，应用时使用"1"操作同时配置 3 个 LED 的时钟；第 2 个参数用于设置状态，可输入 Disable 关闭时钟，或输入 Enable 使能时钟。

3）向 GPIO 初始化结构体赋值，把引脚初始化成推挽输出模式，其中的 GPIO_Pin 使用宏 LEDx_GPIO_PIN 来赋值，使函数的实现便于移植。

4）使用以上初始化结构体的配置，调用函数 GPIO_Init 向寄存器写入参数，完成 GPIO 的初始化。这里的 GPIO 使用 LEDx_GPIO_PORT 宏来赋值，也是为了程序移植更方便。

5）使用同样的初始化结构体，只修改控制的引脚和 GPIO 接口，即可初始化其他 LED 使用的 GPIO 引脚。

6）使用宏控制 RGB 彩灯默认关闭。

编写完 LED 的控制函数后，就可以在 main 函数中测试了。

3. main.c 程序

```
#include "stm32f10x.h"
#include "bsp_led.h"

#define SOFT_DELAY Delay(0xFFFFFF);

void Delay(__IO u32 nCount);

/*****************
 * @brief 主函数
```

```
    * @param 无
    * @retval 无
    ******************/
int main(void)
{
/* LED 接口初始化 */
LED_GPIO_Config();

while (1)
{
        LED1_ON;                            // 亮
        SOFT_DELAY;
        LED1_OFF;                           // 灭

        LED2_ON;                            // 亮
        SOFT_DELAY;
        LED2_OFF;                           // 灭

        LED3_ON;                            // 亮
        SOFT_DELAY;
        LED3_OFF;                           // 灭

        /* 轮流显示红绿蓝黄紫青白颜色 */
        LED_RED;
        SOFT_DELAY;

        LED_GREEN;
        SOFT_DELAY;

        LED_BLUE;
        SOFT_DELAY;

        LED_YELLOW;
        SOFT_DELAY;

        LED_PURPLE;
        SOFT_DELAY;

        LED_CYAN;
        SOFT_DELAY;

        LED_WHITE;
        SOFT_DELAY;

        LED_RGBOFF;
        SOFT_DELAY;
```

125

```
    }
}

void Delay(__IO uint32_t nCount)// 简单的延时函数
{
    for(; nCount != 0; nCount--);
}
```

在 main 函数中，调用定义的 LED_GPIO_Config 初始化好 LED 的控制引脚，然后直接调用各种控制 LED 亮灭的宏来实现 LED 的控制。

以上就是一个使用 STM32 标准库开发应用的流程。

把编译好的程序下载到开发板并复位，就可以看到 RGB 彩灯轮流显示不同的颜色了。

5.6 GPIO 输入应用实例

这里的 GPIO 输入应用实例是按键检测。

5.6.1 硬件设计

按键的硬件设计同样如图 4-8 所示。

5.6.2 软件设计

为了使工程更加有条理，把与按键相关的代码独立分开存储，方便以后移植。在"工程模板"之上新建 bsp_key.c 及 bsp_key.h 文件。

编程要点：

1）使能 GPIO 时钟。

2）初始化 GPIO 目标引脚为输入模式（浮空输入）。

3）编写简单的测试程序，检测按键的状态，实现按键控制 LED。

1. bsp_key.h 头文件

```
#ifndef __KEY_H
#define __KEY_H
#include "stm32f10x.h"
// 引脚定义
#define   KEY1_GPIO_CLK     RCC_APB2Periph_GPIOA
#define   KEY1_GPIO_PORT    GPIOA
#define   KEY1_GPIO_PIN     GPIO_Pin_0

#define   KEY2_GPIO_CLK     RCC_APB2Periph_GPIOC
#define   KEY2_GPIO_PORT    GPIOC
#define   KEY2_GPIO_PIN     GPIO_Pin_13
```

```
/** 按键按下标置宏
 * 若按键按下为高电平，则设置 KEY_ON=1, KEY_OFF=0
 * 若按键按下为低电平，则把宏设置成 KEY_ON=0, KEY_OFF=1
 */
#define KEY_ON      1
#define KEY_OFF     0

void Key_GPIO_Config(void);
uint8_t Key_Scan(GPIO_TypeDef* GPIOx,uint16_t GPIO_Pin);
#endif /* __KEY_H */
```

2. bsp_key.c 程序

```
#include "./key/bsp_key.h"
/******************************
 * @brief  配置按键用到的 GPIO
 * @param  无
 * @retval 无
 ******************************/
void Key_GPIO_Config(void)
{
GPIO_InitTypeDef GPIO_InitStructure;

/* 开启按键接口的时钟 */
RCC_APB2PeriphClockCmd(KEY1_GPIO_CLK|KEY2_GPIO_CLK,ENABLE);

// 选择按键的引脚
GPIO_InitStructure.GPIO_Pin = KEY1_GPIO_PIN;
// 设置按键的引脚为浮空输入
GPIO_InitStructure.GPIO_Mode = GPIO_Mode_IN_FLOATING;
// 使用结构体初始化按键
GPIO_Init(KEY1_GPIO_PORT, &GPIO_InitStructure);

// 选择按键的引脚
GPIO_InitStructure.GPIO_Pin = KEY2_GPIO_PIN;
// 设置按键的引脚为浮空输入
GPIO_InitStructure.GPIO_Mode = GPIO_Mode_IN_FLOATING;
// 使用结构体初始化按键
GPIO_Init(KEY2_GPIO_PORT, &GPIO_InitStructure);
}
```

函数执行流程如下：

1）使用 GPIO_InitTypeDef 定义 GPIO 初始化结构体变量，以便后面用于存储 GPIO 配置。

2）调用函数 RCC_APB2PeriphClockCmd 来使能按键的 GPIO 时钟，调用时使用 "1" 操作同时配置两个按键的时钟。

3）向 GPIO 初始化结构体赋值，把引脚初始化成浮空输入模式，其中的 GPIO_Pin

使用宏 KEYx_GPIO_PIN 来赋值，以方便移植。由于引脚的默认电平受按键电路影响，所以设置成浮空输入。

4）使用以上初始化结构体的配置，调用函数 GPIO_Init 向寄存器写入参数，完成 GPIO 的初始化，这里的 GPIO 使用 KEYx_GPIO_PORT 宏来赋值，也是为了程序移植方便。

5）使用同样的初始化结构体，只修改控制的引脚和 GPIO，即可初始化其他按键检测时使用的 GPIO 引脚。

```
/*******************************************************
 * 函数名：Key_Scan
 * 描述：检测是否有按键按下
 * 输入：GPIOx:x 可以是 A,B,C,D 或者 E
 *       GPIO_Pin: 待读取的接口位
 * 输出：KEY_OFF( 没按下按键 )、KEY_ON( 按下按键 )
 ******************************************************/
uint8_t Key_Scan(GPIO_TypeDef* GPIOx,uint16_t GPIO_Pin)
{
/* 检测是否有按键按下 */
if(GPIO_ReadInputDataBit(GPIOx,GPIO_Pin) == KEY_ON )
{
    /* 等待按键释放 */
    while(GPIO_ReadInputDataBit(GPIOx,GPIO_Pin) == KEY_ON);
    return  KEY_ON;
}
else
    return  KEY_OFF;
}
```

这里定义了一个 Key_Scan 函数用于扫描按键状态。GPIO 引脚的输入电平可通过读取 IDR 寄存器对应的数据位来感知，而 STM32 标准库提供了函数 GPIO_ReadInputDataBit 来获取位状态，该函数需输入 GPIO 接口及引脚号，返回的是该引脚的电平状态，高电平返回 1，低电平返回 0。

Key_Scan 函数中用 GPIO_ReadInputDataBit 的返回值与自定义的宏 KEY_ON 对比，若检测到按键按下，则使用 while 循环持续检测按键状态，直到按键释放，按键释放后函数 Key_Scan 返回一个 KEY_ON 值；若没有检测到按键按下，则函数直接返回 KEY_OFF。若按键的硬件没有做消抖处理，则需要在这个函数 Key_Scan 中做软件滤波，防止按键抖动引起误触发。

3. main.c 程序

```
#include "stm32f10x.h"
#include "bsp_led.h"
#include "bsp_key.h"
/*****************
 * @brief 主函数
 * @param 无
```

```
 * @retval 无
*****************/
int main(void)
{
/* LED 接口初始化 */
LED_GPIO_Config();
LED1_ON;

/* 按键接口初始化 */
Key_GPIO_Config();

/* 轮询按键状态，若按键被按下，则反转 LED */
while(1)
{
    if( Key_Scan(KEY1_GPIO_PORT,KEY1_GPIO_PIN) == KEY_ON )
    {
        /*LED1 反转 */
        LED1_TOGGLE;
    }

    if( Key_Scan(KEY2_GPIO_PORT,KEY2_GPIO_PIN) == KEY_ON )
    {
        /*LED2 反转 */
        LED2_TOGGLE;
    }
}
}
```

在代码中初始化 LED 及按键后，while 函数会不断调用函数 Key_Scan 并判断其返回值，若返回值表示按键被按下，则反转 LED 的状态。

把编译好的程序下载到开发板并复位，按下按键 1 和按键 2，可以分别控制 LED 的亮、灭状态。

习题

1. 如何操作 GPIO？如何配置？
2. GPIO 的配置工作模式有哪些？
3. STM32F103 微控制器 GPIO 输出速度有哪几种？
4. STM32F103 微处理器的引脚在输出时输出的高低电平由哪几个引脚决定？
5. 简要说明 GPIO 的初始化过程。
6. 程序题：编写程序使 GPIOB.0 置位，GPIOB.1 清零。
7. 根据本章讲述的 GPIO 输入和输出应用实例，编写一段程序，要求每当按键 1 按下一次，LED 按红、绿、蓝的顺序，每种颜色亮 1s 地循环显示（可参照书中 GPIO 应用实例实现）。

第 6 章

定时器

本章讲述了定时器，包括 STM32F103 定时器概述、基本定时器、通用定时器、高级定时器、定时器库函数和定时器应用实例。

6.1　STM32F103 定时器概述

定时与计数的应用十分广泛。在实际生产过程中，许多场合都需要定时或者计数操作。例如产生精确的时间，对流水线上的产品进行计数等。因此，定时 / 计数器在嵌入式微控制器中十分重要。定时和计数可以通过以下方式实现。

1. 软件延时

微控制器是在一定频率的时钟下运行的，可以根据代码所需的时钟周期来完成延时操作。软件延时会导致 CPU 利用率低，因此主要用于短时间延时，如高速 A/D 转换器。

2. 可编程定时 / 计数器

微控制器中的可编程定时 / 计数器可以实现定时和计数操作，定时 / 计数器功能由程序灵活设置，可重复利用。设置好后由硬件与 CPU 并行工作，不占用 CPU 时间，这样在软件的控制下，可以实现多个精密定时 / 计数。微控制器为了适应多种应用，通常会集成多个高性能的定时 / 计数器。

微控制器中的定时器本质上是一个计数器，可以对内部脉冲或外部输入进行计数，不仅具有基本的定时 / 计数功能，还具有输入捕获、输出比较和 PWM 波形输出等高级功能。在嵌入式开发中，充分利用定时器的强大功能，可以显著提高外设驱动的编程效率和 CPU 利用率，增强系统的实时性。

STM32 内部集成了多个定时 / 计数器。根据型号不同，STM32 系列芯片最多包含 8 个定时 / 计数器。其中，TIM6 和 TIM7 为基本定时器，TIM2 ～ TIM5 为通用定时器，TIM1 和 TIM8 为高级定时器，功能最强。3 种定时器具备的功能见表 6-1。此外，在 STM32 中还有 2 个"看门狗"定时器和 1 个系统"滴答"定时器。

表 6-1　STM32 内部集成的 3 种定时器的功能

主要功能	高级定时器	通用定时器	基本定时器
内部时钟源（8MHz）	有	有	有
带 16 位分频的计数单元	有	有	有

（续）

主要功能	高级定时器	通用定时器	基本定时器
更新中断和 DMA	有	有	有
计数方向	向上、向下、向上 / 向下	向上、向下、向上 / 向下	向上
外部事件计数	有	有	无
其他定时器触发或级联	有	有	无
4 个独立输入捕获、输出比较通道	有	有	无
单脉冲输出方式	有	有	无
正交编码器输入	有	有	无
霍尔式传感器输入	有	有	无
输出比较信号死区产生	有	无	无
制动信号输入	有	无	无

　　STM32F103 定时器相比于传统的 51 单片机的定时器要完善和复杂得多，它是专为工业控制应用量身定做的，具有延时、频率测量、PWM 输出、电动机控制及编码接口等功能。

6.2　基本定时器

6.2.1　基本定时器简介

　　STM32F103 基本定时器 TIM6 和 TIM7 各包含一个 16 位自动装载计数器，由各自的可编程预分频器驱动。它们可以作为通用定时器提供时间基准，特别是可以为数 / 模转换器（DAC）提供时钟。实际上，它们在芯片内部直接连接到 DAC 并通过触发输出直接驱动 DAC，这两个定时器是互相独立的，不共享任何资源。

6.2.2　基本定时器的主要特性

　　TIM6 和 TIM7 的主要功能包括：
　　1）16 位自动重装载累加计数器。
　　2）16 位可编程（可实时修改）预分频器，用于对输入的时钟按系数（系数可为 1 ～ 65536 之间的任意数值）分频。
　　3）触发 DAC 的同步电路。
　　4）在更新事件（计数器溢出）时产生中断 /DMA 请求。
　　基本定时器的内部结构如图 6-1 所示。

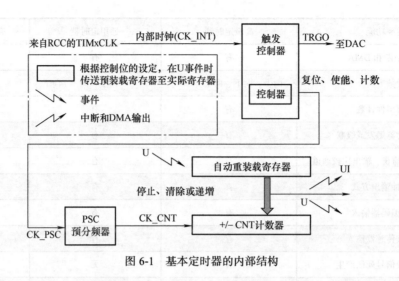

图 6-1　基本定时器的内部结构

6.2.3　基本定时器的功能

1. 时基单元

时基单元包含：

1）计数器寄存器（TIMx_CNT）。

2）预分频寄存器（TIMx_PSC）。

3）自动重装载寄存器（TIMx_ARR）。

2. 时钟源

从 STM32F103 基本定时器内部结构图可以看出，基本定时器 TIM6 和 TIM7 只有一个时钟源，即内部时钟 CK_INT。对于 STM32F103 所有的定时器，内部时钟 CK_INT 都来自 RCC 的 TIMxCLK，但对于不同的定时器，TIMxCLK 的来源不同。基本定时器 TIM6 和 TIM7 的 TIMxCLK 来源于 APB1 预分频器的输出，系统默认情况下，APB1 的时钟频率 为 72MHz。

3. 预分频器

预分频可以用系数（介于 $1 \sim 65536$ 之间的任意数值）对计数器时钟分频。它通过预分频寄存器（TIMx_PSC）的计数实现分频。因为预分频寄存器具有缓冲作用，因此可以在运行过程中改变它的数值，新的预分频数值将在下一个更新事件时起作用。

图 6-2 所示为在运行过程中改变预分频系数的例子，此过程中预分频系数从 1 变到 2。

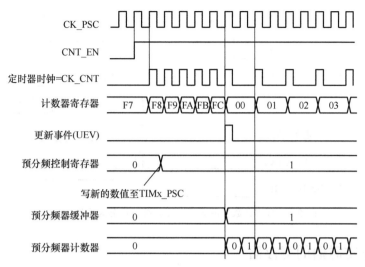

图 6-2　运行过程中预分频系数从 1 变到 2

4. 计数模式

STM32F103 基本定时器只有向上计数模式，其工作过程如图 6-3 所示，其中"↑"表示产生溢出事件。

基本定时器工作时，计数器寄存器 TIMx_CNT 从 0 累加计数到自动重装载数值（存于自动重装载寄存器中），然后重新从 0 开始计数并产生一个计数器溢出事件。由此可见，如果使用基本定时器进行延时，则延时时间为

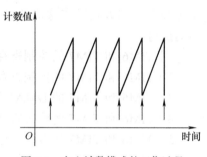

图 6-3　向上计数模式的工作过程

$$延时时间 = (TIMx\_ARR+1)(TIMx\_PSC+1)/TIMx\_CLK$$

当发生一次更新事件时，所有寄存器会被更新并设置更新标志：传送预装载值（预分频控制寄存器的内容）至预分频器缓冲器，自动重装载影子寄存器被更新为预装载值（TIMx_ARR）。以下是在 TIMx_ARR=0x36 时不同时钟频率下计数器的时序图。图 6-4 内部时钟分频系数为 1，图 6-5 内部时钟分频系数为 2。

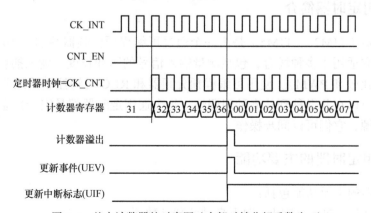

图 6-4　基本计数器的时序图（内部时钟分频系数为 1）

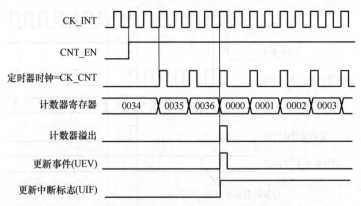

图 6-5　基本计数器的时序图（内部时钟分频系数为 2）

6.2.4　基本定时器的寄存器

　　现将 STM32F103 基本定时器相关寄存器名称介绍如下，用户可以用半字（16 位）或字（32 位）的方式操作这些外设寄存器，由于是采用库函数方式编程，故这里不做进一步的探讨。

　　1）TIM6 和 TIM7 的控制寄存器 1（TIMx_CR1）。

　　2）TIM6 和 TIM7 的控制寄存器 2（TIMx_CR2）。

　　3）TIM6 和 TIM7 的 DMA/ 中断使能寄存器（TIMx_DIER）。

　　4）TIM6 和 TIM7 的状态寄存器（TIMx_SR）。

　　5）TIM6 和 TIM7 的事件产生寄存器（TIMx_EGR）。

　　6）TIM6 和 TIM7 的计数器（TIMx_CNT）。

　　7）TIM6 和 TIM7 的预分频寄存器（TIMx_PSC）。

　　8）TIM6 和 TIM7 的自动重装载寄存器（TIMx_ARR）。

6.3　通用定时器

6.3.1　通用定时器简介

　　通用定时器（TIM2 ～ TIM5）是由一个通过可编程预分频器驱动的 16 位自动装载计数器构成的。它适用于多种场合，包括测量输入信号的脉冲长度（输入捕获）或者产生输出波形（输出比较和 PWM）。使用可编程预分频器和 RCC 时钟控制器预分频器，脉冲长度和波形周期可以在几微秒到几毫秒间调整。每个通用定时器都是完全独立的，相互间没有共享任何资源，它们可以同步操作。

6.3.2　通用定时器的主要功能

　　通用定时器的主要功能包括：

　　1）16 位向上、向下、向上 / 向下自动装载计数器。

2）16 位可编程（可以实时修改）预分频器，计数器时钟频率的分频系数为 1 ～ 65536 之间的任意数值。

3）4 个独立通道：

① 输入捕获。

② 输出比较。

③ PWM 生成（边缘或中间对齐模式）。

④ 单脉冲模式输出。

4）使用外部信号控制定时器和与定时器互连的同步电路。

5）如下事件发生时产生中断 /DMA：

① 更新、计数器向上溢出 / 向下溢出、计数器初始化（通过软件或者内部 / 外部触发）。

② 触发事件（计数器启动、停止、初始化或者由内部 / 外部触发计数）。

③ 输入捕获。

④ 输出比较。

6）支持针对定位的增量（正交）编码器和霍尔式传感器电路。

7）触发输入作为外部时钟或者按周期的电流管理。

6.3.3　通用定时器的功能描述

通用定时器的内部结构如图 6-6 所示，相比于基本定时器，其内部结构要复杂得多，其中最显著的地方就是增加了 4 个捕获 / 比较寄存器 TIMx_CCR，这也是通用定时器之所以拥有那么多强大功能的原因。

1. 时基单元

通用定时器主要由一个 16 位计数器和与其相关的自动重装载寄存器组成。这个计数器可以向上计数、向下计数或者向上 / 向下计数。此计数器时钟由预分频器分频得到。计数器、自动重装载寄存器和预分频寄存器可以由软件读写，且在计数器运行时仍可以读写。时基单元包含计数器寄存器（TIMx_CNT）、预分频寄存器（TIMx_PSC）和自动重装载寄存器（TIMx_ARR）。

预分频器可以将计数器的时钟频率按 1 ～ 65536 之间的任意值分频，预分频寄存器带有缓冲器，它能够在工作时被改变。新的预分频器参数在下一次更新事件到来时被采用。

2. 计数模式

（1）向上计数模式　通用定时器的向上计数模式的工作过程与基本定时器的向上计数模式相同，工作过程如图 6-3 所示。在向上计数模式中，计数器在时钟 CK_CNT 的驱动下从 0 计数到自动重装载寄存器 TIMx_ARR 的预设值，然后重新从 0 开始计数，并产生一个计数器溢出事件，可触发中断或 DMA 请求。

当发生一个更新事件时，所有的寄存器都被更新，硬件同时设置更新标志位。

对于一个工作在向上计数模式下的通用定时器，当自动重装载寄存器 TIMx_ARR 的值为 0x36 时，预分频系数为 4（预分频寄存器 TIMx_PSC 的值为 3）的计数器的时序图如图 6-7 所示。

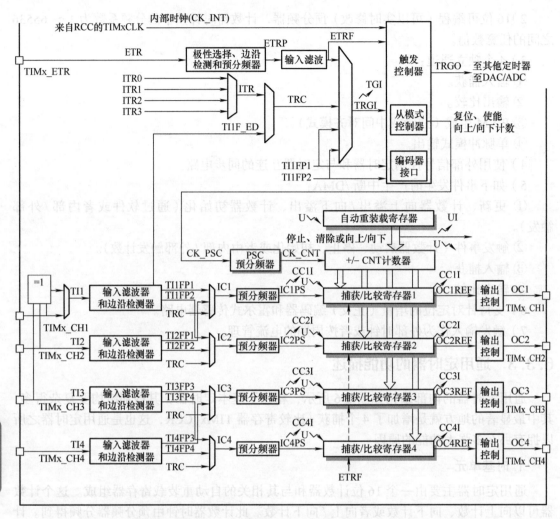

图 6-6 通用定时器的内部结构

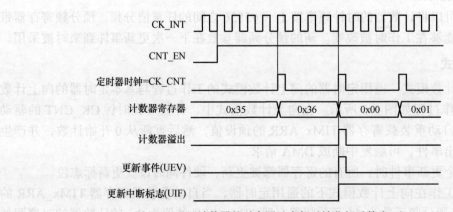

图 6-7 通用计数器的时序图（内部时钟分频系数为 4）

（2）向下计数模式　通用定时器向下计数模式的工作过程如图6-8所示。在向下计数模式中，计数器在时钟CK_CNT的驱动下从自动重装载寄存器TIMx_ARR的预设值开始向下计数到0，然后从自动重装载寄存器TIMx_ARR的预设值重新开始计数，并产生一个计数器溢出事件，可触发中断或DMA请求。

当发生一个更新事件时，所有的寄存器都被更新，硬件同时设置更新标志位。

对于一个工作在向下计数模式下的通用定时器，当自动重装载寄存器TIMx_ARR的值为0x36时，预分频系数为2（预分频寄存器TIMx_PSC的值为1）的计数器的时序图如图6-9所示。

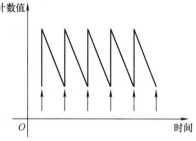

图6-8　向下计数模式的工作过程

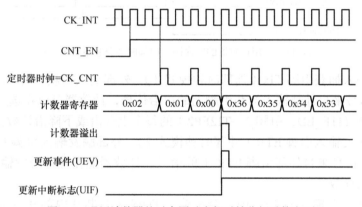

图6-9　通用计数器的时序图（内部时钟分频系数为2）

（3）向上/向下计数模式　向上/向下计数模式又称为中央对齐模式或双向计数模式，其工作过程如图6-10所示，计数器从0开始计数到预设的值（TIMx_ARR寄存器）-1，产生一个计数器溢出事件（上溢事件），然后向下计数到1并且产生一个计数器下溢事件，再从0开始重新计数。在这个模式下，不能写入TIMx_CR1寄存器中的DIR方向位，它由硬件更新并指示当前的计数方向。可以在每次计数上溢事件和每次计数下溢事件时产生更新事件，触发中断或DMA请求。

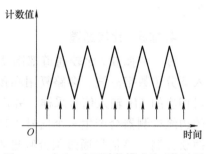

图6-10　向上/向下计数模式的工作过程

对于一个工作在向上/向下计数模式下的通用定时器，当自动重装载寄存器TIMx_ARR的值为0x06时，内部预分频系数为1（预分频寄存器TIMx_PSC的值为0）的计数器的时序图如图6-11所示。

3.时钟选择

相比于基本定时器单一的内部时钟源，STM32F103通用定时器的时钟源有多种选择。

（1）内部时钟CK_INT　内部时钟CK_INT来自RCC的TIMxCLK，根据STM32F103

的时钟树，通用定时器 TIM2 ～ TIM5 的内部时钟 CK_INT 的来源为 TIM_CLK，与基本定时器相同，都是来自 APB1 预分频器的输出，通常情况下，其时钟频率是 72MHz。

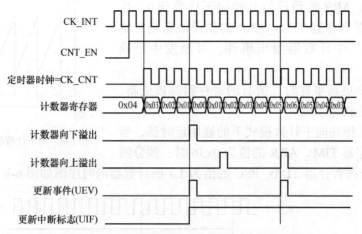

图 6-11　通用计数器的时序图（内部时钟分频系数为 1）

（2）外部输入捕获引脚 TIx（外部时钟模式 1）　外部输入捕获引脚 TIx（外部时钟模式 1）的输入信号来自外部输入捕获引脚上的边沿信号，计数器可以在选定的输入端（引脚 1：TI1FP1 或 TI1F_ED，引脚 2：TI2FP2）的每个上升沿或下降沿计数。

（3）外部触发输入引脚 ETR（外部时钟模式 2）　外部触发输入引脚 ETR（外部时钟模式 2）的输入信号来自外部引脚 ETR 上的信号。计数器能在外部触发输入 ETR 的每个上升沿或下降沿计数。

（4）内部触发器输入 ITRx　内部触发输入 ITRx 来自芯片内部其他定时器的触发输入，即使用一个定时器作为另个定时器的预分频器，例如，可以配置 TIM1 作为 TIM2 的预分频器。

4. 捕获 / 比较通道

每一个捕获 / 比较通道都围绕着一个捕获 / 比较寄存器（包含影子寄存器），包括输入部分（数字滤波、多路复用和预分频器）和输出部分（比较器和输出控制）。输入部分对相应的 TIx 输入信号采样，并产生一个滤波后的信号（TIxF）。然后，一个带极性选择的边缘检测器会产生一个信号（TIxFPx），它可以作为从模式控制器的输入触发或者作为捕获控制。该信号通过预分频进入捕获寄存器（ICxPS）。输出部分会产生一个中间波形 OCxRef（高电平有效）作为基准，链的末端决定了最终输出信号的极性。

6.3.4　通用定时器的工作模式

1. 输入捕获模式

在输入捕获模式下，当检测到 ICx 信号上相应的边沿后，计数器的当前值被锁存到捕获 / 比较寄存器（TIMx_CCR）中。当捕获事件发生时，相应的 CCxIF 标志（在 TIMx_SR 寄存器中）被置为 1，如果使能了中断或者 DMA 操作，则将产生中断或者 DMA 操作。如果捕获事件发生时 CCxIF 标志已经为 1，那么重复捕获标志 CCxOF（在 TIMx_SR 寄存器中）被置为1。置CCxIF为0可清除CCxIF，读取存储在TIMx_CCR寄存器中的捕获数据也可清除CCxIF。置CCxOF为0可清除CCxOF。

2. PWM 输入模式

PWM 输入模式是输入捕获模式的一个特例，除下列区别外，其操作与输入捕获模式相同：

1）2个ICx信号被映射至同一个TIx输入。

2）这2个ICx信号为边沿有效，但是极性相反。

3）其中一个TIxFP信号被作为触发输入信号，而从模式控制器被配置成复位模式。例如，需要测量输入到TI1上的PWM信号的长度（TIMx_CCR1寄存器）和占空比（TIMx_CCR2寄存器）时，具体步骤如下（当然这也取决于CK_INT的频率和预分频器的值）：

① 选择TIMx_CCR1的有效输入：置TIMx_CCMR1寄存器的CC1S为01（选择TI1）。

② 选择TI1FP1的有效极性（用来捕获数据到TIMx_CCR1中和清除计数器）：置CC1P为0（上升沿有效）。

③ 选择TIMx_CCR2的有效输入：置TIMx_CCMR1寄存器的CC2S为10（选择14478）。

④ 选择TI1FP2的有效极性（捕获数据到TIMx_CCR2）：置CC2P为1（下降沿有效）。

⑤ 选择有效的触发输入信号：置TIMx_SMCR寄存器中的TS为101（选择TI1FP1）。

⑥ 配置从模式控制器为复位模式：置TIMx_SMCR中的SMS为100。

⑦ 使能捕获：置TIMx_CCER寄存器中CC1E为1且CC2E为1。

3. 强置输出模式

在强置输出模式（TIMx_CCMR寄存器中CCxS为00）下，输出比较信号（OCxREF和相应的OCx）能够直接由软件强置为有效或无效状态，而不依赖于输出比较寄存器和计数器间的比较结果。置TIMx_CCMR寄存器中相应的OCxM为101，即可强置输出比较信号（OCxREF/OCx）为有效状态。这样OCxREF被强置为高电平（OCxREF始终为高电平有效），同时OCx得到CCxP极性位相反的值。

例如，CCxP=0（OCx高电平有效），则OCx被强置为高电平。置TIMx_CCMR寄存器中的OCxM为100，可强置OCxREF信号为低电平。该输出模式下，TIMx_CCR影子寄存器和计数器之间的比较仍然在进行，相应的标志也会被修改，因此仍然会产生相应的中断和DMA请求。

4. 输出比较模式

此项功能是用来控制一个输出波形，或者指示一段给定的的时间已经到时的。

当计数器与捕获/比较寄存器的内容相同时，输出比较功能可做如下操作：

1）将输出比较模式（TIMx_CCMR寄存器中的OCxM位）和输出极性（TIMx_CCER寄存器中的CCxP位）定义的值输出到对应的引脚上。在比较匹配时，输出引脚可以保持它的电平（OCxM为000）、被设置成有效电平（OCxM为001）、被设置成无效电平

OCxM 为 010）或进行翻转（OCxM 为 011）。

2）设置状态寄存器中的标志位（TIMx_SR 寄存器中的 CCxIF 位）。

3）若设置了相应的中断屏蔽（TIMx_DIER 寄存器中的 CCxIE 位），则产生一个中断。

4）若设置了相应的使能位（TIMx_DIER 寄存器中的 CCxDE 位，同时 TIMx_CR2 寄存器中的 CCDS 位选择了 DMA 请求功能），则产生一个 DMA 请求。

输出比较模式的配置步骤：

① 选择计数器时钟（内部、外部或预分频器）。

② 将相应的数据写入 TIMx_ARR 和 TIMx_CCR 寄存器中。

③ 如果要产生一个中断请求和 / 或一个 DMA 请求，可设置 CCxIE 位和 / 或 CCxDE 位。

④ 选择输出模式，例如，当 TIMx_CNT 与 TIMx_CCR 匹配时翻转 OCx 的输出引脚，TIMx_CCR 预装载未用，开启 OCx 输出且高电平有效，则必须置 OCxM 为 011、OCxPE 为 0、CCxP 为 0 和 CCxE 为 1。

⑤ 设置 TIMx_CR1 寄存器的 CEN 位启动计数器。

TIMx_CCR 寄存器能够在任何时候通过软件进行更新以控制输出波形，条件是未使用预装载寄存器（OCxPE 为 0，否则 TIMx_CCR 影子寄存器只能在发生下一次更新事件时被更新）。

5. PWM 模式

PWM 模式是一种特殊的输出模式，在电力、电子和电动机控制领域得到了广泛应用。

（1）PWM 简介　PWM 是 Pulse Width Modulation 的缩写，中文意思就是脉冲宽度调制，简称脉宽调制。它是利用微控制器的数字输出来对模拟电路进行控制的一种非常有效的技术，因其控制简单、灵活和动态响应好等优点而成为电力、电子技术最广泛应用的控制方式，其应用领域包括测量、通信、功率控制与变换、电动机控制、伺服控制、调光、开关电源甚至某些音频放大器，因此研究基于 PWM 技术的正负脉宽数控调制信号发生器具有十分重要的现实意义。PWM 可以对模拟信号电平进行数字编码。通过高分辨率计数器的使用，方波的占空比在调制后用来对一个具体的模拟信号电平进行编码。但 PWM 信号仍然是数字的，因为在给定的任何时刻，满幅值的直流供电要么完全有（ON），要么完全无（OFF），电压或电流源是以一种通（ON）或断（OFF）的重复脉冲序列被加载到模拟负载上去的。通的时候即是直流供电被加到负载上的时候，断的时候即是直流供电被断开的时候。只要带宽足够，任何模拟值都可以使用 PWM 进行编码。

（2）PWM 实现　目前，在运动控制系统或电动机控制系统中实现 PWM 的方法主要有传统的数字电路、微控制器普通 I/O 模拟和微控制器的 PWM 直接输出等。

1）传统的数字电路方法：用传统的数字电路实现 PWM（如 555 定时器），此类数字电路设计较复杂，体积大，抗干扰能力差，系统的研发周期较长。

2）微控制器普通 I/O 模拟方法：对于微控制器中无 PWM 输出功能情况（如 51 单片机），可以通过 CPU 操控普通 I/O 接口来实现 PWM 输出。但这样实现 PWM 将消耗大量的时间，大大降低了 CPU 的效率，而且得到的 PWM 的信号精度不太高。

3）微控制器的 PWM 直接输出方法：对于具有 PWM 输出功能的微控制器，在进行简单的配置后即可在微控制器的指定引脚上输出 PWM 脉冲。这也是目前使用最多的 PWM 实现方式。

STM32F103 就是这样一款具有 PWM 输出功能的微控制器，除了基本定时器 TIM6 和 TIM7，其他的定时器都可以用来产生 PWM 输出。其中高级定时器 TIM1 和 TIM8 可以同时产生多达 7 路的 PWM 输出。而通用定时器也能同时产生多达 4 路的 PWM 输出，STM32F103 微控制器最多可以同时产生 30 路 PWM 输出。

（3）PWM 模式的工作过程　STM32F103 微控制器 PWM 模式可以产生一个由 TIMx_ARR 寄存器确定频率、由 TIMx_CCR 寄存器确定占空比的信号，其产生原理如图 6-12 所示。

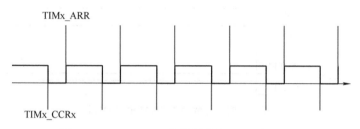

图 6-12　STM32F103 微控制器的 PWM 产生原理

通用定时器 PWM 模式的工作过程如下：

1）若配置 TIMx_CNT 计数器为向上计数模式，TIMx_ARR 寄存器的预设为 N，则 TIMx_CNT 计数器的当前计数值 X 在时钟 CK_CNT（通常由 TIMACLK 经 TIMx_PSC 分频而得）的驱动下从 0 开始不断累加计数。

2）在 TIMx_CNT 计数器随着时钟 CK_CNT 的触发进行累加计数的同时，脉冲计数 TIM_CNT 的当前计数值 X 与 TIMx_CCR 寄存器的预设值 A 进行比较。如果 $X<A$，则输出高电平（或低电平）；如果 $X \geq A$，则输出低电平（或高电平）。

3）当 TIMx_CNT 计数器的计数值 X 大于 TIMx_ARR 寄存器的预设值 N 时，TIMx_CNT 计数器的计数值清零并重新开始计数。如此循环往复，得到的 PWM 的输出信号周期为（$N+1$）×（TCK_CNT），其中，N 为 TIMx_ARR 寄存器的预设值，（TCK_CNT）为时钟 CK_CNT 的周期。PWM 输出信号脉冲宽度为 A ×（TCK_CNT），其中，A 为 TIMx_CCR 寄存器的预设值，（TCK_CNT）为时钟 CK_CNT 的周期。PWM 输出信号的占空比为 $A/(N+1)$。

下面举例具体说明。当通用定时器被设置为向上计数，TIMx_ARR 寄存器的预设值为 8，4 个 TIMx_CCR 寄存器分别设为 0、4、8 和大于 8 时，通用定时器的 4 个 PWM 通道的输出时序 OCxREF 和触发中断时序 CCxIF，如图 6-13 所示。例如，在 TIMx_CCR 的值为 4 的情况下，当 TIMx_CNT 的值小于 4 时，OCxREF 输出高电平；当 TIMx_CNT 的值大于等于 4 时，OCxREF 输出低电平，并在比较结果改变时触发 CCxIF 中断标志。此 PWM 输出的占空比为 4/（8+1）。

需要注意的是，在 PWM 模式下，TIMx_CNT 计数器的计数模式有向上计数、向下计数和向上 / 向下计数（中央对齐）3 种。以上仅介绍其中的向上计数方式，读者在掌握了通用定时器向上计数模式的 PWM 输出原理后，由此及彼，其他两种计数模式的 PWM 输出也就容易推出了。

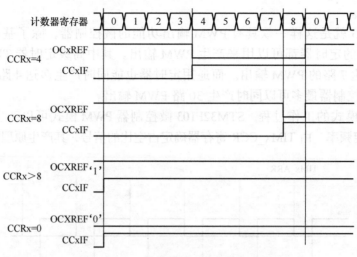

图 6-13　向上计数模式 PWM 输出时序图

6.3.5　通用定时器的寄存器

现将 STM32F103 通用定时器的相关寄存器名称介绍如下，可以用半字（16 位）或字（32 位）的方式操作这些外设寄存器，由于是采用库函数方式编程，故这里不做进一步的探讨。

1）控制寄存器 1（TIMx_CR1）。

2）控制寄存器 2（TIMx_CR2）。

3）从模式控制寄存器（TIMx_SMCR）。

4）DMA/ 中断使能寄存器（TIMx_DIER）。

5）状态寄存器（TIMx_SR）。

6）事件产生寄存器（TIMx_EGR）。

7）捕获 / 比较模式寄存器 1（TIMx_CCMR1）。

8）捕获 / 比较模式寄存器 2（TIMx_CCMR2）。

9）捕获 / 比较使能寄存器（TIMx_CCER）。

10）计数器寄存器（TIMx_CNT）。

11）预分频寄存器（TIMx_PSC）。

12）自动重装载寄存器（TIMx_ARR）。

13）捕获 / 比较寄存器 1（TIMx_CCR1）。

14）捕获 / 比较寄存器 2（TIMx_CCR2）。

15）捕获 / 比较寄存器 3（TIMx_CCR3）。

16）捕获 / 比较寄存器 4（TIMx_CCR4）。

17）DMA 控制寄存器（TIMx_DCR）。

18）连续模式的 DMA 地址（TIMx_DMAR）。

142

6.4 高级定时器

6.4.1 高级定时器简介

高级定时器（TIM1 和 TIM8）由一个 16 位的自动重装载计数器组成，它由一个可编程的预分频器驱动，适合多种用途，包含测量输入信号的脉冲宽度（输入捕获）或者产生输出波形（输出比较、PWM、嵌入死区时间的互补 PWM 等）。使用定时器预分频器和 RCC 时钟控制预分频器，可以实现脉冲宽度和波形周期从几微秒到几毫秒的调节。高级定时器和通用定时器是完全独立的，它们不共享任何资源，可以同步操作。

高级定时器的功能包括：

1）16 位向上、向下、向上 / 向下自动重装载计数器。

2）16 位可编程（可以实时修改）预分频器，计数器时钟频率的分频系数为 1 ～ 65536 之间的任意数值。

3）多达 4 个独立通道：输入捕获、输出比较、PWM 生成（边缘或中间对齐模式）和单脉冲模式输出。

4）死区时间可编程的互补输出。

5）使用外部信号控制定时器和与定时器互联的同步电路。

6）允许在指定数目的计数器周期之后更新定时器寄存器的重复计数器。

7）刹车输入信号可以将定时器的输出信号置于复位状态或者一个已知状态。

8）如下事件发生时产生中断 /DMA：

① 更新、计数器向上溢出 / 向下溢出、计数器初始化。

② 触发事件（计数器启动、停止、初始化或者由内部 / 外部触发计数）。

③ 输入捕获。

④ 输出比较。

⑤ 刹车信号输入。

9）支持针对定位的增量（正交）编码器和霍尔式传感器的电路。

10）触发输入作为外部时钟。

6.4.2 高级定时器的结构

STM32F103 的高级定时器的内部结构要比通用定时器复杂一些，但其核心仍然与基本定时器和通用定时器相同，是一个由可编程的预分频器驱动的具有自动重装载功能的 16 位计数器。与通用定时器相比，高级定时器主要多了 BRK 和 DTG 两个结构，因而具有了死区时间的控制功能。

因为高级定时器的特殊功能在普通应用中一般较少使用，所以不作为本书讨论的重点，如需详细了解，可以查阅 STM32 微控制器的中文参考手册。

6.5 定时器库函数

定时器的库函数有 72 种，见表 6-2。为了理解这些函数的具体使用方法，本节将对其中的部分库函数做详细介绍。

STM32F10x 的定时器库函数存放在 STM32F10x 标准外设库的 STM32F10x_tim.h 和 STM32F10x_tim.c 文件中。其中，头文件 STM32F10x_tim.h 用来存放定时器相关结构体、宏定义以及定时器库函数声明，源代码文件 STM32F10x_tim.c 用来存放定时器库函数定义。

表 6-2　定时器库函数

函数名称	功能
TIM_DeInit	将外设 TIMx 寄存器重设为默认值
TIM_TimeBaseInit	根据 TIM_TimeBaseInitStruct 中指定的参数，初始化 TIMx 的时间基数单位
TIM_OCxInit	根据 TIM_OCInitStruct 中指定的参数，初始化外设 TIMx
TIM_ICInit	根据 TIM_ICInitStruct 中指定的参数，初始化外设 TIMx
TIM_TimeBaseStructInit	把 TIM_TimeBaseInitStruct 中的每一个参数按默认值填入
TIM_OCStructInit	把 TIM_OCInitStruct 中的每一个参数按默认值填入
TIM_ICStructInit	把 TIM_ICInitStruct 中的每一个参数按默认值填入
TIM_Cmd	使能或者失能 TIMx 外设
TIM_ITConfig	使能或者失能指定的定时器中断
TIM_DMAConfig	设置 TIMx 的 DMA 接口
TIM_DMACmd	使能或者失能指定的 TIMx 的 DMA 请求
TIM_InternalClockConfig	设置 TIMx 内部时钟
TIM_ITRxExternalClockConfig	设置 TIMx 内部触发为外部时钟模式
TIM_TIxExternalClockConfig	设置 TIMx 触发为外部时钟
TIM_ETRClockMode1Config	配置 TIMx 外部时钟模式 1
TIM_ETRClockMode2Config	配置 TIMx 外部时钟模式 2
TIM_ETRConfig	配置 TIMx 外部触发
TIM_SelectInputTrigger	选择 TIMx 输入触发源
TIM_PrescalerConfig	设置 TIMx 预分频
TIM_CounterModeConfig	设置 TIMx 计数器模式
TIM_ForcedOC1Config	置 TIMx 输出 1 为活动或者非活动电平
TIM_ForcedOC2Config	置 TIMx 输出 2 为活动或者非活动电平
TIM_ForcedOC3Config	置 TIMx 输出 3 为活动或者非活动电平
TIM_ForcedOC4Config	置 TIMx 输出 4 为活动或者非活动电平
TIM_ARRPreloadConfig	使能或者失能 TIMx 在 ARR 上的预装载寄存器
TIM_SelectCCDMA	选择 TIMx 外设的捕获 / 比较 DMA 源

（续）

函数名称	功能
TIM_OC1PreloadConfig	使能或者失能 TIMx 在 CCR1 上的预装载寄存器
TIM_OC2PreloadConfig	使能或者失能 TIMx 在 CCR2 上的预装载寄存器
TIM_OC3PreloadConfig	使能或者失能 TIMx 在 CCR3 上的预装载寄存器
TIM_OC4PreloadConfig	使能或者失能 TIMx 在 CCR4 上的预装载寄存器
TIM_OC1FastConfig	设置 TIMx 捕获 / 比较 1 快速特征
TIM_OC2FastConfig	设置 TIMx 捕获 / 比较 2 快速特征
TIM_OC3FastConfig	设置 TIMx 捕获 / 比较 3 快速特征
TIM_OC4FastConfig	设置 TIMx 捕获 / 比较 4 快速特征
TIM_ClearOC1Ref	在一个外部事件发生时清除或者保持 OCREF1 信号
TIM_ClearOC2Ref	在一个外部事件发生时清除或者保持 OCREF2 信号
TIM_ClearOC3Ref	在一个外部事件发生时清除或者保持 OCREF3 信号
TIM_ClearOC4Ref	在一个外部事件发生时清除或者保持 OCREF4 信号
TIM_UpdateDisableConfig	使能或者失能 TIMx 更新事件
TIM_EncoderInterfaceConfig	设置 TIMx 编码界面
TIM_GenerateEvent	设置 TIMx 事件由软件产生
TIM_OC1PolarityConfig	设置 TIMx 通道 1 极性
TIM_OC2PolarityConfig	设置 TIMx 通道 2 极性
TIM_OC3PolarityConfig	设置 TIMx 通道 3 极性
TIM_OC4PolarityConfig	设置 TIMx 通道 4 极性
TIM_UpdateRequestConfig	设置 TIMx 更新请求源
TIM_SelectHallSensor	使能或者失能 TIMx 霍尔式传感器接口
TIM_SelectOnePulseMode	设置 TIMx 单脉冲模式
TIM_SelectOutputTrigger	选择 TIMx 触发输出模式
TIM_SelectSlaveMode	选择 TIMx 从模式
TIM_SelectMasterSlaveMode	设置或重置 TIMx 主 / 从模式
TIM_SetCounter	设置 TIMx 计数器寄存器值
TIM_SetAutoreload	设置 TIMx 自动重装载寄存器值
TIM_SetCompare1	设置 TIMx 捕获 / 比较寄存器 1 的值
TIM_SetCompare2	设置 TIMx 捕获 / 比较寄存器 2 的值
TIM_SetCompare3	设置 TIMx 捕获 / 比较寄存器 3 的值
TIM_SetCompare4	设置 TIMx 捕获 / 比较寄存器 4 的值
TIM_SetIC1Prescaler	设置 TIMx 输入捕获预分频 1
TIM_SetIC2Prescaler	设置 TIMx 输入捕获预分频 2
TIM_SetIC3Prescaler	设置 TIMx 输入捕获预分频 3
TIM_SetIC4Prescaler	设置 TIMx 输入捕获预分频 4
TIM_SetClockDivision	设置 TIMx 的时钟分割值

（续）

函数名称	功能
TIM_GetCapture1	获得 TIMx 输入捕获 1 的值
TIM_GetCapture2	获得 TIMx 输入捕获 2 的值
TIM_GetCapture3	获得 TIMx 输入捕获 3 的值
TIM_GetCapture4	获得 TIMx 输入捕获 4 的值
TIM_GetCounter	获得 TIMx 计数器的值
TIM_GetPrescaler	获得 TIMx 预分频值
TIM_GetFlagStatus	检查指定的定时器标志位设置与否
TIM_ClearFlag	清除 TIMx 的待处理标志位
TIM_GetITStatus	检查指定的定时器中断发生与否
TIM_ClearITPendingBit	清除 TIMx 的中断待处理位

1. 函数 TIM_DeInit

函数名：TIM_DeInit。

函数原型：void TIM_DeInit（TIM_TypeDef* TIMx）。

功能描述：将外设 TIMx 寄存器重设为缺省值。

输入参数：TIMx，其中 x 可以是 1 ～ 8，用来选择定时器外设。

输出参数：无。

返回值：无。

例如：

```
/*Resets the TIM2*/
TIM_DeInit(TIM2);
```

2. 函数 TIM_TimeBaseInit

函数名：TIM_TimeBaseInit。

函数原型：void TIM_TimeBaseInit（TIM_TypeDef* TIMx，TIM_TimeBaseInitTypeDef* TIM_TimeBaseInitStruct）。

功能描述：根据 TIM_TimeBaseInitStruct 中指定的参数，初始化 TIMx 的时间基数单位。

输入参数 1：TIMx，其中 x 可以是 1 ～ 8，用来选择定时器外设。

输入参数 2：TIMTimeBase_InitStruct。指向结构 TIM_TimeBaseInitTypeDef 的指针，包含了 TIMx 时间基数单位的配置信息。

输出参数：无。

返回值：无。

（1）TIM_TimeBaseInitTypeDef structure

TIM_TimeBaseInitTypeDef 定义于文件"stm32f10x_tim.h"中：

```
typedef struct
{
```

```
uint16_t TIM_Prescaler;
uint16_t TIM_CounterMode;
uint16_t TIM_Period;
uint16_t TIM_ClockDivision; // 仅高级定时器 TIM1 和 TIM8 有效
uint8_t TIM_RepetitionCounter;
}TIM_TimeBaseInitTypeDef;
```

（2）TIM_Period

TIM_Period 设置了在下一个更新事件中装入的自动重装载寄存器周期的值。它的取值必须在 0x0000 ～ 0xFFFF 之间。

（3）TIM_Prescaler

TIM_Prescaler 设置了用来作为 TIMx 时钟频率除数的预分频值。它的取值必须在 0x0000 ～ 0xFFFF 之间。

（4）TIM_ClockDivision

TIM_ClockDivision 设置了时钟分割。该参数取值见表 6-3。

表 6-3　TIM_ClockDivision 取值

取值	描述
TIM_CKD_DIV1	TDTS=Tck_tim
TIM_CKD_DIV2	TDTS=2Tck_tim
TIM_CKD_DIV4	TDTS=4Tck_tim

（5）TIM_CounterMode

TIM_CounterMode 选择了计数器模式。该参数取值见表 6-4。

表 6-4　TIM_CounterMode 取值

取值	描述
TIM_CounterMode_Up	定时器向上计数模式
TIM_CounterMode_Down	定时器向下计数模式
TIM_CounterMode_CenterAligned1	定时器向上 / 向下计数模式 1
TIM_CounterMode_CenterAligned2	定时器向上 / 向下计数模式 2
TIM_CounterMode_CenterAligned3	定时器向上 / 向下计数模式 3

例如：

```
TIM_TimeBaseInitTypeDef  TIM_TimeBaseStructure;
TIM_TimeBaseStructure.TIM_Period =0xFFFF;
TIM_TimeBaseStructure.TIM_Prescaler = 0xF;
TIM_TimeBaseStructure.TIM_ClockDivision = 0x0;
TIM_TimeBaseStructure.TIM_CounterMode = TIM_CounterMode_Up;
TIM_TimeBaseInit(TIM2, &TIM_TimeBaseStructure);
```

3. 函数 TIM_OC1Init

函数名：TIM_OC1Init。

函数原型：void TIM_OC1Init（TIM_TypeDef* TIMx，TIM_OCInitTypeDef* TIM_OCInitStruct）。

功能描述：根据 TIM_OCInitStruct 中指定的参数，初始化外设 TIMx 通道 1。

输入参数 1：TIMx，其中 x 可以是 1、2、3、4、5 或 8，用于选择定时器外设。

输入参数 2：TIM_OCInitStruct，为指向结构 TIM_OCInitTypeDef 的指针，包含了 TIMx 时间基数单位的配置信息。

输出参数：无。

返回值：无。

（1）TIM_OCInitTypeDef structure

TIM_OCInitTypeDef 定义于文件"stm32f10x_tim.h"中：

```
typedef struct
 {
u16 TIM_OCMode;
u16 TIM_OutputState;
u16 TIM_OutputNState;        // 仅高级定时器有效
u16 TIM_Pulse;
u16 TIM_OCPolarity;
u16 TIM_OCNPolarity;         // 仅高级定时器有效
u16 TIM_OCIdleState;         // 仅高级定时器有效
u16 TIM_OCNIdleState;        // 仅高级定时器有效
 }TIM_OCInitTypeDef
```

（2）TIM_OCMode

TIM_OCMode 选择了定时器模式。该参数取值见表 6-5。

表 6-5 TIM_OCMode 取值

TIM_OCMode	描述
TIM_OCMode_TIMing	定时器输出比较时间模式
TIM_OCMode_Active	定时器输出比较主动模式
TIM_OCMode_Inactive	定时器输出比较非主动模式
TIM_OCMode_Toggle	定时器输出比较触发模式
TIM_OCMode_PWM1	定时器脉冲宽度调制模式 1
TIM_OCMode_PWM2	定时器脉冲宽度调制模式 2

（3）TIM_OutputState

TIM_OutputState 选择了输出比较状态。该参数取值见表 6-6。

表 6-6 TIM_OutputState 取值

TIM_OutputState	描述
TIM_OutputState_Disable	失能输出比较状态
TIM_OutputState_Enable	使能输出比较状态

（4）TIM_OutputNState

TIM_OutputNState 选择了互补输出比较状态。该参数取值见表 6-7。

表 6-7 TIM_OutputNState 取值

TIM_OutputNState	描述
TIM_OutputNState_Disable	失能输出比较 N 状态
TIM_OutputNState_Enable	使能输出比较 N 状态

（5）TIM_Pulse

TIM_Pulse 设置了待装入捕获比较寄存器的脉冲值。它的取值必须在 0x0000～0xFFFF 之间。

（6）TIM_OCPolarity

TIM_OCPolarity 为选择输出极性。该参数取值见表 6-8。

表 6-8 TIM_OCPolarity 取值

TIM_OCPolarity	描述
TIM_OCPolarity_High	定时器输出比较极性高
TIM_OCPolarity_Low	定时器输出比较极性低

（7）TIM_OCNPolarity

TIM_OCNPolarity 为选择互补输出极性。该参数取值见表 6-9。

表 6-9 TIM_OCNPolarity 取值

TIM_OCNPolarity	描述
TIM_OCNPolarity_High	定时器输出比较 N 极性高
TIM_OCNPolarity_Low	定时器输出比较 N 极性低

（8）TIM_OCIdleState

TIM_OCIdleState 选择了空闲状态下的工作状态。该参数取值见表 6-10。

表 6-10 TIM_OCIdleState 取值

TIM_OCIdleState	描述
TIM_OCIdleState_Set	当 MOE 为 0，设置定时器输出比较空闲状态
TIM_OCIdleState_Reset	当 MOE 为 0，重置定时器输出比较空闲状态

（9）TIM_OCNIdleState

TIM_OCNIdleState 选择了空闲状态下的非工作状态。该参数取值见表 6-11。

表 6-11 TIM_OCNIdleState 取值

TIM_OCNIdleState	描述
TIM_OCNIdleState_Set	当 MOE 为 0，设置定时器输出比较 N 空闲状态
TIM_OCNIdleState_Reset	当 MOE 为 0，重置定时器输出比较 N 空闲状态

例如：

/*Conf igures the TIM1 Channell in PWM Mode*/
TIM_OCInitTypeDef TIM_OCInitStructure;
TIM_OCInitStructure.TIM_OCMode=TIM_OCMode_PWM1;
TIM_OCInitStructure.TIM_OutputState =TIM_OutputState_Enable;
TIM_OCInitStructure.TIM_OutputNState=TIM_OutputNState_Enable;
TIM_OCInitStructure.TIM_Pulse=0x7FF;
TIM_OCInitStructure.TIM_OCPolarity=TIM_OCPolarity_Low;
TIM_OCInitStructure.TIM_OCNPolarity =TIM_OCNPolarity_Low;
TIM_OCInitStructure.TIM_OCIdleState = TIM_OCIdleState_Set;
TIM_OCInitStructure.TIM_OCNIdleState=TIM_OCIdleState_Reset;
TIM_OC1Init(TIM1,&TIM_OCInitStructure);

4. 函数 TIM_OC2Init

函数名：TIM_OC2Init。

函 数 原 型：void TIM_OC2Init（TIM_TypeDef* TIMx，TIM_OCInitTypeDef* TIM_OCInitStruct）。

功能描述：根据 TIM_OCInitStruct 中指定的参数初始化外设 TIMx 通道 2。

输入参数 1：TIMx，x 可以是 1、2、3、4、5 或 8，用于选择定时器外设。

输入参数 2：TIM_OCInitStruct 为指向结构 TIM_OCInitTypeDef 的指针，包含了 TIMx 时间基数单位的配置信息。

输出参数：无。

返回值：无。

5. 函数 TIM_OC3Init

函数名：TIM_OC3Init。

函 数 原 型：void TIM_OC3Init（TIM_TypeDef* TIMx，TIM_OCInitTypeDef* TIM_OCInitStruct）。

功能描述：根据 TIM_OCInitStruct 中指定的参数初始化外设 TIMx 通道 3。

输入参数 1：TIMx，x 可以是 1、2、3、4、5 或 8，用于选择定时器外设。

输入参数 2：TIM_OCInitStruct 为指向结构 TIM_OCInitTypeDef 的指针，包含了 TIMx 时间基数单位的配置信息。

输出参数：无。

返回值：无。

6. 函数 TIM_OC4Init

函数名：TIM_OC4Init。

函 数 原 型：void TIM_OC4Init（TIM_TypeDef* TIMx，TIM_OCInitTypeDef* TIM_OCInitStruct）。

功能描述：根据 TIM_OCInitStruct 中指定的参数初始化外设 TIMx 通道 4。

输入参数 1：TIMx，x 可以是 1、2、3、4、5 或 8，用于选择定时器外设。

输入参数 2：TIM_OCInitStruct 为指向结构 TIM_OCInitTypeDef 的指针，包含了 TIMx 时间基数单位的配置信息。

输出参数：无。

返回值：无。

7. 函数 TIM_Cmd

函数名：TIM_Cmd。

函数原型：void TIM_Cmd（TIM_TypeDef* TIMx，FunctionalState NewState）。

功能描述：使能或者失能 TIMx 外设。

输入参数 1：TIMx，x 可以是 1 ～ 8，用于选择定时器外设。

输入参数 2：NewState，即外设 TIMx 的新状态。这个参数可以取 ENABLE 或者 DISABLE。

输出参数：无。

返回值：无。

例如：

```
/*Enables the TIM2 counter*/
TIM_Cmd(TIM2，ENABLE);
```

8. 函数 TIM_ITConfig

函数名：TIM_ITConfig。

函数原型：void TIM_ITConfig（TIM_TypeDef* TIMx，u16 TIM_IT，FunctionalState NewState）。

功能描述：使能或者失能指定的定时器中断。

输入参数 1：TIMx，x 可以是 1 ～ 8，用来选择定时器外设。

输入参数 2：TIM_IT，即待使能或者失能的定时器中断源。

输入参数 3：NewState，即 TIMx 中断的新状态，这个参数可以取 ENABLE 或者 DISABLE。

输出参数：无。

返回值：无。

输入参数 TIM_IT 用于使能或者失能定时器的中断，可以取表 6-12 中的一个值或者多个值的组合作为该参数的值。

表 6-12 TIM_IT 取值

取值	描述
TIM_IT_Update	定时器中断源
TIM_IT_CC1	定时器捕获 / 比较中断源 1
TIM_IT_CC2	定时器捕获 / 比较中断源 2
TIM_IT_CC3	定时器捕获 / 比较中断源 3
TIM_IT_CC4	定时器捕获 / 比较中断源 4
TIM_IT_Trigger	定时器触发中断源

例如：

/*Enables the TIM2 Capture Compare channel 1 Interrupt source*/
TIM_ITConfig(TIM2，TIM_IT_CC1，ENABLE);

9. 函数 TIM_OC1PreloadConfig

函数名：TIM_OC1PreloadConfig。

函数原型：void TIM_OC1PreloadConfig（TIM_TypeDef* TIMx，u16 TIM_OCPreload）。

功能描述：使能或者失能 TIMx 在 CCR1 上的预装载寄存器。

输入参数 1：TIMx，x 可以是 1、2、3、4、5 或 8，用于选择定时器外设。

输入参数 2：TIM_OCPreload，输出比较预装载状态。

输出参数：无。

返回值：无。

TIM_OCPreload 的取值见表 6-13。

表 6-13 TIM_OCPreload 取值

取值	描述
TIM_OCPreload_Enable	TIMx 在 CCR1 上的预装载寄存器使能
TIM_OCPreload_Disable	TIMx 在 CCR1 上的预装载寄存器失能

例如：

/*Enables the TIM2 Preload on CC1 Register*/
TIM_OC1PreloadConfig(TIM2，TIM_OCPreload_Enable);

10. 函数 TIM_OC2PreloadConfig

函数名：TIM_OC2PreloadConfig。

函数原型：void TIM_OC2PreloadConfig（TIM_TypeDef* TIMx，u16 TIM_OCPreload）。

功能描述：使能或者失能 TIMx 在 CCR2 上的预装载寄存器。

输入参数 1：TIMx，x 可以是 1、2、3、4、5 或 8，用于选择定时器外设。

输入参数 2：TIM_OCPreload，输出比较预装载状态。

输出参数：无。

返回值：无。

例如：

/*Enables the TIM2 Preload on CC2 Register */
TIM_OC2PreloadConfig(TIM2，TIM_OCPreload_Enable);

11. 函数 TIM_OC3PreloadConfig

函数名：TIM_OC3PreloadConfig。

函数原型：void TIM_OC3PreloadConfig（TIM_TypeDef* TIMx，u16 TIM_OCPreload）。

功能描述：使能或者失能 TIMx 在 CCR3 上的预装载寄存器。

输入参数 1：TIMx，x 可以是 1、2、3、4、5 或 8，用于选择定时器外设。

输入参数 2：TIM_OCPreload，输出比较预装载状态。

输出参数：无。

返回值：无。

例如：

```
/*Enables the TIM2 Preload on CC3 Register*/
TIM_OC3PreloadConfig(TIM2，TIM_OCPreload_Enable);
```

12. 函数 TIM_OC4PreloadConfig

函数名：TIM_OC4PreloadConfig。

函数原型：void TIM_OC4PreloadConfig（TIM_TypeDef* TIMx，u16 TIM_OCPreload）。

功能描述：使能或者失能 TIMx 在 CCR4 上的预装载寄存器。

输入参数 1：TIMx，x 可以是 1、2、3、4、5 或 8，用于选择定时器外设。

输入参数 2：TIM_OCPreload，输出比较预装载状态。

输出参数：无。

返回值：无。

例如：

```
/*Enables the TIM2 Preload on CC4 Register*/
TIM_OC4PreloadConfig(TIM2，TIM_OCPreload_Enable);
```

13. 函数 TIM_SetCompare1

函数名：TIM_SetCompare1。

函数原型：void TIM_SetCompare1（TIM_TypeDef* TIMx，u16 Compare1）。

功能描述：设置 TIMx 捕获 / 比较寄存器 1 的值。

输入参数 1：TIMx，x 可以是 1、2、3、4、5 或 8，用于选择定时器外设。

输入参数 2：Compare1，捕获 / 比较寄存器 1 新值。

输出参数：无。

返回值：无。

例如：

```
/*Sets the TIM2 new Output Compare 1 value*/
u16 TIMCompare1=0x7FFF;
TIM_SetComparel(TIM2,TIMCompare1);
```

14. 函数 TIM_SetCompare2

函数名：TIM_SetCompare2。

函数原型：void TIM_SetCompare2（TIM_TypeDef* TIMx，u16 Compare2）。

功能描述：设置 TIMx 捕获 / 比较寄存器 2 的值。

输入参数 1：TIMx，x 可以是 1、2、3、4、5 或 8，用于选择定时器外设。

输入参数 2：Compare2，捕获 / 比较寄存器 2 新值。

输出参数：无。

返回值：无。

15. 函数 TIM_SetCompare3

函数名：TIM_SetCompare3。

函数原型：void TIM_SetCompare3（TIM_TypeDef* TIMx，u16 Compare3）。

功能描述：设置 TIMx 捕获 / 比较寄存器 3 的值。

输入参数 1：TIMx，x 可以是 1、2、3、4、5 或 8，用于选择定时器外设。

输入参数 2：Compare3，捕获 / 比较寄存器 3 新值。

输出参数：无。

返回值：无。

16. 函数 TIM_SetCompare4

函数名：TIM_SetCompare4。

函数原型：void TIM_SetCompare4（TIM_TypeDef* TIMx，u16 Compare4）。

功能描述：设置 TIMx 捕获 / 比较寄存器 4 的值。

输入参数 1：TIMx，x 可以是 1、2、3、4、5 或 8，用于选择定时器外设。

输入参数 2：Compare4，捕获 / 比较寄存器 4 新值。

输出参数：无。

返回值：无。

17. 函数 TIM_GetFlagStatus

函数名：TIM_GetFlagStatus。

函数原型：FlagStatus TIM_GetFlagStatus（TIM_TypeDef* TIMx，u16 TIM_FLAG）。

功能描述：检查指定的定时器标志位设置与否。

输入参数 1：TIMx，x 可以是 1 ～ 8，用来选择定时器外设。

输入参数 2：TIM_FLAG，检查的定时器的标志位。

输出参数：无。

返回值：TIM_FLAG 的新状态（SET 或者 RESET）。

表 6-14 给出了所有可以被检查的定时器的标志位。

表 6-14 可以被检查的定时器的标志位

TIM_FLAG	描述
TIM_FLAG_Update	定时器更新标志位
TIM_FLAG_CC1	定时器捕获 / 比较标志位 1
TIM_FLAG_CC2	定时器捕获 / 比较标志位 2
TIM_FLAG_CC3	定时器捕获 / 比较标志位 3
TIM_FLAG_CC4	定时器捕获 / 比较标志位 4
TIM_FLAG_Trigger	定时器触发标志位
TIM_FLAG_CC1OF	定时器捕获 / 比较溢出标志位 1
TIM_FLAG_CC2OF	定时器捕获 / 比较溢出标志位 2
TIM_FLAG_CC3OF	定时器捕获 / 比较溢出标志位 3
TIM_FLAG_CC4OF	定时器捕获 / 比较溢出标志位 4

154

例如：

```
/*Check if the TIM2 Capture Compare 1 flag is set or reset */
 if(TIM_GetFlagStatus(TIM2，TIM_FLAG_CC1)==SET)
 {
 }
```

18. 函数 TIM_ClearFlag

函数名：TIM_ ClearFlag。

函数原型：void TIM_ClearFlag（TIM_TypeDef* TIMx，uint16_t TIM_FLAG）。

功能描述：清除 TIMx 的待处理标志位。

输入参数 1：TIMx，x 可以是 1 ～ 8，用来选择定时器外设。

输入参数 2：TIM_FLAG，要清除的标志位。

输出参数：无。

返回值：无。

例如：

```
/*Clear the TIM2 Capture Compare 1 flag*/
TIM_ClearFlag(TIM2，TIM_FLAG_CC1);
```

19. 函数 TIM_GetITStatus

函数名：TIM_ GetITStatus。

函数原型：ITStatus TIM_GetITStatus（TIM_TypeDef* TIMx，u16 TIM_IT）。

功能描述：检查指定的定时器中断发生与否。

输入参数 1：TIMx，x 可以是 1 ～ 8，用来选择定时器外设。

输入参数 2：TIM_IT，要检查的中断源。

输出参数：无。

返回值：TIM_IT 的新状态。

例如：

```
/*Check if the TIN2 Capture Compare 1 interrupt has occured or not*/
if(TIM_GetITStatus(TIM2，TIM_IT_CC1)==SET)
{
}
```

20. 函数 TIM_ClearITPendingBit

函数名：TIM_ ClearITPendingBit。

函数原型：void TIM_ClearITPendingBit（TIM_TypeDef* TIMx，u16 TIM_IT）。

功能描述：清除 TIMx 的中断待处理位。

输入参数 1：TIMx，x 可以是 1 ～ 8，用来选择定时器外设。

输入参数 2：TIM_IT，要检查的中断待处理位。

输出参数：无。

返回值：无。

例如：

/*Clear the TIM2 Capture Compare 1 interrupt pending bit */
TIM_ClearITPendingBit(TIM2,TIM_IT_CC1);

6.6 定时器应用实例

6.6.1 通用定时器配置流程

通用定时器具有多种功能，虽然它们的原理大致相同，但流程有所区别，以使用中断方式为例，主要包括 3 部分，即 NVIC 设置、定时器中断配置、定时器中断服务程序。

1. NVIC 设置

NVIC 设置用来完成中断分组、中断通道选择、中断优先级设置及使能中断的功能。其中值得注意的是中断通道的选择，对于不同的定时器，不同事件发生时会产生不同的中断请求，针对不同的功能要选择相应的中断通道。

2. 定时器中断配置

定时器中断配置用来配置定时器时基及开启中断。定时器中断配置流程图如图 6-14 所示。

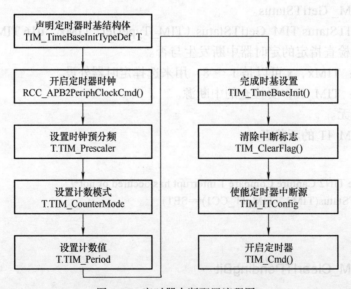

图 6-14 定时器中断配置流程图

高级定时器使用的是 APB2，基本定时器和通用定时器使用 APB1，并且采用相应函数开启时钟。

预分频将输入时钟频率按 1 ～ 65536 之间的值任意分频。分频值决定了计数频率。计数值为计数的个数，当计数寄存器的值达到计数值时，产生溢出，发生中断。如 TIM1 系统时钟为 72MHz，若设定的预分频 TIM_Prescaler=7200−1，计数值 TIM_Period=10000，则计数时钟周期为（TIM_Prescaler+1）/72MHz=0.1ms，定时器产生 10000×0.1ms=1000ms 的定时，每 1s 产生一次中断。

计数模式可以设置为向上计数、向下计数或向上 / 向下计数，设置好时基参数后，调用函数 TIM_TimeBaseInit 便可完成时基设置。

为了避免在设置时进入中断，这里需要清除中断标志。如设置为向上计数模式，则调用函数 TIM_ClearFlag 清除向上溢出中断标志。

中断在使用时必须使能，如向上溢出中断需调用函数 TIM_ITConfig。不同模式的参数也不同，如向上计数模式时为 TIM_ITConfig（TIM1，TIMIT_Update，ENABLE）。

在需要的时候使用函数 TIM_Cmd 开启定时器。

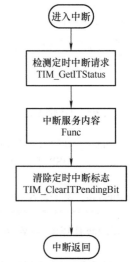

图 6-15　定时器中断服务流程图

3. 定时器中断服务程序

进入定时器中断后需根据设计完成响应操作，定时器中断服务流程如图 6-15 所示。

在启动文件中定义了定时器中断的入口，对于不同的中断请求要采用相应的中断函数名，程序代码如下：

```
DCD TIM1_BRK_IRQHandler          ;TIM1 Break
DCD TIM1_UP_IRQHandler           ;TIM1 Update
DCD TIM1_TRG_COM_IRQHandler      ;TIM1 Trigger and Commutation
DCD TIM1_CC_IRQHandler           ;TIM1 Capture Compare
DCD TIM2_IRQHandler              ;TIM2
DCD TIM3_IRQHandler              ;TIM3
DCD TIM4_IRQHandler              ;TIM4
```

进入中断后，首先要检测中断请求是否为所需中断，以防误操作。如果确实是所需中断，则进行中断处理，中断处理完后清除中断标志位，否则会一直处于中断中。

6.6.2　定时器应用的硬件设计

本章实例利用基本定时器 TIM6 或 TIM7 定时 1s，1s 时间到则 LED 翻转一次。基本定时器是微控制器内部的资源，没有外部 I/O 接口，不需要接外部电路，只需要一个 LED 灯即可。

6.6.3　定时器应用的软件设计

编写两个定时器驱动文件 bsp_TiMbase.h 和 bsp_TiMbase.c，分别用来配置定时器中断优先级和初始化定时器。

编程要点：

1）开定时器时钟 TIMx_CLK，x [6，7]。

2）初始化时基初始化结构体。

157

3）使能 TIMx，x［6，7］update 中断。

4）打开定时器。

5）编写中断服务程序。

通用定时器和高级定时器的定时编程要点与基本定时器差不多，只是还要再选择定时器的计数模式是向上还是向下，因为基本定时器只能向上计数，且没有配置计数模式的寄存器。

1. bsp_TiMbase.h 文件

```
#ifndef __BSP_TIMEBASE_H
#define __BSP_TIMEBASE_H

#include "stm32f10x.h"
/****************** 基本定时器参数定义，只限 TIM6/7***********/
#define BASIC_TIM6 // 如果使用 TIM7，则注释掉这个宏即可

#ifdef  BASIC_TIM6 // 使用 TIM6
#define        BASIC_TIM                      TIM6
#define        BASIC_TIM_APBxClock_FUN        RCC_APB1PeriphClockCmd
#define        BASIC_TIM_CLK                  RCC_APB1Periph_TIM6
#define        BASIC_TIM_Period               1000-1
#define        BASIC_TIM_Prescaler            71
#define        BASIC_TIM_IRQ                  TIM6_IRQn
#define        BASIC_TIM_IRQHandler           TIM6_IRQHandler

#else  // 使用 TIM7
#define        BASIC_TIM                      TIM7
#define        BASIC_TIM_APBxClock_FUN        RCC_APB1PeriphClockCmd
#define        BASIC_TIM_CLK                  RCC_APB1Periph_TIM7
#define        BASIC_TIM_Period               1000-1
#define        BASIC_TIM_Prescaler            71
#define        BASIC_TIM_IRQ                  TIM7_IRQn
#define        BASIC_TIM_IRQHandler           TIM7_IRQHandler

#endif
/******************** 函数声明 ************************/
void BASIC_TIM_Init(void);
#endif /* __BSP_TIMEBASE_H */
```

基本定时器可以有选择地使用。为了提高代码的可移植性，可以把需要修改定时器时修改的代码定义成宏。这里默认使用的是 TIM6，如果想修改成 TIM7，则只需要把宏 BASIC_TIM6 注释掉即可。

2. bsp_TiMbase.c 程序

```
// TIMx,x[6,7] 初始化函数
#include "bsp_TiMbase.h"
```

```
// 中断优先级配置
static void BASIC_TIM_NVIC_Config(void)
{
    NVIC_InitTypeDef NVIC_InitStructure;
    // 设置中断组为 0
    NVIC_PriorityGroupConfig(NVIC_PriorityGroup_0);
    // 设置中断来源
    NVIC_InitStructure.NVIC_IRQChannel = BASIC_TIM_IRQ ;
    // 设置主优先级为 0
    NVIC_InitStructure.NVIC_IRQChannelPreemptionPriority = 0;
    // 设置抢占式优先级为 3
    NVIC_InitStructure.NVIC_IRQChannelSubPriority = 3;
    NVIC_InitStructure.NVIC_IRQChannelCmd = ENABLE;
    NVIC_Init(&NVIC_InitStructure);
}

static void BASIC_TIM_Mode_Config(void)
{
    TIM_TimeBaseInitTypeDef  TIM_TimeBaseStructure;

    // 开启定时器时钟，即内部时钟 CK_INT=72MHz
    BASIC_TIM_APBxClock_FUN(BASIC_TIM_CLK, ENABLE);

    // 自动重装载寄存器的值，累计到 TIM_Period+1 后产生一个更新或者中断
    TIM_TimeBaseStructure.TIM_Period = BASIC_TIM_Period;

    // 时钟预分频数
    TIM_TimeBaseStructure.TIM_Prescaler= BASIC_TIM_Prescaler;

    // 时钟分频因子，基本定时器没有此功能，不用设置
    //TIM_TimeBaseStructure.TIM_ClockDivision=TIM_CKD_DIV1;

    // 计数器计数模式，基本定时器只能向上计数，没有计数模式的设置
    //TIM_TimeBaseStructure.TIM_CounterMode=TIM_CounterMode_Up;

    // 重复计数器的值，基本定时器没有，不用设置
    //TIM_TimeBaseStructure.TIM_RepetitionCounter=0;

    // 初始化定时器
    TIM_TimeBaseInit(BASIC_TIM, &TIM_TimeBaseStructure);

    // 清除定时器中断标志位
    TIM_ClearFlag(BASIC_TIM, TIM_FLAG_Update);

    // 开启定时器中断
    TIM_ITConfig(BASIC_TIM,TIM_IT_Update,ENABLE);
```

159

```
// 开启定时器
TIM_Cmd(BASIC_TIM, ENABLE);
}
```

把自动重装载寄存器中的值设为 1000，设置时钟预分频数为 71，则驱动计数器的时钟 CK_CNT=CK_INT/（71+1）=1MHz，计数器计数一次的时间为 1/CK_CNT=1μs，当计数器计数到 1000 时，产生一次中断，中断一次的时间为 1/CK_CNT×1000=1ms。

在初始化定时器的时候，定义了一个结构体 TIM_TimeBaseInitTypeDef。TIM_TimeBaseInitTypeDef 结构体里面有 5 个成员，TIM6 和 TIM7 的寄存器里面只有 TIM_Prescaler 和 TIM_Period，另外 3 个成员在基本定时器中是没有的，所以使用 TIM6 和 TIM7 的时候只需初始化这 2 个成员即可，另外 3 个成员只有通用定时器和高级定时器才有。

```
void BASIC_TIM_Init(void)
{
 BASIC_TIM_NVIC_Config();
 BASIC_TIM_Mode_Config();
}
```

3. 定时器中断服务程序

```
#include "stm32f10x_it.h"
#include "bsp_TiMbase.h"
extern volatile uint32_t time;

void  BASIC_TIM_IRQHandler (void)
{
 if ( TIM_GetITStatus( BASIC_TIM, TIM_IT_Update) != RESET )
 {
     time++;
     TIM_ClearITPendingBit(BASIC_TIM , TIM_FLAG_Update);
 }
}
```

定时器中断一次的时间是 1ms，因此定义一个全局变量 time，每当进入一次中断即让 time 加 1，以此来记录进入中断的次数。如果想实现一个 1s 的定时，只需要判断 time 是否等于 1000 即可，1000 个 1ms 就是 1s，然后把 time 清零，重新计数，如此循环往复。

在中断服务程序的最后，要把相应的中断标志位清除掉。

4. main.c 程序

```
// TIMx,x[6,7] 定时应用
#include "stm32f10x.h"
#include "bsp_led.h"
#include "bsp_TiMbase.h"
```

```
volatile uint32_t time = 0; // ms 定时变量

/*******************
  * @brief 主函数
  * @param 无
  * @retval 无
*******************/
int main(void)
{
/* LED 接口配置 */
LED_GPIO_Config();
BASIC_TIM_Init();
  while(1)
  {
    if ( time == 1000 ) /* 1000 * 1ms = 1s 时间到 */
    {
      time = 0;
            /* LED1 取反 */
            LED1_TOGGLE;
    }
  }
}
```

main 函数先做一些必需的初始化，然后在一个死循环中不断地判断 time 的值，time 的值会在定时器中断中改变，每加一次表示时间过了 1ms，当 time 等于 1000 时，1s 时间到，LED 翻转，并把 time 清零。

把编写好的程序下载到开发板，可以看到 LED 灯以 1s 的频率闪烁一次。

 习题

1. 简要说明 STM32F103x 系列微控制器定时器的结构和工作原理。

2. 简要说明定时器的主要功能。

3. 说明通用定时器的计数器的计数方式。

4. 简要说明定时器的时钟源有哪些。

5. 写出配置向下计数器在 TI2 输入端的下降沿计数器的配置步骤。

6. 写出配置 ETR 时，每个上升沿计数一次的向上计数器的配置步骤。

7. 写出在 TI1 输入下降沿时，捕获计数器的值传送到 TIMxCCR1 寄存器中的配置步骤。

8. 根据本章讲述的定时器应用实例，编写程序实现每隔 0.5s LED 按红、绿、蓝顺序循环显示。

第7章

模/数转换器（ADC）

本章讲述了模/数转换器（A/D 转换器，即 ADC），包括模拟量输入通道、模拟量输入信号类型与量程自动转换、STM32F103VET6 集成的 ADC 模块、ADC 库函数和 ADC 应用实例。

7.1 模拟量输入通道

当计算机用于测控系统中时，系统总要有被测量信号的输入通道，由计算机拾取必要的输入信息。对于测量系统而言，如何准确获取被测信号是其核心任务，而对测控系统来讲，对被控对象状态的测试和对控制条件的监察也是不可缺少的环节。

系统需要的被测信号，一般可分为开关量和模拟量两种。所谓开关量，是指输入信号为状态信号，其信号电平只有高电平或低电平，对于这类信号，只需经放大、整形和电平转换等处理后，即可直接送入计算机系统。对于模拟量输入，由于模拟信号的电压或电流是连续变化信号，其信号幅度在任何时刻都有定义，因此对其进行的处理就较为复杂，且在进行小信号放大、滤波量化等处理过程中需考虑干扰信号的抑制、转换精度及线性度等诸多因素。模拟信号是测控系统中最普通、最常碰到的输入信号，如温度、湿度、压力、流量、液位和气体成分等信号。

模拟量输入通道根据应用需要的不同，可以有不同的结构形式。图 7-1 所示为多路模拟量输入通道的组成框图。

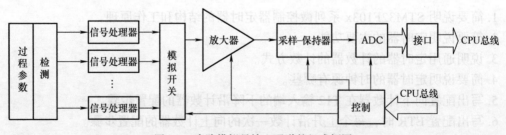

图 7-1　多路模拟量输入通道的组成框图

从图 7-1 可看出，模拟量输入通道一般由信号处理器、模拟开关、放大器、采样 - 保持器和 ADC 组成。

根据需要，信号处理器可选择的内容包括小信号放大、信号滤波、信号衰减、阻抗匹配、电平变换、非线性补偿和电流 / 电压转换等。

7.2 模拟量输入信号类型与量程自动转换

7.2.1 模拟量输入信号类型

在接到一个具体的测控任务后，需根据被测控对象选择合适的传感器，从而完成非电物理量到电量的转换。经传感器转换后的量，如电流、电压等，往往信号幅度很小，很难直接进行 A/D 转换，因此，需对这些模拟电信号进行幅度处理并完成阻抗匹配、波形变换和噪声抑制等，而这些工作需要放大器完成。

模拟量输入信号主要有以下两类：

第一类为传感器输出的信号，如：

1）电压信号：一般为毫伏信号，如热电偶（TC）的输出或电桥输出。

2）电阻信号：单位为 Ω，如热电阻（RTD）信号，可通过电桥转换成毫伏信号。

3）电流信号：一般为微安信号，如电流型集成温度传感器 AD590 的输出信号，可通过取样电阻转换成毫伏信号。

对于以上这些信号往往不能直接送 A/D 转换，因为信号的幅值太小，需经放大器放大后，变换成标准电压信号，如 0～5V、1～5V、0～10V 和 −5～5V 等，再送往 A/D 转换器进行采样。有些双积分 A/D 转换器的输入为 −200～200mV 或 −2～2V，有些 A/D 转换器内部带有程控增益放大器（PGA），可直接接受毫伏信号。

第二类为变送器输出的信号，如：

1）电流信号：0～10mA（0～1.5kΩ 负载）或 4～20mA（0～500Ω 负载）。

2）电压信号：0～5V 或 1～5V 等。

电流信号可以远传，通过一个标准精密取样电阻就可以变成标准电压信号，送往 A/D 转换器进行采样，这类信号一般不需要放大处理。

7.2.2 量程自动转换

由于传感器所提供的信号变化范围很宽（从微伏到伏），特别是在多回路检测系统中，当各回路的信号不一样时，必须提供各种量程的放大器，才能保证送到计算机的信号的变化范围大体一致（如 0～5V）。在模拟系统中，为了放大不同的信号，需要使用不同倍数的放大器，而在电动组合仪表中，常常使用各种类型的变送器，如温度变送器、差压变送器、位移变送器等，但是，这种变送器造价比较贵，系统也比较复杂。随着计算机的应用，为了减少硬件设备，人们已经研制出了可编程增益放大器（Programmable Gain Amplifier，PGA）。它是一种通用性很强的放大器，其放大倍数可根据需要用程序进行控制。采用这种放大器，可使 A/D 转换器满量程信号达到均一化，因而大大提高了测量精度。这就是量程自动转换。

7.3 STM32F103VET6 集成的 ADC 模块

STM32F103VET6 集成有 18 路 12 位高速逐次逼近型 A/D 转换器（ADC），可测量 16

个外部信号源和 2 个内部信号源。各通道的 A/D 转换可以单次、连续、扫描或间断模式执行。ADC 的结果可以左对齐或右对齐的方式存储在 16 位数据寄存器中。

模拟"看门狗"特性允许应用程序检测输入电压是否超出用户定义的高 / 低阈值。

ADC 的输入时钟不得超过 14MHz，由 PCLK2 经分频产生。

7.3.1 STM32 的 ADC 概述

1）12 位分辨率。

2）转换结束、注入转换结束和发生模拟"看门狗"事件时产生中断。

3）支持单次和连续转换模式。

4）从通道 0 到通道 n 的自动扫描模式。

5）具有自校准功能。

6）带内嵌数据一致性的数据对齐。

7）采样间隔可以按通道分别编程。

8）规则转换和注入转换均有外部触发选项。

9）支持间断模式。

10）支持双重模式（带 2 个或以上 ADC 的器件）。

11）ADC 转换时间：时钟为 56MHz 时为 1μs（时钟为 72MHz 时为 1.17μs）。

12）ADC 供电要求：2.4 ～ 3.6V。

13）ADC 输入范围：$V_{REF-} \leqslant V_{IN} \leqslant V_{REF+}$。

14）规则通道转换期间有 DMA 请求产生。

7.3.2 STM32 的 ADC 模块结构

STM32 的 ADC 模块结构如图 7-2 所示，但 ADC3 只存在于大容量产品中。

ADC 的相关引脚有：

1）模拟电源 V_{DDA}：等效于 V_{DD} 的模拟电源且 2.4V $\leqslant V_{DDA} \leqslant V_{DD}$（3.6V）。

2）模拟电源地 V_{SSA}：等效于 V_{SS} 的模拟电源地。

3）模拟参考正极 V_{REF+}：ADC 使用的高端电位 / 正极参考电压，2.4V $\leqslant V_{REF+} \leqslant V_{DDA}$。

4）模拟参考负极 V_{REF-}：ADC 使用的低端电位 / 负极参考电压，$V_{REF-} = V_{SSA}$。

5）模拟信号输入端 ADCx_IN [15:0]：16 个模拟输入通道。

7.3.3 STM32 的 ADC 配置

1. ADC 开关控制

ADC_CR2 寄存器的 ADON 位可给 ADC 上电。当第一次设置 ADON 位时，它将 ADC 从断电状态下唤醒。ADC 上电延迟一段时间（t_{STAB}）后，再次设置 ADON 位时开始进行转换。

通过清除 ADON 位可以停止转换，并将 ADC 置于断电模式，在这个模式中，ADC 耗电仅几微安。

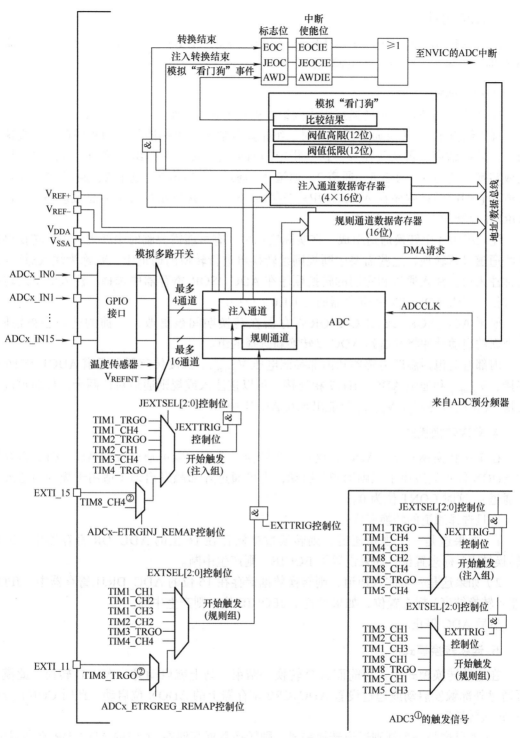

图 7-2　STM32 的 ADC 模块结构

①—ADC3 的规则转换和注入转换触发与 ADC1 和 ADC2 不同

②—TIM8_CH4 和 TIM8_TRGO 及它们的重映射位只存在于大容量产品中

2. ADC 时钟

由时钟控制器提供的 ADCCLK 时钟和 PCLK2（APB2 时钟）同步。RCC 控制器为 ADC 时钟提供了一个专用的可编程预分频器。

3. 通道选择

16 个多路通道可以把转换组织成两组：规则组和注入组。

规则组由 16 个转换通道组成。对一组指定的通道，可按照指定的顺序逐个转换这组通道，转换结束后再从头循环。这些指定的通道组就称为规则组。例如，可以如下顺序完成转换：通道 3、通道 8、通道 2、通道 2、通道 0、通道 2、通道 2、通道 15。规则组通道和它们的转换顺序在 ADC_SQRx 寄存器中选择。规则组中转换的总数应写入 ADC_SQRI 寄存器的 L［3:0］位中。

注入组由 4 个转换通道组成。在实际应用中，有可能需要临时中断规则组的转换再对某些通道进行转换，这些需要中断规则组转换再进行转换的通道组，就称为注入通道组，简称注入组。注入通道和它们的转换顺序在 ADC_JSQR 寄存器中选择。注入组里的转换总数目应写入 ADC_JSQR 寄存器的 L［1:0］位中。

如果 ADC_SQRx 或 ADC_JSQR 寄存器在转换期间被更改，当前的转换会被清除，一个新的启动脉冲将发送到 ADC 以转换新选择的组。

内部通道包括温度传感器和内部参照电压 V_{REFINT}。温度传感器和通道 ADC1_IN16 相连接，V_{REFINT} 和通道 ADC1_IN17 相连接。可以按注入或规则通道对这两个内部通道进行转换。（温度传感器和 V_{REFINT} 只能出现在 ADC1 中。）

4. 单次转换模式

在单次转换模式下，ADC 只执行一次转换。该模式既可通过设置 ADC_CR2 寄存器的 ADON 位（只适用于规则通道）启动，也可通过外部触发启动（适用于规则通道或注入通道），这时 CONT 位为 0。

一旦选择通道的转换完成：

1）如果这是一个规则通道，则转换数据储存在 16 位的 ADC_DR 寄存器中，EOC（转换结束）标志置位，如果设置了 EOCIE，则产生中断。

2）如果这是一个注入通道，则转换数据储存在 16 位的 ADC_DRJ1 寄存器中，JEOC（注入转换结束）标志置位，如果设置了 JEOCIE 位，则产生中断。

然后 ADC 停止。

5. 连续转换模式

在连续转换模式中，当前面 A/D 转换一结束，马上就启动另一次 A/D 转换。此模式可通过外部触发启动或通过设置 ADC_CR2 寄存器上的 ADON 位启动，此时 CONT 位是 1。每次转换后：

1）如果这是一个规则通道转换完成，则转换数据存储在 16 位的 ADC_DR 寄存器中；EOC（转换结束）标志置位；如果设置了 EOCIE，则产生中断。

2）如果这是一个注入通道转换完成，则转换数据储存在 16 位的 ADC_DRJ1 寄存器中；JEOC（注入转换结束）标志置位；如果设置了 JEOCIE 位，则产生中断。

6. A/D 转换的时序图

A/D 转换的时序图如图 7-3 所示，ADC 在开始精确转换前需要一个稳定时间 t_{STAB}，在开始 A/D 转换的 14 个时钟周期后，EOC 标志被设置，16 位 ADC 数据寄存器包含转换后结果。

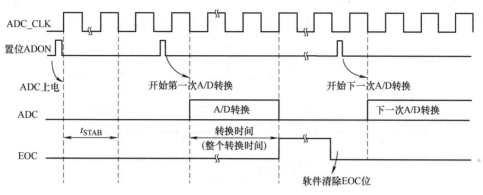

图 7-3　A/D 转换的时序图

7. 模拟"看门狗"

如果被 ADC 转换的模拟电压低于低阈值或高于高阈值，则模拟"看门狗"AWD 的状态位将被置位，如图 7-4 所示。

图 7-4　模拟"看门狗"警戒区

阈值位于 ADC_HTR 和 ADC_LTR 寄存器的最低 12 个有效位中。通过设置 ADC_CR1 寄存器的 AWDIE 位以允许产生相应中断。

阈值的数据对齐模式与 ADC_CR2 寄存器中的 ALIGN 位选择无关。比较是在对齐之前完成的。

通过配置 ADC_CR1 寄存器，模拟"看门狗"可以作用于一个或多个通道。

8. 扫描模式

此模式用来扫描一组模拟通道。扫描模式可通过设置 ADC_CR1 寄存器的 SCAN 位来选择。一旦这个位被设置，ADC 就扫描所有被 ADC_SQRx 寄存器（对规则通道）或 ADC_JSQR（对注入通道）选中的所有通道。在每个组的每个通道上执行单次转换。在每个转换结束时，同一组的下一个通道被自动转换。如果设置了 CONT 位，转换就不会在选择组的最后一个通道停止，而是再次从选择组的第一个通道继续转换。如果设置了 DMA 位，在每次 EOC 后，DMA 控制器会把规则组通道的转换数据传输到 SRAM 中。而注入组通道的转换数据总是存储在 ADC_JDRx 寄存器中。

9. 注入通道管理

（1）触发注入

清除 ADC_CR1 寄存器的 JAUTO 位，并设置 SCAN 位，即可使用触发注入功能。过程如下：

1）利用外部触发或通过设置 ADC_CR2 寄存器的 ADON 位，启动一组规则通道的转换。

2）如果在规则通道转换期间产生一个外部注入触发，则当前转换被复位，注入通道序列被以单次扫描方式进行转换，然后，恢复上次被中断的规则通道转换。

3）如果在注入通道转换期间产生一个规则事件，则注入通道转换不会被中断，但是规则序列将在注入序列结束后被执行。触发注入转换时序图如图 7-5 所示。

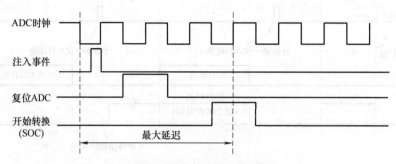

图 7-5　触发注入转换时序图

注：最大延迟值请参考数据手册中有关电气特性部分

当使用触发注入转换时，必须保证触发事件的间隔长于注入序列。例如，若序列长度为 28 个 ADC 时钟周期（即 2 个具有 1.5 个时钟间隔采样时间的转换），则触发事件之间最小的间隔必须是 29 个 ADC 时钟周期。

（2）自动注入

如果设置了 JAUTO 位，在规则组通道之后，注入组通道会被自动转换。这种方式可以用来转换在 ADC_SQRx 和 ADC_JSQR 寄存器中设置的多至 20 个转换序列。在该模式中，必须禁止注入通道的外部触发。

如果除 JAUTO 位外还设置了 CONT 位，则规则通道至注入通道的转换序列被连续执行。

当 ADC 时钟预分频系数为 4～8，且从规则序列切换到注入序列或从注入转换切换到规则序列时，会自动插入 1 个 ADC 时钟间隔；当 ADC 时钟预分频系数为 2 时，则有 2 个 ADC 时钟间隔的延迟。

不可能同时使用自动注入和间断模式。

10. 间断模式

（1）规则组

此模式通过设置 ADC_CR1 寄存器上的 DISCEN 位激活，可以用来执行一个短序列的 n 次转换（$n \leqslant 8$），此转换是 ADC_SQRx 寄存器所选择的转换序列的一部分。数值由 ADC_CR1 寄存器的 DISCNUM [2:0] 位给出。

一个外部触发信号可以启动 ADC_SQRx 寄存器中描述的下一轮 n 次转换，直到此序列所有的转换完成为止。总的序列长度由 ADC_SQR1 寄存器的 L [3:0] 位定义。

例如，若 $n=3$，被转换的通道为 0、1、2、3、6、7、9、10，则

第 1 次触发：转换的通道为 0、1、2。

第2次触发：转换的通道为3、6、7。

第3次触发：转换的通道为9、10，并产生EOC事件。

第4次触发：转换的通道为0、1、2。

当以间断模式转换一个规则组时，转换序列结束后并不自动从头开始。当所有子组被转换完成后，下一次触发会启动第一个子组的转换，例如在上面的例子中，第4次触发即重新转换了第1子组的通道0、1和2。

（2）注入组

此模式通过设置ADC_CR1寄存器的JDISCEN位激活。在一个外部触发事件后，该模式按通道顺序逐个转换ADC_JSQR寄存器中选择的序列。

一个外部触发信号可以启动ADC_JSQR寄存器选择的下一个通道序列的转换，直到序列中所有的转换完成为止。总的序列长度由ADC_JSQR寄存器的JL［1:0］位定义。

例如，若$n=1$，被转换的通道为1、2、3，则

第1次触发：通道1被转换。

第2次触发：通道2被转换。

第3次触发：通道3被转换，并且产生EOC和JEOC事件。

第4次触发：通道1被转换。

注意：

1）当完成所有注入通道转换后，下个触发将启动第一个注入通道的转换。在上述例子中，第4次触发重新转换第一个注入通道（通道1）。

2）不能同时使用自动注入和间断模式。

3）必须避免同时为规则组和注入组设置间断模式。间断模式只能作用于一组转换。

7.3.4 STM32的ADC应用特征

1. 自校准

ADC有一个内置自校准模式。自校准可大幅度减小因内部电容器组的变化而造成的精度误差。在自校准期间，在每个电容器上都会计算出一个误差修正码（数字值），这个码用于消除在随后的转换中每个电容器上产生的误差。

通过设置ADC_CR2寄存器的CAL位启动自校准。一旦自校准结束，CAL位被硬件复位后便可以开始正常A/D转换。建议在每次上电后执行一次自校准。启动自校准前，ADC必须处于关电状态（ADON=0）至少两个时钟周期。自校准结束后，校准码储存在ADC_DR中。自校准时序图如图7-6所示。

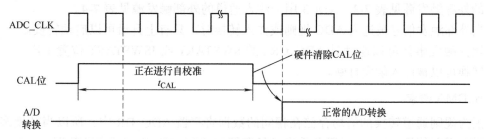

图7-6 自校准时序图

2. 数据对齐

ADC_CR2 寄存器中的 ALIGN 位选择转换后数据储存的对齐方式。数据可以右对齐或左对齐，如图 7-7 和图 7-8 所示。

注入组

SEXT	SEXT	SEXT	SEXT	D11	D10	D9	D8	D7	D6	D5	D4	D3	D2	D1	D0

规则组

0	0	0	0	D11	D10	D9	D8	D7	D6	D5	D4	D3	D2	D1	D0

图 7-7　数据右对齐

注入组

SEXT	D11	D10	D9	D8	D7	D6	D5	D4	D3	D2	D1	D0	0	0	0

规则组

D11	D10	D9	D8	D7	D6	D5	D4	D3	D2	D1	D0	0	0	0	0

图 7-8　数据左对齐

注入组通道转换的数据值已经减去了 ADC_JOFRx 寄存器中定义的偏移量，因此结果可以是一个负值。SEXT 位是扩展的符号值。

对于规则组通道，不需要减去偏移值，因此只有 12 个位有效。

3. 可编程的通道采样时间

ADC 使用若干个时钟周期对输入电压采样，采样时钟周期数目可以通过 ADC_SMPR1 和 ADC_SMPR2 寄存器中的 SMP［2:0］位更改。每个通道可以分别用不同的时间采样。

总转换时间为

$$T_{\text{CONV}}= 采样时间 +12.5 \text{ 个时钟周期} \tag{7-1}$$

例如，当 ADC 时钟为 14MHz，采样时间为 1.5 个时钟周期时，T_{CONV}=1.5+12.5=14 个时钟周期=1μs。

4. 外部触发转换

转换可以由外部事件触发（例如定时器捕获、EXTI 线）。如果设置了 EXTTRIG 控制位，则外部事件就能够触发转换，EXTSEL[2:0] 和 JEXTSEL[2:0] 控制位允许应用程序的 8 个可能事件中的一个触发规则组和注入组的采样。ADC1 和 ADC2 用于规则通道的外部触发源见表 7-1。ADC1 和 ADC2 用于注入通道的外部触发源见表 7-2。ADC3 用于规则通道的外部触发源见表 7-3。ADC3 用于注入通道的外部触发源见表 7-4。

当外部触发信号被选为 ADC 规则或注入转换时，只有上升沿可以启动转换。

软件触发事件可以通过对 ADC_CR2 的 SWSTART 或 JSWSTART 置 1 产生。规则组的转换可以被注入触发打断。

5. DMA 请求

因为规则通道转换的值均存储在相同的数据寄存器 ADC_DR 中，所以当转换多个规则通道时需要使用 DMA，以避免丢失已经存储在 ADC_DR 寄存器中的数据。

表 7-1　ADC1 和 ADC2 用于规则通道的外部触发源

触发源	连接类型	EXTSEL[2:0]
TIM1_CC1 事件	来自片上定时器的内部信号	000
TIM1_CC2 事件		001
TIM1_CC3 事件		010
TIM2_CC2 事件		011
TIM3_TRGO 事件		100
TIM4_CC4 事件		101
EXTI_11/TIM8_TRGO 事件[1][2]	外部引脚 / 来自片上定时器的内部信号	110
SWSTART 事件	软件控制位	111

① TIM8_TRGO 事件只存在于大容量产品。

② 对于规则通道，选中 EXTI_11 或 TIM8_TRGO 作为外部触发事件，可以分别通过设置 ADC1 和 ADC2 的 ADC1_
ETRGREG_REMAP 位和 ADC2_ETRGREG_REMAP 位实现。

表 7-2　ADC1 和 ADC2 用于注入通道的外部触发源

触发源	连接类型	EXTSEL[2:0]
TIM1_TRGO 事件	来自片上定时器的内部信号	000
TIM1_CC4 事件		001
TIM2_TRGO 事件		010
TIM2_CC1 事件		011
TIM3_CC4 事件		100
TIM4_TRGO 事件		101
EXTI_15/TIM8_CC4 事件[1][2]	外部引脚 / 来自片上定时器的内部信号	110
JSWSTART 事件	软件控制位	111

① TIM8_CC4 事件只存在于大容量产品。

② 对于注入通道，选中 EXTI_15 或 TIM8_CC4 作为外部触发事件，可以分别通过设置 ADC1 和 ADC2 的 ADC1_
ETRGINJ_REMAP 位和 ADC2_ ETRGINJ_REMAP 位实现。

表 7-3　ADC3 用于规则通道的外部触发源

触发源	连接类型	EXTSEL[2:0]
TIM3_CC1 事件	来自片上定时器的内部信号	000
TIM2_CC3 事件		001
TIM1_CC3 事件		010
TIM8_CC1 事件		011
TIM8_TRGO 事件		100
TIM5_CC1 事件		101
TIM5_CC3 事件		110
SWSTART 事件	软件控制位	111

表 7-4　ADC3 用于注入通道的外部触发源

触发源	连接类型	EXTSEL[2:0]
TIM1_TRGO 事件		000
TIM1_CC4 事件		001
TIM4_CC3 事件		010
TIM8_CC2 事件	来自片上定时器的内部信号	011
TIM8_CC4 事件		100
TIM5_TRGO 事件		101
TIM5_CC4 事件		110
JSWSTART 事件	软件控制位	111

只有在规则通道的转换结束时才产生 DMA 请求，并将转换的数据从 ADC_DR 寄存器中传输到用户指定的目的地址。

注意：只有 ADC1 和 ADC3 拥有 DMA 功能。由 ADC2 转换的数据可以通过双 ADC 模式利用 ADC1 的 DMA 功能传输。

6. 双 ADC 模式

在有两个或以上 ADC 模块的产品中，可以使用双 ADC 模式。在双 ADC 模式下，根据 ADC1_CR1 寄存器中 DUALMOD [2:0] 位所选的模式，转换的启动可以是 ADC1 主和 ADC2 从的交替触发或同步触发。

在双 ADC 模式下，当转换配置成由外部事件触发时，用户必须将其设置成仅触发主 ADC，而从 ADC 设置成软件触发，这样可以防止意外触发从转换。但是，主 ADC 和从 ADC 的外部触发必须同时被激活。

双 ADC 模式下共有 6 种可能的子模式：同步注入模式、同步规则模式、快速交叉模式、慢速交叉模式、交替触发模式和独立模式。

还有可以用下列方式组合使用上面的子模式：

1）同步注入模式 + 同步规则模式。

2）同步规则模式 + 交替触发模式。

3）同步注入模式 + 交叉模式。

在双 ADC 模式下，为了在主数据寄存器上读取从 ADC 的转换数据，必须使能 DMA 位，即使不使用 DMA 传输规则通道数据。

7.4　ADC 库函数

STM32 标准库中提供了几乎覆盖所有 ADC 操作的库函数，见表 7-5，所有 ADC 库函数均在 stm32f10x_adc.c 和 stm32f10x_adc.h 中进行了定义和声明。为了理解这些函数的具体使用方法，本节对标准库中部分 ADC 库函数做详细介绍。

表 7-5　ADC 库函数

函数名称	功能
ADC_DeInit	将外设 ADCx 的全部寄存器重设为缺省值
ADC_Init	根据 ADC_InitStruct 中指定的参数初始化外设 ADCx 的寄存器
ADC_StructInit	把 ADC_InitStruct 中的每一个参数按缺省值填入
ADC_Cmd	使能或者失能指定的 ADC
ADC_DMACmd	使能或者失能指定的 ADC 的 DMA 请求
ADC_ITConfig	使能或者失能指定的 ADC 的中断
ADC_ResetCalibration	重置指定的 ADC 的自校准寄存器
ADC_GetResetCalibrationStatus	获取 ADC 重置自校准寄存器的状态
ADC_StartCalibration	开始指定 ADC 的自校准程序
ADC_GetCalibrationStatus	获取指定 ADC 的自校准状态
ADC_SoftwareStartConvCmd	使能或者失能指定的 ADC 的软件转换启动功能
ADC_GetSoftwareStartConvStatus	获取 ADC 软件转换启动状态
ADC_DiscModeChannelCountConfig	对 ADC 规则组通道配置间断模式
ADC_DiscModeCmd	使能或者失能指定的 ADC 规则组通道的间断模式
ADC_RegularChannelConfig	设置指定 ADC 的规则组通道，设置它们的转化顺序和采样时间
ADC_ExternalTrigConvConfig	使能或者失能 ADCx 的经外部触发启动转换功能
ADC_GetConversionValue	得到最近一次 ADCx 规则组的转换结果
ADC_GetDuelModeConversionValue	得到最近一次双 ADC 模式下的转换结果
ADC_AutoInjectedConvCmd	使能或者失能指定 ADC 在规则组转化完成后自动开始注入组转换
ADC_InjectedDiscModeCmd	使能或者失能指定 ADC 的注入组间断模式
ADC_ExternalTrigInjectedConvConfig	配置 ADCx 的外部触发启动注入组转换功能
ADC_ExternalTrigInjectedConvCmd	使能或者失能 ADCx 的经外部触发启动注入组转换功能
ADC_SoftwareStartinjectedConvCmd	使能或者失能 ADCx 软件启动注入组转换功能
ADC_GetsoftwareStartinjectedConvStatus	获取指定 ADC 的软件启动注入组转换状态
ADC_InjectedChannelConfig	设置指定 ADC 的注入组通道，设置它们的转化顺序和采样时间
ADC_InjectedSequencerLengthConfig	设置注入组通道的转换序列长度
ADC_SetinjectedOffset	设置注入组通道的转换偏移值
ADC_GetInjectedConversionValue	返回 ADC 指定注入通道的转换结果
ADC_AnalogWatchdogCmd	使能或者失能指定单个 / 全体、规则 / 注入组通道上的模拟 "看门狗"
ADC_AnalogWatchdogThresholdsConfig	设置模拟 "看门狗" 的高 / 低阈值
ADC_AnalogWatchdogSingleChannelConfig	对单个 ADC 通道设置模拟 "看门狗"
ADC_TampSensorVrefintCmd	使能或者失能温度传感器和内部参考电压通道

（续）

函数名称	功能
ADC_GetFlagStatus	检查指定 ADC 标志位置 1 与否
ADC_ClearFlag	清除 ADCx 的待处理标志位
ADC_GetITStatus	检查指定的 ADC 中断是否发生
ADC_ClearITPendingBit	清除 ADCx 的中断待处理位

1. 函数 ADC_DeInit

函数名：ADC_DeInit。

函数原型：void ADC_DeInit（ADC_TypeDef* ADCx）。

功能描述：将外设 ADCx 的全部寄存器重设为缺省值。

输入参数：ADCx，x 可以是 1、2 或 3，用来选择 ADC 外设。

输出参数：无。

返回值：无。

例如：

```
/*Resets ADC2*/
ADC_DeInit(ADC2);
```

2. 函数 ADC_Init

函数名：ADC_Init。

函数原型：void ADC_Init（ADC_TypeDef* ADCx，ADC_InitTypeDef* ADC_InitStruct）。

功能描述：根据 ADC_InitStruct 中指定的参数初始化外设 ADCx 的寄存器。

输入参数 1：ADCx，x 可以是 1、2 或 3，用来选择 ADC 外设。

输入参数 2：ADC_InitStruct，指向结构 ADC_InitTypeDef 的指针，包含了指定外设 ADC 的配置信息。

输出参数：无。

返回值：无。

（1）ADC_InitTypeDef structure

ADC_InitTypeDef 定义于文件 stm32f10x_adc.h 中：

```
typedef struct
  {
u32 ADC_Mode;
FunctionalState  ADC_ScanConvMode;
FunctionalState  ADC_ContinuousConvMode;
u32 ADC_ExternalTrigConv;
u32 ADC_DataAlign;
u8 ADC_NbrOfChannel;
}ADC_InitTypeDef
```

（2）ADC_Mode

ADC_Mode 用于设置 ADC 工作在独立或者双 ADC 模式。ADC_Mode 的取值见表 7-6。

表 7-6　ADC_Mode 的取值

取值	描述
ADC_Mode_Independent	ADC1 和 ADC2 工作在独立模式
ADC_Mode_RegInjecSimult	ADC1 和 ADC2 工作在同步规则和同步注入模式
ADC_Mode_RegSimult_AlterTrig	ADC1 和 ADC2 工作在同步规则模式和交替触发模式
ADC_Mode_InjecSimult_FastInterl	ADC1 和 ADC2 工作在同步规则模式和快速交叉模式
ADC_Mode_InjecSimult_SlowInterl	ADC1 和 ADC2 工作在同步注入模式和慢速交叉模式
ADC_Mode_InjecSimult	ADC1 和 ADC2 工作在同步注入模式
ADC_Mode_RegSimult	ADC1 和 ADC2 工作在同步规则模式
ADC_Mode_FastInterl	ADC1 和 ADC2 工作在快速交叉模式
ADC_Mode_SlowInterl	ADC1 和 ADC2 工作在慢速交叉模式
ADC_Mode_AlterTrig	ADC1 和 ADC2 工作在交替触发模式

（3）ADC_ScanConvMode

ADC_ScanConvMode 规定了 A/D 转换工作在扫描模式（多通道）还是单次（单通道）模式。可以设置这个参数为 ENABLE 或者 DISABLE。

（4）ADC_ContinuousConvMode

ADC_ContinuousConvMode 规定了 A/D 转换工作在连续还是单次模式。可以设置这个参数为 ENABLE 或者 DISABLE。

（5）ADC_ExternalTrigConv

ADC_ExternalTrigConv 定义了使用外部触发来启动规则通道的 A/D 转换，这个参数的取值见表 7-7。

表 7-7　ADC_ExternalTrigConv 的取值

取值	描述
ADC_ExternalTrigConv_T1_CC1	选择定时器 1 的捕获比较 1 作为转换外部触发
ADC_ExternalTrigConv_T1_CC2	选择定时器 1 的捕获比较 2 作为转换外部触发
ADC_ExternalTrigConv_T1_CC3	选择定时器 1 的捕获比较 3 作为转换外部触发
ADC_ExternalTrigConv_T2_CC2	选择定时器 2 的捕获比较 2 作为转换外部触发
ADC_ExternalTrigConv_T3_TRGO	选择定时器 3 的 TRGO 作为转换外部触发
ADC_ExternalTrigConv_T4_CC4	选择定时器 4 的捕获比较 4 作为转换外部触发
ADC_ExternalTrigConv_Ext_IT11	选择外部中断线 11 事件作为转换外部触发
ADC_ExternalTrigConv_None	转换由软件而不是外部触发启动

（6）ADC_DataAlign

ADC_DataAlign 规定了 ADC 数据的对齐方向。这个参数的取值见表 7-8。

表 7-8　ADC_DataAlign 的取值

取值	描述
ADC_DataAlign_Right	ADC 数据向右对齐
ADC_DataAlign_Left	ADC 数据向左对齐

（7）ADC_NbrOfChannel

ADC_NbrOfChannel 规定了顺序进行规则转换的 ADC 通道的数目。这个数目的取值范围是 1 ～ 16。

例如：

/* Initialize the ADC1 according to the ADC_InitStructure members */

ADC_InitTypeDef ADC_InitStructure;

ADC_InitStructure.ADC_Mode = ADC_Mode_Independent;

ADC_InitStructure.ADC_ScanConvMode=ENABLE;

ADC_InitStructure.ADC_ContinuousConvMode=DISABLE;

ADC_InitStructure.ADC_ExternalTrigConv=ADC_ExternalTrigConv_Ext_IT11;

ADC_InitStructure.ADC_DataAlign = ADC_DataAlign_Right;

ADC_InitStructure.ADC_NbrOfChannel=16;

ADC_Init(ADC1,&ADC_InitStructure);

为了能够正确地配置每一个 ADC 通道，用户在调用函数 ADC_Init 之后，必须调用函数 ADC_RegularChannelConfig 配置每个所使用通道的转换次序和采样时间。

3. 函数 ADC_RegularChannelConfig

函数名：ADC_RegularChannelConfig。

函数原型：void ADC_RegularChannelConfig（ADC_TypeDef* ADCx，u8 ADC_Channel，u8 Rank，u8 ADC_SampleTime）。

功能描述：设置指定 ADC 的规则组通道，设置它们的转化顺序和采样时间。

输入参数 1：ADCx，x 可以是 1、2 或 3，用来选择 ADC 外设。

输入参数 2：ADC_Channel，被设置的 ADC 通道。

输入参数 3：Rank，规则组采样顺序，取值范围为 1 ～ 16。

输入参数 4：ADC_SampleTime，指定 ADC 通道的采样时间值。

输出参数：无。

返回值：无。

（1）ADC_Channel

ADC_Channel 指定了通过调用函数 ADC_RegularChannelConfig 来设置的 ADC 通道。表 7-9 列举了 ADC_Channel 可取的值。

表 7-9　ADC_Channel 可取的值

取值	描述
ADC_Channel_0	选择 ADC 通道 0
ADC_Channel_1	选择 ADC 通道 1

（续）

取值	描述
ADC_Channel_2	选择 ADC 通道 2
ADC_Channel_3	选择 ADC 通道 3
ADC_Channel_4	选择 ADC 通道 4
ADC_Channel_5	选择 ADC 通道 5
ADC_Channel_6	选择 ADC 通道 6
ADC_Channel_7	选择 ADC 通道 7
ADC_Channel_8	选择 ADC 通道 8
ADC_Channel_9	选择 ADC 通道 9
ADC_Channel_10	选择 ADC 通道 10
ADC_Channel_11	选择 ADC 通道 11
ADC_Channel_12	选择 ADC 通道 12
ADC_Channel_13	选择 ADC 通道 13
ADC_Channel_14	选择 ADC 通道 14
ADC_Channel_15	选择 ADC 通道 15
ADC_Channel_16	选择 ADC 通道 16
ADC_Channel_17	选择 ADC 通道 17

（2）ADC_SampleTime

ADC_SampleTime 设定了选中通道的 ADC 采样时间。表 7-10 列举了 ADC_SampleTime 可取的值。

表 7-10　ADC_SampleTime 可取的值

取值	描述
ADC_SampleTime_1Cycles5	采样时间为 1.5 个时钟周期
ADC_SampleTime_7Cycles5	采样时间为 7.5 个时钟周期
ADC_SampleTime_13Cycles5	采样时间为 13.5 个时钟周期
ADC_SampleTime_28Cycles5	采样时间为 28.5 个时钟周期
ADC_SampleTime_41Cycles5	采样时间为 41.5 个时钟周期
ADC_SampleTime_55Cycles5	采样时间为 55.5 个时钟周期
ADC_SampleTime_71Cycles5	采样时间为 71.5 个时钟周期
ADC_SampleTime_239Cycles5	采样时间为 239.5 个时钟周期

例如：

/*Configures ADC1 Channel2 as: first converted channel with an 7.5cycles sample time*/ ADC_RegularChannelConfig(ADC1，ADC_Channel_2，1，ADC_SampleTime_7Cycles5);
/*Configures ADC1 Channel8 as:second converted channel with an 1.5cycles sample time*/ ADC_RegularChannelConfig(ADC1，ADC_Channel_B，2，ADC_SampleTime_1Cycles5);

4. 函数 ADC_InjectedChannelConfig

函数名：ADC_InjectedChannelConfig。

函数原型：void ADC_InjectedChannelConfig（ADC_TypeDef* ADCx，u8 ADC_Channel，u8 Rank，u8 ADC_SampleTime）。

功能描述：设置指定 ADC 的注入通道，设置注入通道的转化顺序和采样时间。

输入参数 1：ADCx，x 可以是 1、2 或 3，用来选择 ADC 外设。

输入参数 2：ADC_Channel，被设置的 ADC 通道。

输入参数 3：Rank，规则组采样顺序，取值范围 1～4。

输入参数 4：ADC_SampleTime，指定 ADC 通道的采样时间值。

输出参数：无。

返回值：无。

（1）ADC_Channel

参数 ADC_Channel 指定了需设置的 ADC 通道。

（2）ADC_SampleTime

ADC_SampleTime 设定了选中通道的 ADC 采样时间。

例如：

```
/*Configures ADC1 Channel12 as: second converted channel with an 28.5 cycles sample time*/ ADC_
InjectedChannelConfig(ADC1, ADC_Channel_12，2，ADC_SampleTime_28Cycles5);
```

5. 函数 ADC_Cmd

函数名：ADC_Cmd。

函数原型：ADC_Cmd（ADC_TypeDef* ADCx，FunctionalState NewState）。

功能描述：使能或者失能指定的 ADC。

输入参数 1：ADCx，x 可以是 1、2 或 3，用来选择 ADC 外设。

输入参数 2：NewState，外设 ADCx 的新状态，这个参数可以取 ENABLE 或者 DISABLE。

输出参数：无。

返回值：无。

例如：

```
/* Enable ADC1*/
ADC_Cmd(ADC1,ENABLE);
```

注意：函数 ADC_Cmd 只能在其他 ADC 设置函数之后被调用。

6. 函数 ADC_ResetCalibration

函数名：ADC_ResetCalibration。

函数原型：void ADC_ResetCalibration（ADC_TypeDef* ADCx）。

功能描述：重置指定的 ADC 的自校准寄存器。

输入参数：ADCx，x 可以是 1、2 或 3，用来选择 ADC 外设。

输出参数：无。

返回值：无。

例如：

/*Reset the ADC1 Calibration registers */
ADC_ResetCalibration(ADC1);

7. 函数 ADC_GetResetCalibrationStatus

函数名：ADC_GetResetCalibrationStatus。

函数原型：FlagStatus ADC_GetResetCalibrationStatus（ADC_TypeDef* ADCx）。

功能描述：获取 ADC 重置自校准寄存器的状态。

输入参数：ADCx，x 可以是 1、2 或 3，用来选择 ADC 外设。

输出参数：无。

返回值：ADC 重置自校准寄存器的新状态（SET 或者 RESET）。

例如：

/*Get the ADC2 reset calibration registers status */
FlagStatus Status;
Status = ADC_GetResetCalibrationStatus(ADC2);

8. 函数 ADC_StartCalibration

函数名：ADC_StartCalibration。

函数原型：void ADC_StartCalibration（ADC_TypeDef* ADCx）。

功能描述：开始指定 ADC 的自校准程序。

输入参数：ADCx，x 可以是 1、2 或 3，用来选择 ADC 外设。

输出参数：无。

返回值：无。

例如：

/*Start the ADC2 Calibration*/
ADC_StartCalibration(ADC2);

9. 函数 ADC_GetCalibrationStatus

函数名：ADC_GetCalibrationStatus。

函数原型：FlagStatus ADC_GetCalibrationStatus（ADC_TypeDef* ADCx）。

功能描述：获取指定 ADC 的自校准状态。

输入参数：ADCx，x 可以是 1、2 或 3，用来选择 ADC 外设。

输出参数：无。

返回值：ADC 自校准的新状态（SET 或者 RESET）。

例如：

/*Get the ADC2 calibration status */
FlagStatus Status;
Status =ADC_GetCalibrationStatus(ADC2); 262

10. 函数 ADC_SoftwareStartConvCmd

函数名：ADC_SoftwareStartConvCmd。

函数原型：void ADC_SoftwareStartConvCmd（ADC_TypeDef* ADCx，FunctionalState NewState）。

功能描述：使能或者失能指定的 ADC 的软件转换启动功能。

输入参数 1：ADCx，x 可以是 1、2 或 3，用来选择 ADC 外设。

输入参数 2：NewState，用于指定 ADC 的软件转换启动新状态，这个参数可以取 ENABLE 或者 DISABLE。

输出参数：无。

返回值：无。

例如：

```
/* Start by software the ADC1 Conversion */
ADC_SoftwareStartConvCmd(ADC1,ENABLE);
```

11. 函数 ADC_GetConversionValue

函数名：ADC_GetConversionValue。

函数原型：u16 ADC_GetConversionValue（ADC_TypeDef * ADCx）。

功能描述：得到最近一次 ADCx 规则组的转换结果。

输入参数：ADCx，x 可以是 1、2 或 3，用来选择 ADC 外设。

输出参数：无。

返回值：转换结果。

例如：

```
/*Returns the ADC1 Master data value of the last converted channel*/ u16 DataValue;
DataValue = ADC_GetConversionValue(ADC1);
```

12. 函数 ADC_GetFlagStatus

函数名：ADC_GetFlagStatus。

函数原型：FlagStatus ADC_GetFlagStatus（ADC_TypeDef* ADCx，u8 ADC_FLAG）。

功能描述：检查指定 ADC 标志位置 1 与否。

输入参数 1：ADCx，x 可以是 1、2 或 3，用来选择 ADC 外设。

输入参数 2：ADC_FLAG，用于指定需检查的标志位。

输出参数：无。

返回值：无。

表 7-11 给出了 ADC_FLAG 的取值。

表 7-11 ADC_FLAG 的取值

取值	描述
ADC_FLAG_AWD	模拟"看门狗"标志位
ADC_FLAG_EOC	转换结束标志位

（续）

取值	描述
ADC_FLAG_JEOC	注入组转换结束标志位
ADC_FLAG_JSTRT	注入组转换开始标志位
ADC_FLAG_STRT	规则组转换开始标志位

例如：

/*Test if the ADC1 EOC flag is set or not */
FlagStatus Status;
Status=ADC_GetFlagStatus(ADC1，ADC_FLAG_EOC);

13. 函数 ADC_DMACmd

函数名：ADC_DMACmd。

函数原型：ADC_DMACmd（ADC_TypeDef* ADCx，FunctionalState NewState）。

功能描述：使能或者失能指定的 ADC 的 DMA 请求。

输入参数 1：ADCx，x 可以是 1、2 或 3，用来选择 ADC 外设。

输入参数 2：NewState，即 ADC 的 DMA 传输的新状态，这个参数可以取 ENABLE 或者 DISABLE。

输出参数：无。

返回值：无。

例如：

/*Enable ADC2 DMA transfer */
ADC_DMACmd(ADC2，ENABLE);

7.5　ADC 应用实例

STM32 的 ADC 功能繁多，比较基础实用的是单通道采集，即实现开发板上电位器的动触点输出引脚电压的采集，并通过串行接口输出至 PC 端串行接口调试助手。单通道采集适用 A/D 转换完成中断，即在中断服务函数中读取数据，不使用 DMA 传输，在多通道采集时才会使用 DMA 传输。

7.5.1　A/D 转换配置流程

STM32 的 ADC 可以 DMA、中断等方式进行数据的传输，结合标准库并根据实际需要，按步骤进行 A/D 转换配置，可以大大提高 ADC 的使用效率，A/D 转换配置流程如图 7-9 所示。

如果使用中断功能，还需要进行中断配置；如果使用 DMA 功能，则需要进行 DMA 配置。值得注意的是 DMA 通道外设基地址的计算，对于 ADC1，其 DMA 通道外设基地址为 ADC1 外设基地址（0x4001 2400）加上数据寄存器（ADC_DR）的偏移地址

（0x4C），即 0x4001 244C。

A/D 转换设置完成后，根据触发方式，当满足触发条件时 ADC 即进行转换。若不使用 DMA 传输，则通过函数 ADC_GetConversionValue 可得到转换后的值。

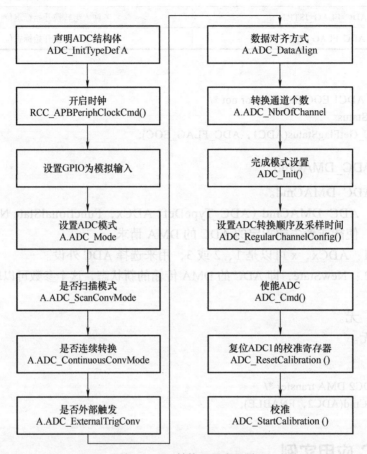

图 7-9 A/D 转换配置流程图

7.5.2 ADC 应用的硬件设计

开发板板载一个贴片电位器，因此 ADC 应用的硬件设计如图 7-10 所示。

贴片电位器的动触点连接至 STM32 芯片的 ADC 通道引脚。当旋转贴片电位器的调节旋钮时，其动触点电压也会随之改变，电压变化范围为 0 ~ 3.3V，亦是开发板默认的 ADC 电压采集范围。

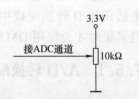

图 7-10 ADC 应用的硬件设计

7.5.3 ADC 应用的软件设计

编写两个 ADC 驱动文件 bsp_adc.h 和 bsp_adc.c，用来存放 ADC 所用 I/O 引脚的初始化函数以及 ADC 配置的相关函数。

编程要点：

1）初始化 ADC 用到的 GPIO 接口。

2）设置 ADC 的工作参数并初始化。

3）设置 ADC 时钟。

4）设置 ADC 的转换通道顺序及采样时间。

5）配置使能 A/D 转换完成中断，在中断内读取转换完的数据。

6）使能 ADC。

7）使能软件触发 A/D 转换。

A/D 转换结果使用中断方式读取，这里没有使用 DMA 进行数据传输。

1. ADC 宏定义

```
#ifndef __ADC_H
#define __ADC_H
#include "stm32f10x.h"
// ADC 编号选择
#define    ADC_APBxClock_FUN              RCC_APB2PeriphClockCmd
#define    ADCx                           ADC2
#define    ADC_CLK                        RCC_APB2Periph_ADC2
// ADC GPIO 宏定义
// 用作 ADC 采集的 GPIO 接口必须没有复用，否则采集电压会有影响
#define    ADC_GPIO_APBxClock_FUN         RCC_APB2PeriphClockCmd
#define    ADC_GPIO_CLK                   RCC_APB2Periph_GPIOC
#define    ADC_PORT                       GPIOC
#define    ADC_PIN                        GPIO_Pin_1
// ADC 通道宏定义
#define    ADC_CHANNEL                    ADC_Channel_11
// ADC 中断相关宏定义
#define    ADC_IRQ                        ADC1_2_IRQn
#define    ADC_IRQHandler                 ADC1_2_IRQHandler

void ADCx_Init(void);
#endif /* __ADC_H */
```

2. ADC 的 GPIO 接口初始化函数

```
#include "bsp_adc.h"

__IO uint16_t ADC_ConvertedValue;


/*******************************
 * @brief ADC 的 GPIO 接口初始化
 * @param 无
 * @retval 无
 ******************************/
```

```
static void ADCx_GPIO_Config(void)
{
  GPIO_InitTypeDef GPIO_InitStructure;

  // 打开 ADC 的 GPIO 接口时钟
  ADC_GPIO_APBxClock_FUN ( ADC_GPIO_CLK, ENABLE );

  // 配置 ADC 的 GPIO 接口引脚模式
  // 必须为模拟输入
  GPIO_InitStructure.GPIO_Pin = ADC_PIN;
  GPIO_InitStructure.GPIO_Mode = GPIO_Mode_AIN;

  // 初始化 ADC 的 GPIO 接口
  GPIO_Init(ADC_PORT, &GPIO_InitStructure);
}
```

3. 配置 ADC 的工作模式

```
/**********************************
 * @brief  配置 ADC 的工作模式
 * @param  无
 * @retval 无
 **********************************/
static void ADCx_Mode_Config(void)
{
  ADC_InitTypeDef ADC_InitStructure;

  // 打开 ADC 时钟
  ADC_APBxClock_FUN ( ADC_CLK, ENABLE );

  // ADC 模式配置
  // 只使用一个 ADC，属于独立模式
  ADC_InitStructure.ADC_Mode = ADC_Mode_Independent;

  // 禁止扫描模式，该模式多通道才要，单通道不需要
  ADC_InitStructure.ADC_ScanConvMode = DISABLE ;

  // 连续转换模式
  ADC_InitStructure.ADC_ContinuousConvMode = ENABLE;

  // 不用外部触发转换，软件开启即可
  ADC_InitStructure.ADC_ExternalTrigConv = ADC_ExternalTrigConv_None;

  // 转换结果右对齐
  ADC_InitStructure.ADC_DataAlign = ADC_DataAlign_Right;

  // 转换通道 1 个
```

```
        ADC_InitStructure.ADC_NbrOfChannel = 1;

        // 初始化 ADC
        ADC_Init(ADCx, &ADC_InitStructure);

        // 配置 ADC 时钟为 PCLK2 的 8 分频，即 9MHz
        RCC_ADCCLKConfig(RCC_PCLK2_Div8);

        // 配置 ADC 通道转换顺序和采样时间
        ADC_RegularChannelConfig(ADCx, ADC_CHANNEL, 1,
                                 ADC_SampleTime_55Cycles5);

        // A/D 转换结束产生中断，在中断服务程序中读取转换完的数据
        ADC_ITConfig(ADCx, ADC_IT_EOC, ENABLE);

        // 开启 ADC，并开始转换
        ADC_Cmd(ADCx, ENABLE);

        // 初始化 ADC 自校准寄存器
        ADC_ResetCalibration(ADCx);
        // 等待自校准寄存器初始化完成
        while(ADC_GetResetCalibrationStatus(ADCx));

        // ADC 开始自校准
        ADC_StartCalibration(ADCx);
        // 等待自校准完成
        while(ADC_GetCalibrationStatus(ADCx));

        // 由于没有采用外部触发，所以使用软件触发 A/D 转换
        ADC_SoftwareStartConvCmd(ADCx, ENABLE);
    }
```

首先，定义一个 ADC 初始化结构体 ADC_InitTypeDef，用来配置 ADC 具体的工作模式。然后调用函数 RCC_APB2PeriphClockCmd 开启 ADC 时钟。

ADC 工作参数具体配置为：独立模式，单通道采集不需要扫描，启动连续转换，使用内部软件触发无需外部触发事件，使用右对齐数据格式，转换通道为 1，并调用 ADC_Init 函数完成 ADC1 工作环境配置。

函数 RCC_ADCCLKConfig 用来配置 ADC 的工作时钟，它接收一个参数，设置的是 PCLK2 的分频系数，ADC 的时钟不能超过 14MHz。

函数 ADC_RegularChannelConfig 用来绑定 ADC 通道的转换顺序和时间。它接收 4 个参数：第 1 个参数选择 ADC 外设，可为 ADC1、ADC2 或 ADC3；第 2 个参数选择 ADC 通道，总共可选 18 个通道；第 3 个参数为规则组通道的采样顺序，可选为 1 ~ 16；第 4 个参数为采样周期选择，采样周期越短，A/D 转换数据输出周期就越短，但数据精度也越低；采样周期越长，A/D 转换数据输出周期就越长，同时数据精度越高。

利用 A/D 转换完成中断可以非常方便地保证读取到的数据是转换完成后的数据，而不用担心该数据可能是 ADC 正在转换时的"不稳定"数据。可以使用函数 ADC_ITConfig 使能 A/D 转换完成中断，并在中断服务函数中读取转换结果数据。

ADC_Cmd 函数控制 A/D 转换的启动和停止。

在 ADC 自校准之后调用函数 ADC_SoftwareStartConvCmd 进行软件触发 ADC 开始转换。

4. ADC 的中断配置

```
static void ADC_NVIC_Config(void)
{
  NVIC_InitTypeDef NVIC_InitStructure;
// 优先级分组
NVIC_PriorityGroupConfig(NVIC_PriorityGroup_1);

  // 配置中断优先级
  NVIC_InitStructure.NVIC_IRQChannel = ADC_IRQ;
  NVIC_InitStructure.NVIC_IRQChannelPreemptionPriority = 1;
  NVIC_InitStructure.NVIC_IRQChannelSubPriority = 1;
  NVIC_InitStructure.NVIC_IRQChannelCmd = ENABLE;
  NVIC_Init(&NVIC_InitStructure);
}
```

5. ADC 的初始化

```
/***********************
 * @brief ADC 的初始化
 * @param 无
 * @retval 无
 ***********************/
void ADCx_Init(void)
{
 ADCx_GPIO_Config();
 ADCx_Mode_Config();
 ADC_NVIC_Config();
}
```

6. 中断服务函数

```
void ADC_IRQHandler(void)
{
 if (ADC_GetITStatus(ADCx,ADC_IT_EOC)==SET)
 {
    // 读取 A/D 转换的值
    ADC_ConvertedValue = ADC_GetConversionValue(ADCx);
 }
 ADC_ClearITPendingBit(ADCx,ADC_IT_EOC);
}
```

　　中断服务函数一般定义在 stm32f10x_it.c 文件内，使能了 A/D 转换完成中断，在 A/D 转换完成后就会进入中断服务函数，在中断服务函数内可直接读取 A/D 转换结果，保存在变量 ADC_ConvertedValue（在 main.c 中定义）中。

　　函数 ADC_GetConversionValue 是获取 A/D 转换结果的库函数，只有一个参数为选择 ADC 外设，可选为 ADC1、ADC2 或 ADC3，该函数还返回一个 16 位的 ADC 转换结果。

7. Main 函数

```
// ADC 单通道采集，不使用 DMA，一般只有 ADC2 才这样使用，因为 ADC2 不能使用 DMA
#include "stm32f10x.h"
#include "bsp_usart.h"
#include "bsp_adc.h"
extern _IO uint16_t ADC_ConvertedValue;
// 局部变量，用于保存 A/D 转换后的电压值
float ADC_ConvertedValueLocal;
// 软件延时
void Delay(_IO uint32_t nCount)
{
  for(; nCount != 0; nCount--);
}
/*******************
  * @brief  Main 函数
  * @param  无
  * @retval 无
*******************/
int main(void)
{
// 配置串行接口
USART_Config();
// ADC 初始化
ADCx_Init();
printf("\r\n ---- 这是一个 ADC 单通道中断读取实验 ----\r\n");
while (1)
{
    ADC_ConvertedValueLocal =(float) ADC_ConvertedValue/4096*3.3;
    printf("\r\n The current AD value = 0x%04X \r\n",
    ADC_ConvertedValue);
    printf("\r\n The current AD value = %f V \r\n",
    ADC_ConvertedValueLocal);
    printf("\r\n\r\n");
    Delay(0xffffee);
}
}
```

　　Main 函数先调用函数 USART_Config 配置调试串行接口相关参数，函数定义在 bsp_debug_usart.c 文件中。

接下来调用函数 ADCx_Init 进行 ADC 初始化配置并启动 ADC。函数 ADCx_Init 定义在 bsp_adc.c 文件中，它只是简单地分别调用 ADC_GPIO_Config、ADC_Mode_Config 和 ADC_NVIC_Config。

函数 Delay 只是一个简单的延时函数。

在中断服务函数中，把 A/D 转换结果保存在变量 ADC_ConvertedValue 中，根据之前的分析可以非常清楚地计算出对应的电位器动触点的电压值。

最后把相关数据输出至串行接口调试助手。

用 USB 线连接开发板的"USB 转串行接口"接口与计算机，在计算机端打开串行接口调试助手，把编译好的程序下载到开发板中。在串行接口调试助手处可看到不断有数据从开发板传输过来，此时旋转电位器改变其电阻值，那么对应的数据也会有变化，如图 7-11 所示。

图 7-11　旋转电位器改变其电阻值后对应数据的变化

 习题

1. STM32F103x 系列芯片上集成了一个逐次逼近型 ADC，请简要叙述它的转换过程，并指出使用该 ADC 的注意事项。

2. 写出 STM32F103ZET6 的 ADC 模块的所有可配置模式。

3. 简要叙述 STM32F103x 系列芯片所集成的 ADC 的特征。

4. 简要叙述 ADC 模块的自校准模式及其意义。

5. 计算当 ADC 时钟为 28MHz，采样周期为 1.5 个时钟周期时的总转换时间。

第8章

USART 串行通信

本章讲述了 USART 串行通信，包括串行通信基础、USART 工作原理、USART 库函数、USART 串行通信应用实例和外部总线。

8.1 串行通信基础

在串行通信中，参与通信的两台或多台设备通常共享一条物理通路。发送者依次逐位发送一串数据信号，按约定规则为接收者所接收。由于串行接口通常只是规定了物理层的接口规范，所以为确保每次传送的数据报文能准确到达目的地，使每一个接收者能够接收到所有发向它的数据，必须在通信连接上采取相应的措施。

借助串行接口连接的设备在功能、型号上往往互不相同，其中大多数设备除了等待接收数据之外还会有其他任务。例如，一个数据采集单元需要周期性地收集和存储数据；一个微控制器需要负责控制计算或向其他设备发送报文；一台设备可能会在接收方正在进行其他任务时向它发送信息。因此必须有能应对多种不同工作状态的一系列规则来保证串行通信的有效性。这里所讲的保证串行通信有效性的方法包括：使用轮询或者中断来检测、接收信息；设置通信帧的起始、停止位；建立连接握手；实行对接收数据的确认、数据缓存以及错误检查等。

8.1.1 串行异步通信数据格式

无论是 RS-232 还是 RS-485，均可采用串行异步收发数据格式。

在串行接口的异步传输中，接收方一般事先并不知道数据会在什么时候到达，在它检测到数据并做出响应之前，第一个数据位就已经过去了。因此每次异步传输都应该在发送的数据之前设置至少一个起始位，以通知接收方有数据到达，给接收方一个准备接收数据、缓存数据和做出其他响应的时间。而在传输过程结束时，则应由一个停止位通知接收方本次传输过程已终止，以便接收方正常终止本次通信而转入其他工作程序。

串行异步收发（UART）通信的数据格式如图 8-1 所示。

若通信线上无数据发送，该线路应处于逻辑 1 状态（高电平）。当计算机向外发送一个字符数据时，应先送出起始位（逻辑 0，低电平），随后紧跟着数据位，这些数据构成要发送的字符信息。有效数据位的个数可以规定为 5、6、7 或 8。奇偶校验位视需要设定，紧跟其后的是停止位（逻辑 1，高电平），其位数可在 1、1.5 或 2 中选择其一。

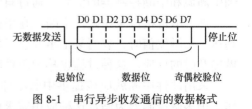

图 8-1 串行异步收发通信的数据格式

8.1.2　连接握手

起始位可以引起接收方的注意，但发送方并不知道也不能确认接收方是否已经做好了接收数据的准备。利用连接握手可以使收发双方确认已经建立了连接关系，接收方已经做好准备，可以进入数据收发状态。

连接握手过程是指发送方在发送一个数据块之前使用一个特定的握手信号来引起接收方的注意，表明要发送数据，接收方则通过握手信号回应发送方，说明它已经做好了接收数据的准备。

连接握手可以通过软件实现，也可以通过硬件实现。在软件连接握手中，发送方通过发送一个字节表明它想要发送数据。接收方看到这个字节的时候，也发送一个编码来声明自己可以接收数据，当发送方看到这个信息时，便知道它可以发送数据了。接收方还可以通过另一个编码来告诉发送方停止发送。

在普通的硬件握手方式中，接收方在准备好接收数据的时候将相应的导线带入到高电平，然后开始全神贯注地监视它的串行输接端口的允许发送端。这个允许发送端与接收方的已准备好接收数据的信号端相连，发送方在发送数据之前一直在等待这个信号的变化，一旦得到信号，说明接收方已处于准备好接收数据的状态，发送方便开始发送数据。接收方可以在任何时候将这根导线带入到低电平，即便是在接收一个数据块的过程中间也可以把这根导线带入到低电平。当发送方检测到这个低电平信号时，就应该停止发送。而在完成本次传输之前，发送方还会继续等待这根导线再次回到高电平，以继续被中止的数据传输。

8.1.3　确认

接收方为表明数据已经收到而向发送方回复信息的过程称为确认。有的传输过程可能会收到报文而不需要向相关节点回复确认信息。但是在许多情况下，需要通过确认告知发送方数据已经收到。有的发送方需要根据是否收到确认信息来采取相应的措施，因而确认对某些通信过程是必需的和有用的。即便接收方没有其他信息要告诉发送方，也要为此单独发一个确认数据已经收到的信息。

确认报文可以是一个特别定义过的字节，例如一个标识接收方的数值。发送方收到确认报文就可以认为数据传输过程正常结束。如果发送方没有收到所希望回复的确认报文，它就认为通信出现了问题，然后将采取重发或者其他行动。

8.1.4　中断

中断是一个信号，它通知CPU有需要立即响应的任务。每个中断请求对应一个连接到中断源和中断控制器的信号。通过自动检测接口事件发现中断并转入中断处理。

许多串行接口采用硬件中断。在串行接口发生硬件中断，或者一个软件缓存的计数器到达一个触发值时，表明某个事件已经发生，需要执行相应的中断服务程序，并对该事件做出及时的反应。这种过程也称为事件驱动。

采用硬件中断就应该提供中断服务程序，以便在中断发生时让CPU执行所期望的操作。很多微控制器为满足这种应用需求而设置了硬件中断。在一个事件发生的时候，应用程序会自动对接口的变化做出响应，跳转到中断服务程序。例如发送数据、接收数据、握手信号变化及接收到错误报文等，都可能成为串行接口的不同工作状态，或称为通信中发生了不同事件，需要根据状态变化停止执行现行程序而转向与状态变化相适应的应用程序。

外部事件驱动可以在任何时间插入并且使得程序转向执行一个专门的应用程序。

8.1.5　轮询

通过周期性地获取特征或信号来读取数据或发现是否有事件发生的工作过程称为轮询。它需要足够频繁地轮询接口，以便不遗失任何数据或者事件。轮询的频率取决于对事件快速反应的需求以及缓存区的大小。

轮询通常用于计算机与 I/O 接口之间的较短数据或字符组的传输。由于轮询接口不需要硬件中断，因此可以在一个没有分配中断的接口运行此类程序。很多轮询使用系统计时器来确定周期性读取接口的操作时间。

8.2　USART 工作原理

8.2.1　USART 介绍

通用同步 / 异步收发器（Universal Synchronous/Asynchronous Receiver/Transmitter，USART）提供了一种灵活的方法与使用工业标准 NRZ 异步串行数据格式的外部设备之间进行全双工数据交换。USART 利用分数波特率发生器提供宽范围的波特率选择。它支持同步单向通信和半双工单线通信，也支持 LIN（局部互联网）、智能卡协议、IrDA（红外数据组织）SIR ENDEC 规范以及调制解调器（CTS/RTS）操作。USART 还允许多处理器通信。使用多缓冲器配置的 DMA 方式，可以实现高速数据通信。

STM32F103 微控制器的小容量产品有 2 个 USART，中等容量产品有 3 个 USART，大容量产品有 3 个 USART+2 个 UART（Universal Asynchronous Receiver/Transmitter）。

8.2.2　USART 主要特性

USART 主要特性如下：

1）全双工的异步通信。

2）使用 NRZ 标准格式。

3）具有分数波特率发生器系统，发送和接收共用的可编程波特率，最高达 4.5Mbit/s。

4）可编程数据字长度（8 位或 9 位）。

5）可配置的停止位——支持 1 或 2 个停止位。

6）具有 LIN 主发送同步断开符的能力以及 LIN 从检测断开符的能力。当 USART 硬件配置成 LIN 时，生成 13 位断开符；检测 10/11 位断开符。

7）发送方为同步传输提供时钟。

8）具有 IRDA SIR 编码器和解码器，在正常模式下支持 3/16 位的持续时间。

9）智能卡模拟功能。智能卡接口支持 ISO 7816-3 标准里定义的异步智能卡协议；智能卡采用 0.5 和 1.5 个停止位。

10）单线半双工通信。

11）支持可配置的使用 DMA 的多缓冲器通信，可在 SRAM 里利用集中式 DMA 缓冲接收/发送字节。

12）具有单独的发送器和接收器使能位。

13）具有检测标志，包括接收缓冲器满、发送缓冲器空和传输结束标志。

14）支持校验控制，可发送奇偶校验位，并对接收数据进行奇偶校验。

15）具有 4 个错误检测标志：溢出错误、噪声错误、帧错误和奇偶校验错误。

16）具有 10 个带标志的中断源：CTS 改变、LIN 断开符检测、发送数据寄存器空、发送完成、接收数据寄存器满、检测到总线为空闲、溢出错误、帧错误、噪声错误和奇偶校验错误。

17）支持多处理器通信。如果地址不匹配，则进入静默模式。

18）可从静默模式中唤醒。通过空闲总线检测或地址标志检测。

19）具有两种唤醒接收器的方式：地址位（MSB，第 9 位）和总线空闲。

8.2.3 USART 功能概述

STM32F103 微控制器的 USART 接口通过 3 个引脚与其他设备连接在一起，其内部结构如图 8-2 所示。

任何 USART 双向通信至少需要两个引脚：RX 和 TX。

RX 引脚用于接收数据串行输入。可通过过采样技术来区别数据和噪声，从而恢复数据。

TX 引脚用于发送数据串行输出。当发送器被禁止时，该引脚恢复到它的 I/O 接口配置。当发送器被激活，并且不发送数据时，TX 引脚处于高电平。在单线和智能卡模式里，此 I/O 接口被同时用于数据的发送和接收。

USART 的特性如下：

1）总线在发送或接收前应处于空闲状态。

2）一个起始位。

3）一个数据字（8 或 9 位），最低有效位在前。

4）0.5、1.5 或 2 个的停止位，由此表明数据帧的结束。

5）使用分数波特率发生器——12 位整数和 4 位小数的表示方法。

6）一个状态寄存器（USART_SR）。

7）数据寄存器（USART_DR）。

8）一个波特率寄存器（USART_BRR），——12 位的整数和 4 位小数。

9）一个智能卡模式下的保护时间寄存器（USART_GTPR）。

在同步模式中需要 CK 引脚：CK 引脚用于发送器时钟输出。此引脚输出用于同步传输的时钟。这可以用来控制带有移位寄存器的外部设备（如 LCD 驱动器）。时钟的相位和极性都是软件可编程的。在智能卡模式里，CK 引脚可以为智能卡提供时钟。

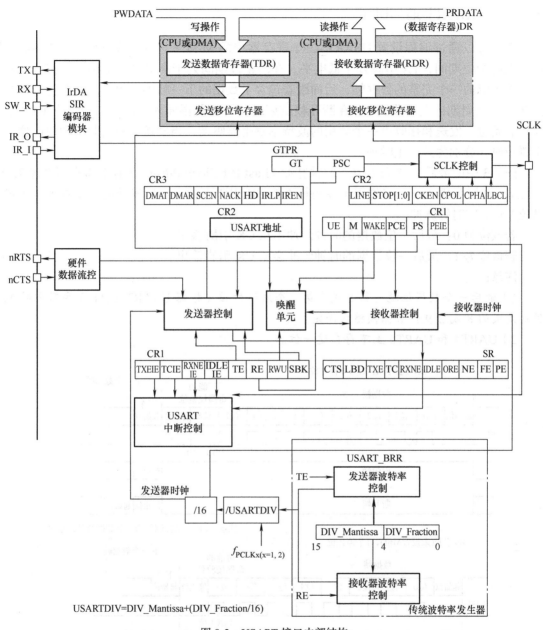

图 8-2　USART 接口内部结构

在 IrDA 模式里需要下列引脚：

1）IrDA_RDI 引脚用于 IrDA 模式下的数据输入。

2）IrDA_TDO 引脚用于 IrDA 模式下的数据输出。

在硬件流控模式中需要下列引脚：

1）nCTS 引脚用于清除发送，若是高电平，则在当前数据传输结束时阻断下一次的数据发送。

2）nRTS 引脚用于发送请求，若是低电平，则表明 USART 准备好接收数据。

8.2.4　USART 通信时序

字长可以通过编程设置 USART_CR1 寄存器中的 M 位来选择 8 或 9 位，如图 8-3 所示。在起始位期间，TX 引脚处于低电平，在停止位期间处于高电平。空闲符号被视为完全由 1 组成的一个完整的数据帧，后面跟着包含了数据的下一帧的起始位。断开符号被视为在一个帧周期内全部收到 0。在断开帧结束时，发送器再插入 1 或 2 个停止位（1）来应答起始位。发送和接收由一个共用的波特率发生器驱动，当发送器和接收器的使能位分别置位时，分别为其产生时钟。

图 8-3 中的最后一位（LBCL）时钟脉冲（Last Bit Clock Pulse）为控制寄存器 2（CR2）的位 8。在同步模式下，该位用于控制是否在 CK 引脚上输出最后发送的那个数据位（最高位）对应的时钟脉冲。

若该位为 0：最后一位数据的时钟脉冲不从 CK 引脚输出。

若该位为 1：最后一位数据的时钟脉冲会从 CK 引脚输出。

注意：

1）最后一个数据位就是第 8 或者第 9 个发送的位（根据 USART_CR1 寄存器中的 M 位所定义的 8 或者 9 位数据帧格式而定）。

2）UART4 和 UART5 上不存在这一位。

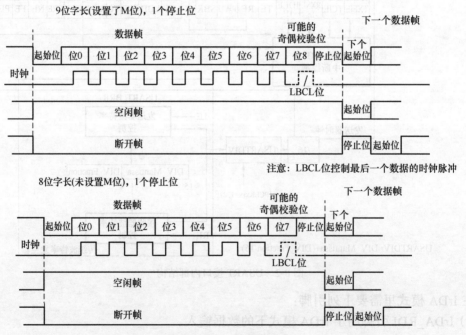

图 8-3　USART 通信时序

8.2.5　USART 中断

STM32F103 系列微控制器的 USART 主要有以下各种中断事件：

1）发送期间的中断事件包括发送完成（TC）、清除发送（CTS）、发送数据寄存器空

（TXE）。

2）接收期间：接收数据寄存器非空（RXNE）、溢出错误（ORE）、空闲总线检测（IDLE）、奇偶校验错误（PE）、LIN 断开检测（LBD）、噪声错误（NE，仅在多缓冲器通信）、溢出错误（ORT）和帧错误（FE，仅在多缓冲器通信）。

如果设置了对应的使能控制位，这些事件就可以产生各自的中断，见表 8-1。

表 8-1　STM32F103 系列微控制器的 USART 中断事件及其使能控制位

中断事件	事件标志	使能控制位
发送完成	TC	TCIE
清除发送	CTS	CTSIE
发送数据寄存器空	TXE	TXEIE
接收数据寄存器非空	RXNE	RXNEIE
溢出错误	ORE	OREIE
空闲总线检测	IDLE	IDLEIE
奇偶校验错误	PE	PEIE
LIN 断开检测	LBD	LBDIE
噪声错误、溢出错误和帧错误	NE、ORT 和 FE	EIE

8.2.6　USART 相关寄存器

现将 STM32F103 的 USART 相关寄存器名称介绍如下，可以用半字（16 位）或字（32 位）的方式操作这些寄存器，由于采用库函数方式编程，故不做进一步的探讨。

1）状态寄存器（USART_SR）。

2）数据寄存器（USART_DR）。

3）波特率寄存器（USART_BRR）。

4）控制寄存器 1（USART_CR1）。

5）控制寄存器 2（USART_CR2）。

6）控制寄存器 3（USART_CR3）。

7）保护时间和预分频寄存器（USART_GTPR）。

8.3　USART 库函数

STM32 标准库中提供了几乎覆盖所有 USART 操作的库函数，见表 8-2。为了理解这些库函数的具体使用方法，下面对标准库中的部分库函数做详细介绍。

STM32F10x 的 USART 库函数存放在 STM32F10x 标准外设库的 stm32f10x_usart.h、stm32f10x_usart.c 等文件中。其中，头文件 stm32f10x_usart.h 用来存放 USART 的相关结构体、宏定义以及 USART 库函数的声明，源代码文件 stm32f10x_usart.c 用来存放 USART 库函数的定义。

表 8-2　USART 的库函数

函数名称	功能
USART_DeInit	将外设 USARTx 寄存器重设为缺省值
USART_Init	根据 USART_InitStruct 中指定的参数初始化外设 USARTx 寄存器
USART_StructInit	把 USART_InitStruct 中的每一个参数按缺省值填入
USART_Cmd	使能或失能 USART 外设
USART_ITConfig	使能或失能指定 USART 的中断
USART_DMAConfig	使能或失能指定 USART 的 DMA 请求
USART_SetAddress	设置 USART 节点的地址
USART_WakeUpConfig	选择 USART 的唤醒方式
USART_ReceiveWakeUpConfig	检查 USART 是否处于静默模式
USART_LINBreakDetectLengthConfig	设置 USART 的 LIN 中断检测长度
USART_LINCmd	使能或失能 USARTx 的 LIN 模式
USART_SendData	通过外设 USARTx 发送数据
USART_ReceiveData	通过外设 USARTx 接收数据
USART_SendBreak	发送中断字
USART_SetGuardTime	设置指定的 USART 保护时间
USART_SetPrescaler	设置 USART 时钟预分频
USART_SmartCardCmd	使能或失能指定 USART 的智能卡模式
USART_SmartCardNackCmd	使能或失能 NACK 传输
USART_HalfDuplexCmd	使能或失能 USART 半双工模式
USART_IrDAConfig	设置 USART 的 IrDA 模式
USART_IrDACmd	使能或失能 USART 的 IrDA 模式
USART_GetFlagStatus	检查指定 USART 的标志位设置与否
USART_ClearFlag	清除 USARTx 的待处理标志位
USART_GetITStatus	检查指定 USART 的中断发生与否
USART_ClearITPendingBit	清除 USARTx 的中断待处理位
USART_DMACmd	使能或失能指定 USART 的 DMA 请求

1. 函数 USART_DeInit

函数名：USART_DeInit。

函数原型：void USART_DeInit（USART_TypeDef* USARTx）。

功能描述：将外设 USARTx 寄存器重设为缺省值。

输入参数：USARTx，x 可以是 1，2 或者 3，用来选择 USART 外设。

输出参数：无。

返回值：无。

例如：

/*Resets the USART1 registers to their default reset value * /
USART_DeInit(USART1);

2. 函数 USART_Init

函数名：USART_Init。

函 数 原 型：void USART_Init（USART_TypeDef* USARTx，USART_InitTypeDef* USART_InitStruct）。

功能描述：根据 USART_InitStruct 中指定的参数初始化外设 USARTx 寄存器。

输入参数 1：USARTx，x 可以是 1，2 或者 3，用来选择 USART 外设。

输入参数 2：USART_InitStruct，即指向结构体 USART_InitTypeDef 的指针，包含了外设 USART 的配置信息。

输出参数：无。

返回值：无。

（1）USART_InitTypeDef structure

USART_InitTypeDef 定义于文件 stm32f10x_usart.h：

```
typedef struct
{
uint32_t USART_BaudRate;
uint16_t USART_WordLength;
uint16_t USART_StopBits;
uint16_t USART_Parity;
uint16_t USART_Mode;
uint16_t USART_HardwareFlowControl;
}USART_InitTypeDef
```

（2）USART_BaudRate

该成员设置了 USART 传输的波特率，波特率可以由以下公式计算：

$$IntegerDivider = ((APBClock)/(16*(USART\_InitStruct->USART\_BaudRate)))$$
$$FractionalDivider= ((IntegerDivider–((u32)IntegerDivider))*16)+0.5$$

（3）USART_WordLength

USART_WordLength 提示了在一个帧中传输或者接收到的数据位数。

表 8-3 给出了该参数的定义。

表 8-3　USART_WordLength 的定义

USART_WordLength	描述
USART_WordLength_8b	8 位数据
USART_WordLength_9b	9 位数据

（4）USART_StopBits

USART_StopBits 定义了发送的停止位数目。表 8-4 给出了该参数的定义。

197

表 8-4 USART_StopBits 的定义

USART_StopBits	描述
USART_StopBits_1	在帧结尾传输 1 个停止位
USART_StopBits_0_5	在帧结尾传输 0.5 个停止位
USART_StopBits_2	在帧结尾传输 2 个停止位
USART_StopBits_1_5	在帧结尾传输 1.5 个停止位

（5）USART_Parity

USART_Parity 定义了奇偶模式。表 8-5 给出了该参数的定义。

表 8-5 USART_Parity 的定义

USART_Parity	描述
USART_Parity_No	奇偶失能
USART_Parity_Even	偶模式
USART_Parity_Odd	奇模式

注：奇偶校验一旦使能，在发送数据的 MSB 位插入经计算的奇偶校验位（字长 9 位时的第 9 位，字长 8 位时的第 8 位）。

（6）USART_Mode

USART_Mode 指定了发送和接收模式使能还是失能。表 8-6 给出了该参数的定义。

表 8-6 USART_Mode 的定义

USART_Mode	描述
USART_Mode_Tx	发送使能
USART_Mode_Rx	接收使能

（7）USART_HardwareFlowControl

USART_HardwareFlowControl 指定了硬件流控制模式使能还是失能。表 8-7 给出了该参数的定义。

表 8-7 USART_HardwareFlowControl 的定义

USART_HardwareFlowControl	描述
USART_HardwareFlowControl_None	硬件流控制失能
USART_HardwareFlowControl_RTS	发送请求 RTS 使能
USART_HardwareFlowControl_CTS	清除发送 CTS 使能
USART_HardwareFlowControl_RTS_CTS	RTS 和 CTS 使能

例如：

```
/* The following example illustrates how to configure the USART1 */
USART_InitTypeDef  USART_InitStructure;
USART_InitStructure.USART_BaudRate = 9600;
```

```
USART_InitStructure.USART_WordLength=USART_WordLength_8b;
USART_InitStructure.USART_StopBits = USART_StopBits_1;
USART_InitStructure.USART_Parity = USART_Parity_Odd;
USART_InitStructure.USART_Mode = USART_Mode_Tx |USART_Mode_Rx;
USART_InitStructure.USART_HardwareFlowControl=USART_HardwareFlowControl_RTS_CTS;
USART_Init(USART1,&USART_InitStructure);
```

3. 函数 USART_Cmd

函数名：USART_Cmd。

函数原型：void USART_Cmd（USART_TypeDef* USARTx，FunctionalState NewState）。

功能描述：使能或失能 USART 外设。

输入参数 1：USARTx，x 可以是 1，2 或者 3，用来选择 USART 外设。

输入参数 2：NewState，即外设 USARTx 的新状态。这个参数可以取 ENABLE 或者 DISABLE。

输出参数：无。

返回值：无。

例如：

```
/* Enable the USART1 */
USART_Cmd(USART1,ENABLE);
```

4. 函数 USART_SendData

函数名：USART_SendData。

函数原型：void USART_SendData（USART_TypeDef* USARTx，uint16_t Data）。

功能描述：通过外设 USARTx 发送数据。

输入参数 1：USARTx，x 可以是 1，2 或者 3，用来选择 USART 外设。

输入参数 2：Data，即待发送的数据。

输出参数：无。

返回值：无。

例如：

```
/*Send one HalfWord on USART3 */
USART_SendData(USART3, 0x26);
```

5. 函数 USART_ReceiveData

函数名：USART_ReceiveData。

函数原型：u16 USART_ReceiveData（USART_TypeDef* USARTx）。

功能描述：通过外设 USARTx 接收数据。

输入参数：USARTx，x 可以是 1，2 或者 3，用来选择 USART 外设。

输出参数：无。

返回值：接收到的字。

例如：

```
/*Receive one halfword on USART2*/
u16 RxData;
RxData=USART_ReceiveData(USART2); 函数 USART_GetFlagStatus
```

6. 函数 USART_GetFlagStatus

函数名：USART_GetFlagStatus。

函数原型：FlagStatus USART_GetFlagStatus（USART_TypeDef* USARTx, uint16_t USART_FLAG）。

功能描述：检查指定 USART 的标志位设置与否。

输入参数 1：USARTx, x 可以是 1, 2 或者 3, 用来选择 USART 外设。

输入参数 2：USART_FLAG, 即待指定的 USART 标志位。

输出参数：无。

返回值：USART_FLAG 的新状态（SET 或者 RESET）。

表 8-8 给出了所有可以被函数 USART_GetFlagStatus 检查的 USART_FLAG 列表。

表 8-8 USART_FLAG 列表

USART_FLAG	描述
USART_FLAG_CTS	CTS 标志位
USART_FLAG_LBD	LIN 中断检测标志位
USART_FLAG_TXE	发送数据寄存器标志位
USART_FLAG_TC	发送完成标志位
USART_FLAG_RXNE	接收数据寄存器非空标志位
USART_FLAG_IDLE	空闲总线标志位
USART_FLAG_ORE	溢出错误标志位
USART_FLAG_NE	噪声错误标志位
USART_FLAG_FE	帧错误标志位
USART_FLAG_PE	奇偶校验错误标志位

例如：

```
/*Check if the transmit data register is full or not */
FlagStatus  Status;
Status =USART_GetFlagStatus(USART1, USART_FLAG_TXE);
```

7. 函数 USART_ClearFlag

函数名：USART_ClearFlag。

函数原型：void USART_ClearFlag（USART_TypeDef* USARTx, uint16_t USART_FLAG）。

功能描述：清除 USARTx 的待处理标志位。

输入参数 1：USARTx, x 可以是 1, 2 或者 3, 用来选择 USART 外设。

输入参数 2：USART_FLAG, 待清除的 USART 标志位。

输出参数：无。

返回值：无。

例如：

/*Clear Overrun error flag*/
USART_ClearFlag(USART1,USART_FLAG_OR);

8. 函数 USART_ITConfig

函数名：USART_ITConfig。

函数原型：void USART_ITConfig（USART_TypeDef* USARTx，uint16_t USART_IT，FunctionalState NewState）。

功能描述：使能或者失能指定 USART 的中断。

输入参数 1：USARTx，x 可以是 1，2 或者 3，用来选择 USART 外设。

输入参数 2：USART_IT，即待使能或者失能的 USART 中断源。

输入参数 3：NewState，即 USARTx 中断的新状态，这个参数可以取：ENABLE 或者 DISABLE。

输出参数：无。

返回值：无。

输入参数 USART_IT 可使能或者失能 USART 的中断，可以取表 8-9 中的一个或者多个取值的组合作为该参数的值。

表 8-9　USART_IT 的取值

取值	描述
USART_IT_PE	奇偶校验错误中断
USART_IT_TXE	发送中断
USART_IT_TC	传输完成中断
USART_IT_RXNE	接收中断
USART_IT_IDLE	总线空闲中断
USART_IT_LBD	LIN 中断检测中断
USART_IT_CTS	CTS 中断
USART_IT_ERR	错误中断

例如：

/*Enables the USART1 transmit interrupt */
USART_ITConfig(USART1,USART_IT_Transmit ENABLE);

9. 函数 USART_GetITStatus

函数名：USART_GetITStatus。

函数原型：ITStatus USART_GetITStatus（USART_TypeDef* USARTx，uint16_t USART_IT）。

功能描述：检查指定 USART 的中断发生与否。

输入参数 1：USARTx，x 可以是 1，2 或者 3，用来选择 USART 外设。

输入参数 2：USART_IT，即待检查的 USART 中断源。

输出参数：无。

返回值：USART_IT 的新状态。

表 8-10 给出了所有可以被函数 USART_GetITStatus 检查的 USART_IT 列表。

表 8-10　USART_IT 列表

USART_IT	描述
USART_IT_PE	奇偶校验错误中断
USART_IT_TXE	发送中断
USART_IT_TC	传输完成中断
USART_IT_RXNE	接收中断
USART_IT_IDLE	总线空闲中断
USART_IT_LBD	LIN 中断检测中断
USART_IT_CTS	CTS 中断
USART_IT_ORE	溢出错误中断
USART_IT_NE	噪声错误中断
USART_IT_FE	帧错误中断

例如：

```
/*Get the USART1 Overrun Error interrupt status */
ITStatus  ErrorITStatus;
ErrorITStatus =USART_GetITStatus(USART1,USART_IT_ORE);
```

10. 函数 USART_ClearITPendingBit

函数名：USART_ClearITPendingBit。

函数原型：void USART_ClearITPendingBit（USART_TypeDef* USARTx, uint16_t USART_IT）。

功能描述：清除 USARTx 的中断待处理位。

输入参数 1：USARTx，x 可以是 1，2 或者 3，用来选择 USART 外设。

输入参数 2：USART_IT，即待检查的 USART 中断源。

输出参数：无。

返回值：无。

例如：

```
/*Clear the Overrun Error interrupt pending bit * /
USART_ClearITPendingBit(USART1,USART_IT_OverrunError);
```

11. 函数 USART_DMACmd

函数名：USART_DMACmd。

函数原型：void USART_DMACmd（USART_TypeDef* USARTx，uint16_t USART_DMAReq，FunctionalState NewState）。

功能描述：使能或者失能指定 USART 的 DMA 请求。

输入参数 1：USARTx，x 可以是 1，2 或者 3，用来选择 USART 外设。

输入参数 2：USART_DMAReq，用来指定 DMA 请求。

输入参数 3：NewState，即 USARTx DMA 请求源的新状态，这个参数可以取：ENABLE 或者 DISABLE。

输出参数：无。

返回值：无。

USART_DMAReq 可选择待使能或者失能的 DMA 请求。表 8-11 给出了该参数可取的值。

表 8-11　USART_DMAReq 可取的值

取值	描述
USART_DMAReq_Tx	发送 DMA 请求
USART_DMAReq_Rx	接收 DMA 请求

例如：

/* Enable the DMA transfer on Rx and Tx action for USART2 */
USART_DMACmd(USART2，USART_DMAReq_Rx| USART_DMAReq_Tx, ENABLE);

8.4　USART 串行通信应用实例

USART 只需两根信号线即可完成双向通信，对硬件要求低，使得很多模块都预留了 USART 接口来实现与其他模块或者微控制器进行数据传输，比如 GSM 模块、WiFi 模块和蓝牙模块等。在硬件设计时，注意还需要一根"共地线"。

经常使用 USART 来实现微控制器与计算机之间的数据传输，可使得调试程序非常方便。比如可以把一些变量的值、函数的返回值和寄存器标志位等，通过 USART 发送到串行接口调试助手，这样可以非常清楚地显示程序的运行状态，在正式发布程序时再把这些调试信息去掉即可。

由此一来，不仅可以将数据发送到串行接口调试助手，还可以从串行接口调试助手发送数据给微控制器，微控制器程序根据接收到的数据再进行下一步工作。

首先，编写一个程序实现开发板与计算机通信，在开发板上电时通过 USART 发送一串字符串给计算机，然后开发板进入中断接收等待状态。如果计算机发送数据过来，开发板就会产生中断，通过中断服务程序接收数据，并把数据返回给计算机。

8.4.1　USART 的基本配置流程

STM32F1 的 USART 的功能有很多。最基本的功能就是发送和接收。其功能的实现

203

需要串行接口工作方式配置、串行接口发送和串行接口接收 3 部分程序。本节只介绍基本配置，其他功能和技巧都是在基本配置的基础上完成的，读者可参考相关资料。USART 的基本配置流程如图 8-4 所示。

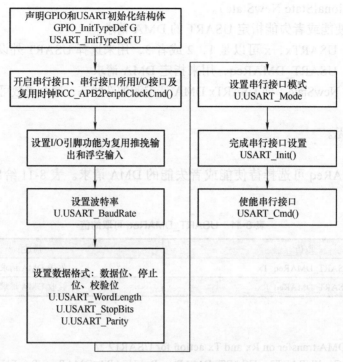

图 8-4 USART 的基本配置流程

需要注意的是，串行接口是 I/O 接口的复用功能，需要根据数据手册将相应的 I/O 接口配置为复用功能。如 USART1 的发送引脚和 PA9 复用，需将 PA9 配置为复用推挽输出，接收引脚和 PA10 复用，需将 PA10 配置为浮空输入，并开启复用功能时钟。另外，根据需要设置串行接口波特率和数据格式。

和其他外设一样，完成配置后一定要使能串行接口功能。

发送数据使用函数 USART_SendData。发送数据时一般要判断发送状态，等发送完成后再执行后面的程序，如下所示：

```
/* 发送数据 */
USART_SendData(USART1，i);
/* 等待发送完成 */
while(USART_GetFlagStatus(USART1，USART_FLAG_TC)！=SET);
```

接收数据使用函数 USART_ReceiveData。无论使用中断方式接收还是查询方式接收，首先要判断接收数据寄存器是否为空，非空时才进行接收，如下所示：

```
/* 接收寄存器非空 */
(USART_GetFlagStatus(USART1，USART_IT_RXNE)==SET);
/* 接收数据 */
i=USART_ReceiveData(USARTI);
```

8.4.2　USART 串行通信应用的硬件设计

为利用 USART 实现开发板与计算机的通信，需要用到一个 USB 转 USART 的电路，这里选择 CH340G 芯片来实现这个功能。CH340G 是一个 USB 总线的转接芯片，可实现 USB 转 USART、USB 转 IrDA 红外或者 USB 转打印机接口。使用其 USB 转 USART 功能，具体的电路设计如图 8-5 所示。

将 CH340G 的 TXD 引脚与 USART1 的 RX 引脚连接，CH340G 的 RXD 引脚与 USART1 的 TX 引脚连接。CH340G 芯片集成在开发板上，其地线（GND）已与微控制器的 GND 相连。

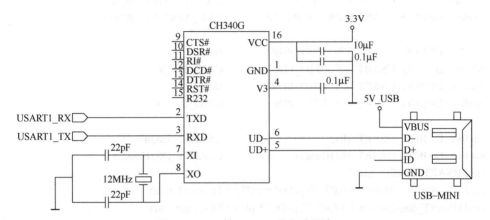

图 8-5　USB 转 USART 的电路设计

8.4.3　USART 串行通信应用的软件设计

创建两个文件 bsp_usart.c 和 bsp_usart.h，用来存 USART 驱动程序及相关宏定义。

编程要点：

1）使能 RX 和 TX 引脚、GPIO 时钟和 USART 时钟。

2）初始化 GPIO，并将 GPIO 复用到 USART 上。

3）配置 USART 参数。

4）配置中断控制器并使能 USART 接收中断。

5）使能 USART。

6）在 USART 接收中断服务程序中实现数据接收和发送。

1. bsp_usart.h 头文件

```
#ifndef _USART_H
#define _USART_H

#include "stm32f10x.h"
#include <stdio.h>
 /*
 * 串行接口宏定义，不同的串行接口挂载的总线和 I/O 接口不一样，移植时需要修改这几个宏
```

```
    * 1——修改总线时钟的宏，UART1 挂载到 APB2，其他 UART 挂载到 APB1
    * 2——修改 GPIO 的宏
    */
// 串行接口 1-USART1
#define  DEBUG_USARTx                    USART1
#define  DEBUG_USART_CLK                 RCC_APB2Periph_USART1
#define  DEBUG_USART_APBxClkCmd          RCC_APB2PeriphClockCmd
#define  DEBUG_USART_BAUDRATE            115200

// USART GPIO 引脚宏定义
#define  DEBUG_USART_GPIO_CLK            (RCC_APB2Periph_GPIOA)
#define  DEBUG_USART_GPIO_APBxClkCmd     RCC_APB2PeriphClockCmd

#define  DEBUG_USART_TX_GPIO_PORT        GPIOA
#define  DEBUG_USART_TX_GPIO_PIN         GPIO_Pin_9
#define  DEBUG_USART_RX_GPIO_PORT        GPIOA
#define  DEBUG_USART_RX_GPIO_PIN         GPIO_Pin_10

#define  DEBUG_USART_IRQ                 USART1_IRQn
#define  DEBUG_USART_IRQHandler          USART1_IRQHandler
void USART_Config(void);
void USART_SendByte( USART_TypeDef * pUSARTx, uint8_t ch);
void USART_SendString( USART_TypeDef * pUSARTx, char *str);
void USART_SendHalfWord( USART_TypeDef * pUSARTx, uint16_t ch);

#endif /* __USART_H */
```

使用宏定义可方便程序移植和升级。开发板中的 CH340G 的收发引脚通过跳帽连接到 USART1，如果想使用其他串行接口，可以把 CH340G 与 USART1 直接连接的跳帽拔掉，选后再把其他串行接口使用的 I/O 接口用杜邦线接到 CH340G 的收发引脚即可。

这里使用的是 USART1，设定波特率为 115200，选定 USART 的 GPIO 为 PA9 和 PA10。

2. bsp_usart.c 函数

（1）void NVIC_Configuration(void) 程序

```
#include "bsp_usart.h"
/*************************************
  * @brief 配置嵌套向量中断控制器 (NVIC)
  * @param 无
  * @retval 无
  ************************************/
static void NVIC_Configuration(void)
{
  NVIC_InitTypeDef NVIC_InitStructure;

  /* NVIC 组选择 */
```

```
    NVIC_PriorityGroupConfig(NVIC_PriorityGroup_2);

    /* 配置 USART 为中断源 */
    NVIC_InitStructure.NVIC_IRQChannel = DEBUG_USART_IRQ;
    /* 抢占式优先级 */
    NVIC_InitStructure.NVIC_IRQChannelPreemptionPriority = 1;
    /* 响应优先级 */
    NVIC_InitStructure.NVIC_IRQChannelSubPriority = 1;
    /* 使能中断 */
    NVIC_InitStructure.NVIC_IRQChannelCmd = ENABLE;
    /* 初始化配置 NVIC */
    NVIC_Init(&NVIC_InitStructure);
}
```

（2）void USART_Config(void) 程序

```
/****************************************
 * @brief  USART GPIO 配置 , 工作参数配置
 * @param 无
 * @retval 无
 ****************************************/
void USART_Config(void)
{
    GPIO_InitTypeDef GPIO_InitStructure;
    USART_InitTypeDef USART_InitStructure;

    / 打开串行接口 GPIO 的时钟
    DEBUG_USART_GPIO_APBxClkCmd(DEBUG_USART_GPIO_CLK, ENABLE);

    // 打开串行接口外设的时钟
    DEBUG_USART_APBxClkCmd(DEBUG_USART_CLK, ENABLE);

    // 将 USART Tx 的 GPIO 配置为推挽复用模式
    GPIO_InitStructure.GPIO_Pin = DEBUG_USART_TX_GPIO_PIN;
    GPIO_InitStructure.GPIO_Mode = GPIO_Mode_AF_PP;
    GPIO_InitStructure.GPIO_Speed = GPIO_Speed_50MHz;
    GPIO_Init(DEBUG_USART_TX_GPIO_PORT, &GPIO_InitStructure);

    // 将 USART Rx 的 GPIO 配置为浮空输入模式
    GPIO_InitStructure.GPIO_Pin = DEBUG_USART_RX_GPIO_PIN;
    GPIO_InitStructure.GPIO_Mode = GPIO_Mode_IN_FLOATING;
    GPIO_Init(DEBUG_USART_RX_GPIO_PORT, &GPIO_InitStructure);

    // 配置串行接口的工作参数
    // 配置波特率
    USART_InitStructure.USART_BaudRate = DEBUG_USART_BAUDRATE;
    // 配置数据字长
```

207

```
USART_InitStructure.USART_WordLength = USART_WordLength_8b;
// 配置停止位
USART_InitStructure.USART_StopBits = USART_StopBits_1;
// 配置奇偶校验位
USART_InitStructure.USART_Parity = USART_Parity_No ;
// 配置硬件流控制
USART_InitStructure.USART_HardwareFlowControl =
USART_HardwareFlowControl_None;
// 配置工作模式，收发一起
USART_InitStructure.USART_Mode = USART_Mode_Rx | USART_Mode_Tx;
// 完成串行接口的初始化配置
USART_Init(DEBUG_USARTx, &USART_InitStructure);

// 串行接口中断优先级配置
NVIC_Configuration();
// 使能串行接口接收中断
USART_ITConfig(DEBUG_USARTx, USART_IT_RXNE, ENABLE);
// 使能串行接口
USART_Cmd(DEBUG_USARTx, ENABLE);
}
```

使用 GPIO_InitTypeDef 和 USART_InitTypeDef 结构体定义一个 GPIO 初始化变量以及一个 USART 初始化变量。

调用函数 RCC_APB2PeriphClockCmd 开启 GPIO 接口时钟，使用 GPIO 接口之前必须开启对应接口的时钟。使用函数 RCC_APB2PeriphClockCmd 开启 USART 时钟。

使用 GPIO 接口之前需要初始化配置它，并且还要添加特殊设置，因为使用它作为外设的引脚，一般都有特殊功能。在初始化时需要把它的模式设置为复用功能。这里把串行接口的 Tx 引脚配置为复用推挽输出，Rx 引脚配置为浮空输入，数据完全由外部输入决定。

接下来，配置 USART1 通信参数为：波特率 115200，字长为 8，1 个停止位，没有奇偶校验位，不使用硬件流控制，采用收发一体工作模式，然后调用 USART 初始化函数完成配置。

程序用到 USART 接收中断，需要配置 NVIC，这里调用函数 NVIC_Configuration 完成配置。配置完 NVIC 之后调用函数 USART_ITConfig 使能 USART 接收中断。

最后调用函数 USART_Cmd 使能 USART，这个函数最终配置的是 USART_CR1 的 UE 位，具体的作用是开启 USART 的工作时钟，因为没有时钟 USART 就不能工作。

（3）void USART_SendByte(USART_TypeDef * pUSARTx, uint8_t ch) 程序

```
/**************** 发送 1 个字节 ******************/
void USART_SendByte( USART_TypeDef * pUSARTx, uint8_t ch)
{
    /* 发送 1 个字节数据到 USART */
    USART_SendData(pUSARTx,ch);
```

```
    /* 等待发送数据寄存器为空 */
    while (USART_GetFlagStatus(pUSARTx, USART_FLAG_TXE) == RESET);
}
```

（4）void USART_SendArray(USART_TypeDef * pUSARTx, uint8_t *array, uint16_t num) 程序

```
/***************** 发送 8 位的数组 **********************/
void USART_SendArray( USART_TypeDef * pUSARTx, uint8_t *array, uint16_t num)
{
    uint8_t i;

        for(i=0; i<num; i++)
    {
                /* 发送 1 个字节数据到 USART */
                USART_SendByte(pUSARTx,array[i]);

    }
        /* 等待发送完成 */
        while(USART_GetFlagStatus(pUSARTx,USART_FLAG_TC)==RESET);
}
```

（5）void USART_SendString(USART_TypeDef * pUSARTx, char *str) 程序

```
/***************** 发送字符串 *********************/
void USART_SendString( USART_TypeDef * pUSARTx, char *str)
{
    unsigned int k=0;
  do
  {
    USART_SendByte( pUSARTx, *(str + k) );
    k++;
  } while(*(str + k)!='\0');

  /* 等待发送完成 */
  while(USART_GetFlagStatus(pUSARTx,USART_FLAG_TC)==RESET)
  {}
}
```

（6）void USART_SendHalfWord(USART_TypeDef * pUSARTx, uint16_t ch) 程序

```
/***************** 发送 1 个 16 位数 *********************/
void USART_SendHalfWord( USART_TypeDef * pUSARTx, uint16_t ch)
{
    uint8_t temp_h, temp_l;

    /* 取出高 8 位 */
    temp_h = (ch&0XFF00)>>8;
    /* 取出低 8 位 */
```

```
            temp_l = ch&0XFF;

            /* 发送高 8 位 */
            USART_SendData(pUSARTx,temp_h);
            while (USART_GetFlagStatus(pUSARTx, USART_FLAG_TXE) == RESET);

            /* 发送低 8 位 */
            USART_SendData(pUSARTx,temp_l);
            while (USART_GetFlagStatus(pUSARTx, USART_FLAG_TXE) == RESET);
}
```

（7）int fputc(int ch, FILE *f) 程序

```
/// 重定向 C 库函数 printf 到串行接口，重定向后可使用 printf 函数
int fputc(int ch, FILE *f)
{
            /* 发送 1 个字节数据到串行接口 */
            USART_SendData(DEBUG_USARTx, (uint8_t) ch);

            /* 等待发送完毕 */
            while (USART_GetFlagStatus(DEBUG_USARTx, USART_FLAG_TXE) == RESET);

            return (ch);
}
```

（8）int fgetc(FILE *f) 程序

```
/// 重定向 C 库函数 scanf 到串行接口，重写向后可使用 scanf、getchar 等函数
int fgetc(FILE *f)
{
            /* 等待串行接口输入数据 */
            while (USART_GetFlagStatus(DEBUG_USARTx, USART_FLAG_RXNE) == RESET);

            return (int)USART_ReceiveData(DEBUG_USARTx);
}
```

3. 串行接口中断服务函数

```
// 串行接口中断服务函数
void DEBUG_USART_IRQHandler(void)
{
 uint8_t ucTemp;
    if(USART_GetITStatus(DEBUG_USARTx,USART_IT_RXNE)!=RESET)
  {
    ucTemp = USART_ReceiveData(DEBUG_USARTx);
  USART_SendData(DEBUG_USARTx,ucTemp);
  }
}
```

这段代码是存放在 stm32f10x_it.c 文件中的，该文件用来集中存放外设中断服务函数。当使能了中断并且中断发生时，就会执行这里的中断服务函数。

在函数 USART_Config(void) 中使能了 USART 接收中断，当 USART 接收到数据时就会执行函数 USART_IRQHandler。函数 USART_GetITStatus 与函数 USART_GetFlagStatus 类似，用来获取标志位状态，但函数 USART_GetITStatus 是专门用来获取中断事件标志的，并返回该标志位状态。使用 if 语句来判断是否是真的产生了 USART 数据接收这个中断事件，如果是真的，就使用 USART 数据读取函数 USART_ReceiveData，读取数据到指定存储区。然后再调用 USART 数据发送函数 USART_SendData，把数据发送给源设备，即计算机端的串行接口调试助手。

4. main.c 函数

```
#include "stm32f10x.h"
#include "bsp_usart.h"
/********************
 * @brief  主函数
 * @param  无
 * @retval 无
 ********************/
int main(void)
{
 /* 初始化 USART 配置模式为 115200 8-N-1, 中断接收 */
 USART_Config();

    /* 发送 1 个字符串 */
    USART_SendString( DEBUG_USARTx," 这是一个串行接口中断接收回显实验 \n");
    printf(" 欢迎使用野火 STM32 开发板 \n\n\n\n");

 while(1)
    {

    }
}
```

首先需要调用函数 USART_Config 完成 USART 初始化配置，包括 GPIO 配置、USART 配置和接收中断使能等。

接下来就可以调用字符发送函数把数据发送给串行接口调试助手了。

最后，main 函数什么都不做，只是静静地等待 USART 接收中断的产生，并在中断服务函数中回传数据。

下载验证时，要保证开发板相关硬件连接正确，用 USB 线连接开发板的 USB 转串行接口与计算机，在计算机端打开串行接口调试助手并配置好相关参数：115200 8-N-1，把编译好的程序下载到开发板，此时串行接口调试助手即可收到开发板发过来的数据。在串行接口调试助手发送区输入任意字符，单击"发送数据"按钮，在野火多功能调试助手接收区即可看到相同的字符。例如在发送区发送字符"1234567890"，收到的同样字符即在接收区显示出来，如图 8-6 所示。

图 8-6　发送区和接收区显示界面

 习题

1. 串行异步通信的数据格式是什么？用图说明。

2. 已知异步通信接口的帧格式由 1 个起始位、8 个数据位、0 个奇偶校验位和 1 个停止位组成。当该接口每分钟传送 9600 个字符时，试计算其波特率。

3. 简要说明 USART 的工作原理。

4. 简要说明 USART 的数据接收配置步骤。

5. 当使用 USART 模块进行全双工异步通信时，需要做哪些配置？

6. 编程写出 USART 的初始化程序。

7. 分别说明 USART 在发送期间和接收期间有几种中断事件。

第 9 章

SPI 与 I²C 串行总线

本章讲述了 SPI 与 I²C 串行总线，包括 SPI 通信原理、STM32F103 的 SPI 工作原理、SPI 库函数、SPI 串行总线应用实例、I²C 通信原理、STM32F103 的 I²C 接口、STM32F103 的 I²C 库函数和 I²C 串行总线应用实例。

9.1 SPI 通信原理

串行外设接口（Serial Peripheral Interface，SPI）是由美国摩托罗拉（Motorola）公司提出的一种高速全双工串行同步通信接口，它首先出现在 M68HC 系列处理器中，由于其简单方便、成本低廉、传输速度快，因此被其他半导体厂商广泛使用，从而成为事实上的标准。

SPI 与 USART 相比，其数据传输速度要快得多，因此它被广泛地应用于微控制器与 ADC、LCD 等设备的通信，尤其是高速通信的场合。微控制器还可以通过 SPI 组成一个小型同步网络进行高速数据交换，完成较复杂的工作。

作为全双工同步串行通信接口，SPI 采用主 / 从模式（Master/Slave），支持一个或多个从设备，能够实现主设备和从设备之间的高速数据通信。

SPI 具有硬件简单、成本低廉、易于使用、传输数据速度快等优点，适用于成本敏感或者高速通信的场合。但同时，SPI 也存在无法检查纠错、不具备寻址能力和接收方没有应答信号等缺点，不适合复杂或者可靠性要求较高的场合。

9.1.1 SPI 介绍

SPI 是同步全双工串行通信接口。由于同步，SPI 有一条公共的时钟线；由于全双工，SPI 有两条数据线来实现数据的双向同时传输；由于是串行通信，SPI 收发数据只能一位一位地在各自的数据线上传输，因此只能有两条数据线：一条发送数据线和一条接收数据线。由此可见，SPI 在物理层体现为 4 条信号线，分别是 SCK、MOSI、MISO 和 SS。

1）SCK（Serial Clock），即时钟线，由主设备产生。不同的设备支持的时钟频率不同。但每个时钟周期可以传输一位数据，经过 8 个时钟周期，一个完整的字节数据就传输完成了。

2）MOSI（Master Output Slave Input），即主设备数据输出 / 从设备数据输入线。这条数据线上的方向是由主设备到从设备，即主设备从这条数据线发送数据，从设备从这条数据线接收数据。也有的半导体厂商（如 Microchip 公司）会站在从设备的角度，将其命名为 SDI。

3）MISO（Master Input Slave Output），即主设备数据输入 / 从设备数据输出线。这条

数据线上的方向是由从设备到主设备，即从设备从这条数据线发送数据，主设备从这条数据线接收数据。也有的半导体厂商（如 Microchip 公司）会站在从设备的角度，将其命名为 SDO。

4）SS（Slave Select），有时候也叫 CS（Chip Select），即 SPI 从设备选择数据线，当有多个 SPI 从设备与 SPI 主设备相连（即一主多从）时，SS 用来选择激活指定的从设备，它由 SPI 主设备（通常是微控制器）驱动，低电平有效。当只有一个 SPI 从设备与 SPI 主设备相连（即一主一从）时，SS 并不是必需的。因此，SPI 也被称为三线同步通信接口。

除了 SCK、MOSI、MISO 和 SS 这 4 条信号线外，SPI 接口还包含一个串行移位数据寄存器，如图 9-1 所示。

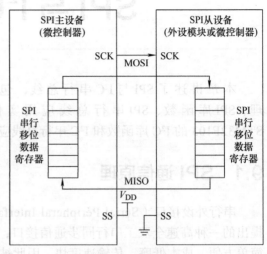

图 9-1　SPI 接口

SPI 主设备向它的 SPI 串行移位数据寄存器写入一个字节发起一次传输，该寄存器通过数据线 MOSI 一位一位地将字节传送给 SPI 从设备；与此同时，SPI 从设备也将自己的 SPI 串行移位数据寄存器中的内容通过数据线 MISO 返回给主设备。这样，SPI 主设备和 SPI 从设备的两个寄存器中的内容相互交换。需要注意的是，对从设备的写操作和读操作是同步完成的。

如果只进行 SPI 从设备写操作（即 SPI 主设备向 SPI 从设备发送一个字节数据），SPI 主设备只需忽略收到的字节即可。反之，如果要进行 SPI 从设备读操作（即 SPI 主设备要读取 SPI 从设备发送的一个字节数据），则 SPI 主设备会发送一个空字节触发 SPI 从设备的数据传输。

9.1.2　SPI 互连

SPI 互连主要有一主一从和一主多从两种互连方式。

1. 一主一从

在一主一从的 SPI 互连方式下，只有一个 SPI 主设备和一个 SPI 从设备进行通信。这种情况下，只需要分别将主设备的 SCK、MOSI、MISO 与从设备的 SCK、MOSI、MISO 直接相连，并将主设备的 SS 置为高电平，从设备的 SS 接地（置为低电平，即片选有效，选中该从设备）即可，如图 9-2 所示。

值得注意的是：USART 互连时，通信双方 USART 的两条数据线必须交叉连接，即

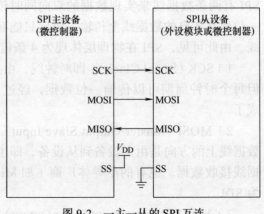

图 9-2　一主一从的 SPI 互连

一端的 TxD 必须与另一端的 RxD 相连，对应地，一端的 RxD 必须与另一端的 TxD 相连。而当 SPI 互连时，主设备和从设备的两根数据线必须直接相连，即主设备的 MISO 与从设备的 MISO 相连，主设备的 MOSI 与从设备的 MOSI 相连。

2. 一主多从

在一主多从的 SPI 互连方式下，一个 SPI 主设备可以和多个 SPI 从设备相互通信。这种情况下，所有的 SPI 设备（包括主设备和从设备）共享时钟线和数据线，即 SCK、MOSI、MISO 这 3 条线，并在主设备端使用多个 GPIO 引脚来选择不同的 SPI 从设备，如图 9-3 所示。显然，在一主多从的 SPI 互连方式下，片选信号 SS 必须对每个从设备分别进行选通，但这增加了连接的难度和连接的数量，因此失去了串行通信的优势。

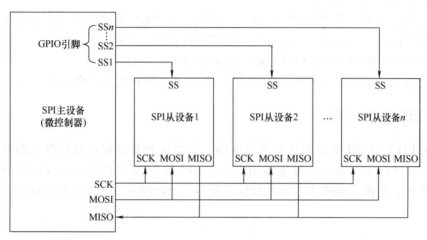

图 9-3　一主多从的 SPI 互连

需要特别注意的是，在多个从设备的 SPI 的系统中，由于时钟线和数据线为所有的 SPI 设备共享，因此，在同一时刻只能有一个从设备参与通信。而且，当主设备与其中一个从设备进行通信时，其他从设备的时钟和数据线都应保持高阻态，以避免影响当前数据的传输。

9.2　STM32F103 的 SPI 工作原理

SPI 允许芯片与外部设备以半 / 全双工同步串行方式通信。此接口可以被配置成主设备模式，并为外部从设备提供时钟（SCK）。

9.2.1　SPI 主要特征

STM32F103 的小容量产品有 1 个 SPI，中等容量产品有 2 个 SPI，大容量产品则有 3 个 SPI。

STM32F103 的 SPI 主要具有以下特征：

1）3 线全双工同步传输。

2）带或不带第 3 根双向数据线的双线单工同步传输。

3）8 或 16 位传输帧格式选择。

4）主设备或从设备操作。

215

5）支持多主设备模式。

6）8 个主设备模式波特率预分频系数（最大为 $f_{PCLK/2}$）。

7）从设备模式频率（最大为 $f_{PCLK/2}$）由主模式频率决定。

8）主设备模式和从设备模式的快速通信。

9）主设备模式和从设备模式下均可以由软件或硬件进行 NSS 管理，即主 / 从设备模式的动态改变。

10）可编程的时钟极性和相位。

11）可编程的数据顺序，能使 MSB 在前或 LSB 在前。

12）可触发中断的专用发送和接收标志。

13）SPI 总线忙状态标志。

14）支持可靠通信的硬件 CRC。在发送模式下，CRC 值可以被作为最后一个字节发送；在全双工模式下，对接收到的最后一个字节自动进行 CRC 校验。

15）可触发中断的主设备模式故障、过载以及 CRC 错误标志。

16）支持 DMA 功能的 1 字节发送和接收缓冲器，可产生发送和接受请求。

9.2.2 SPI 内部结构

STM32F103 的 SPI 主要由波特率发生器、收发控制和数据存储转移 3 部分组成，内部结构如图 9-4 所示。波特率发生器用来产生 SPI 的 SCK 时钟信号，收发控制主要由控制寄存器组成，数据存储转移主要由移位寄存器、接收缓冲区和发送缓冲区等构成。

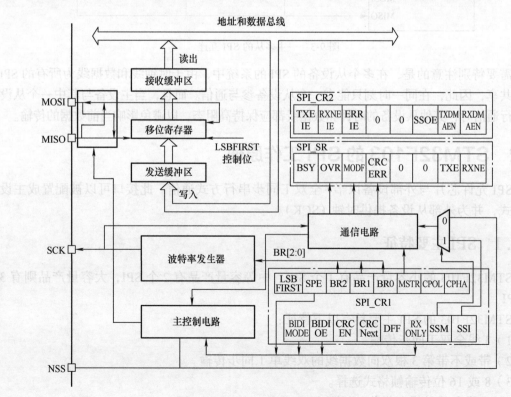

图 9-4　STM32F103 的 SPI 内部结构

通常 SPI 通过 4 个引脚与外部器件相连：

1）MISO：主设备数据输入 / 从设备数据输出引脚。该引脚在从设备模式下发送数据，在主设备模式下接收数据。

2）MOSI：主设备数据输出 / 从设备数据输入引脚。该引脚在主设备模式下发送数据，在从设备模式下接收数据。

3）SCK：时钟，作为主设备的输出，从设备的输入。

4）NSS：从设备选择。这是一个可选的引脚，用来选择主 / 从设备。它的功能是用来作为片选引脚，让主设备可以单独地与特定从设备通信，避免数据线上的冲突。

1. 波特率发生器

波特率发生器用来产生 SPI 的 SCK 时钟信号。波特率预分频系数可以是 2、4、8、16、32、64、128 或 256。通过设置波特率控制位（BR）可以控制 SCK 时钟的输出频率，从而控制 SPI 的传输速率。

2. 收发控制

收发控制主要由若干个控制寄存器组成，如 SPI 控制寄存器（Control Register）SPI_CR1、SPI_CR2 和 SPI 状态寄存器（Status Register）SPI_SR 等。

1）SPI_CR1 寄存器主要控制收发电路，用于设置 SPI 的协议，例如时钟极性、时钟相位和数据格式等。

2）SPI_CR2 寄存器用于设置各种 SPI 中断使能，例如使能 TXE 的 TXEIE 和使能 RXNE 的 RXNEIE 等。

3）通过查询 SPI_SR 寄存器中的各个标志位可以得知 SPI 当前的状态。

与 USART 类似，SPI 的控制和状态查询可以通过库函数来实现，因此，无需深入了解这些寄存器的具体细节（如各个位代表的意义），而只需学会使用 SPI 相关的库函数即可。

3. 数据存储转移

数据存储转移，主要由移位寄存器、接收缓冲区和发送缓冲区等构成。

移位寄存器直接与 SPI 的 MISO 引脚和 MOSI 引脚连接，一方面将从 MISO 引脚收到的数据根据数据格式和数据顺序经串并转换后发到接收缓冲区，另一方面将从发送缓冲区收到的数据根据数据格式和数据顺序经并串转换后一位一位地从 MOSI 引脚上发送出去。

9.2.3 时钟信号的相位和极性

SPI_CR 寄存器的 CPOL 和 CPHA 位，能够组合成 4 种可能的时序关系。CPOL（时钟极性）位控制在没有数据传输时时钟的空闲状态电平，此位对主设备模式和从设备模式下的设备都有效。如果 CPOL 被置 0，则 SCK 引脚在空闲状态保持低电平；如果 CPOL 被置 1，则 SCK 引脚在空闲状态保持高电平。

如图 9-5 所示，如果 CPHA（时钟相位）位被置 0，数据在 SCK 时钟的奇数（第 1、3、5、……个）跳变沿（CPOL 位为 0 时就是上升沿，CPOL 位为 1 时就是下降沿）进行数据位的存取，数据在 SCK 时钟偶数（第 2、4、6、……个）跳变沿（CPOL 位为 0 时就是下降沿，CPOL 位为 1 时就是上升沿）准备就绪。

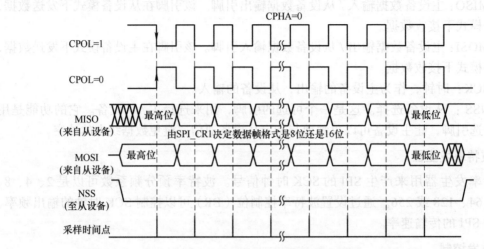

图 9-5　CPHA 置 0 时的 SPI 时序图

如图 9-6 所示，如果 CPHA（时钟相位）位被置 1，数据在 SCK 时钟的偶数（第 2、4、6、……个）跳变沿（CPOL 位为 0 时就是下降沿，CPOL 位为 1 时就是上升沿）进行数据位的存取，数据在 SCK 时钟奇数（第 1、3、5、……个）跳变沿（CPOL 位为 0 时就是上升沿，CPOL 位为 1 时就是下降沿）准备就绪。

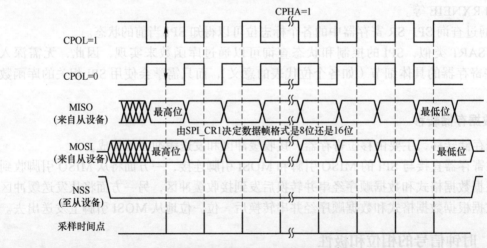

图 9-6　CPHA 置 1 时的 SPI 时序图

CPOL 时钟极性和 CPHA 时钟相位的组合用来选择数据捕捉的时钟边沿。图 9-5 和图 9-6 显示了 SPI 传输的 4 种 CPHA 和 CPOL 位组合。图 9-5 和图 9-6 可以解释为主设备和从设备的 SCK、MISO、MOSI 引脚直接连接的主设备或从设备时序图。

9.2.4　数据帧格式

根据 SPI_CR1 寄存器中的 LSBFIRST 位，输出数据位时可以 MSB 在先，也可以 LSB 在先。

根据 SPI_CR1 寄存器的 DFF 位，每个数据帧可以是 8 位或是 16 位。所选择的数据帧格式决定发送 / 接收的数据长度。

9.2.5　配置 SPI 为主设备模式

在 SPI 为主设备模式时，在 SCK 引脚产生串行时钟。

请按照以下步骤配置 SPI 为主设备模式。

1. 配置步骤

1）通过 SPI_CR1 寄存器的 BR［2:0］位定义串行时钟波特率。

2）选择 CPOL 和 CPHA 位，定义数据传输和串行时钟间的相位关系。

3）设置 DFF 位来定义 8 位或 16 位数据帧格式。

4）配置 SPI_CR1 寄存器的 LSBFIRST 位定义帧格式。

5）如果需要 NSS 引脚工作在输入模式，在硬件模式下，在整个数据帧传输期间应把 NSS 引脚连接到高电平；在软件模式下，需设置 SPI_CR1 寄存器的 SSM 位和 SSI 位。如果 NSS 引脚工作在输出模式，则只需设置 SSOE 位。

6）必须设置 MSTR 位和 SPE 位（只当 NSS 引脚被连到高电平，这些位才能保持置位）。在这个配置中，MOSI 引脚用于数据输出，而 MISO 引脚用于数据输入。

2. 数据发送过程

当写入数据至发送缓冲器时，发送过程开始。

在发送第一个数据位时，数据字被并行地（通过内部总线）传入移位寄存器，而后串行地移出到 MOSI 引脚上。"MSB 在先"还是"LSB 在先"，取决于 SPI_CR1 寄存器中的 LSBFIRST 位的设置。

数据从发送缓冲器传输到移位寄存器时 TXE 标志将被置位，如果设置了 SPI_CR1 寄存器中的 TXEIE 位，将产生中断。

3. 数据接收过程

对于接收器来说，当数据传输完成时：

1）传送移位寄存器里的数据到接收缓冲器，并且 RXNE 标志被置位。

2）如果设置了 SPI_CR2 寄存器中的 RXNEIE 位，则产生中断。

在最后一个采样时钟沿，RXNE 位被设置，在移位寄存器中接收到的数据字被传送到接收缓冲器。读 SPI_DR 寄存器时，SPI 设备返回接收缓冲器中的数据。读 SPI_DR 寄存器将清除 RXNE 位。

SPI 主设备模式是 STM32F103 的 SPI 最为常用的模式。

需要特别注意的是，在主设备模式下，STM32F103 通过 MOSI 引脚发送数据的同时，也会在 MISO 引脚上收到来自 SPI 从设备发来的数据。如果只对 SPI 从设备进行写操作，那么 STM32F103 将接收到的字节忽略即可。但如果要对 SPI 从设备进行读操作，则 STM32F103 必须发送一个空字节来触发从设备的数据传输。

9.2.6 配置 SPI 为从设备模式

STM32F103 的 SPI 工作在从模式下，即作为 SPI 从设备。在这种配置中，SCK 用于接收从 SPI 主设备来的时钟，MOSI 是数据输入，MISO 是数据输出。

需要注意的是，在主设备发送时钟之前，应先使能 SPI 从设备，否则可能会发生意外的数据传输。而且，在时钟的第一个边沿到来之前或正在进行的通信结束之前，SPI 从设备的数据寄存器必须就绪。

1. 配置步骤

将 STM32F103 的 SPI 配置为从设备模式的步骤如下：

1）设置 SPI 协议：SPI_CR1 寄存器的 CPOL 和 CPHA 位。为保证正确的数据传输，必须和 SPI 主设备的 CPOL 和 CPHA 位配置成相同的方式。

2）设置 SPI 数据格式：SPI_CR1 寄存器的 DFF 位和 LSBFIRST 位，同样也必须和 SPI 主设备对应位的配置相同。

3）设置 NSS 工作模式：NSS 只能作为输入（不能作为输出）。

① 硬件模式下，在完整的 8/16 位数据帧传输过程中，NSS 引脚必须为低电平。

② 软件模式下，需置位 SPI_CR1 寄存器中的 SSM 位并清除 SSI 位。

4）清除 SPI_CR1 寄存器的 MSTR 位并设置 SPE 位，使相应引脚工作于 SPI 模式下。

2. 数据发送过程

当工作在 SPI 从设备模式下的 STM32F103 发送数据时，数据先被并行地写入发送缓冲区。当收到时钟信号 SCK 并在 MOSI 引脚上出现第一个数据位时，数据发送过程开始（此时第一个位被发送出去）。余下的位（对于 8 位数据帧格式，还有 7 位；对于 16 位数据帧格式，还有 15 位）被装进移位寄存器。当发送缓冲区中的数据完成向移位寄存器的传输时，SPI_SR 寄存器的 TXE 标志被置位，此时如果 SPI_CR2 寄存器的 TXEIE 位也被置位，将会产生中断。

3. 数据接收过程

工作在 SPI 从设备模式下的 STM32F103 接收数据时，MISO 引脚上的数据位随着时钟信号 SCK 被一位一位依次传入移位寄存器，并转入接收缓冲区。在 SCK 最后一个采样时钟边沿后，SPI_SR 寄存器中的 RXNE 标志被置位，移位寄存器中接收到的数据字节被全部传送到接收缓冲区。此时，如果 SPI_CR2 寄存器中的 RXNEIE 位被置 1，则会产生中断。当读取 SPI 数据寄存器 SPI_DR 时，返回这个接收缓冲区的数值，并且清除 SPI_SR 寄存器中的 RXNE 位。

9.2.7 SPI 状态标志和中断

STM32F103 应用程序可以通过 3 个状态标志来完全监控 SPI 的状态，也可以通过中断及中断服务程序来处理 SPI 事务。

1. SPI 状态标志

SPI 状态标志主要有以下 3 个：

1）TXE（发送缓冲区空闲标志）。该状态标志被置位（即为 1）时，表示发送缓冲区为空。应用程序可以写下一个待发送的数据进入发送缓冲区。当写 SPI 数据寄存器 SPI_DR 时，该标志被清除。需要注意的是，在每次试图写发送缓冲区之前，应确认 TXE 标志已经被置位。

2）RXNE（接收缓冲区非空标志）。该状态标志被置位（即为 1）时，表示在接收缓冲区中包含有效的接收数据。读 SPI 数据寄存器 SPI_DR 时，可以清除该标志。

3）BSY（Busy，忙标志）。该标志表示 SPI 通信层的状态，由硬件设置与清除，应用程序中对该位执行写操作无任何效果。

当 BSY 被置位（即为 1）时，表示 SPI 正忙于通信。但有一个例外：在主设备模式的双向接收模式下，在接收期间 BSY 保持为低电平。在软件要关闭 SPI 模块并进入停机模式（或关闭设备时钟）之前，可以使用 BSY 检测传输是否结束，这样可以避免破坏最后一次传输。

2. SPI 中断

与 USART 类似，STM32F103 中，不同的 SPI 有着不同的中断向量。而对于同一个 SPI，它的各种中断事件都被连接到同一个中断向量。

在 STM32F103 的 SPI 中断事件中，最常用的是 TXE 和 RXNE。

1）TXE（发送缓冲区空闲中断请求）。当数据完成从发送缓冲区到移位寄存器的转换和传输时，SPI_SR 寄存器中的 TXE 标志被置位。此时，如果设置了 SPI_CR1 寄存器中的 TXEIE 位，则会产生中断。

2）RXNE（接收缓冲区非空中断请求）。当移位寄存器中接收到的数据字节被全部转换并传送到接收缓冲区时，SPI_SR 寄存器中的 RXNE 标志被置位。此时，如果 SPI_CR2 寄存器中的 RXNEIE 位被置 1，则会产生中断。

9.2.8　SPI 发送数据和接收数据

在 STM32F103 使用 SPI 发送数据前，程序员应先完成 SPI 物理层（如引脚）和协议层（时钟极性、时钟相位、数据格式和传输速率等）的相关配置，并将数据并行地写入发送缓冲区，进行 SPI 数据的收发。

1. SPI 发送数据

使用 STM32F103 的 SPI1 发送一个字节数据的具体流程如图 9-7 所示。

2. SPI 接收数据

SPI 在发送一个字节数据的同时，也会接收一个字节数据。因此，STM32F103 的 SPI1 接收一个字节数据和发送一个字节数据的过程基本相同。唯一的不同在于，要从 SPI 接收数据时，发送的数据是一个空字节，而不是有意义的指令字节，如图 9-8 所示。因此，在编程实现时，SPI 的数据发送和接收通常可以使用同一个函数实现，通过调用时对参数不同的赋值进行区别。

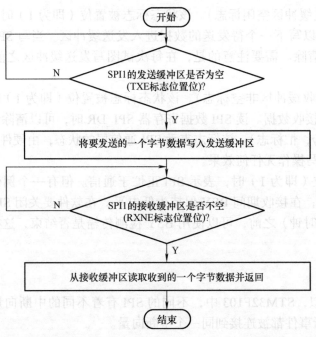

图 9-7　使用 STM32F103 的 SPI1 发送一个字节数据的具体流程

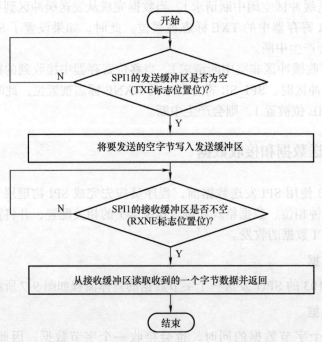

图 9-8　使用 STM32F103 的 SPI1 接收一个字节数据的具体流程

9.3　SPI 库函数

　　SPI 固件库支持 21 种库函数，见表 9-1。为了理解这些函数的具体使用方法，下面对标准库中的部分库函数做详细介绍。

表 9-1　SPI 库函数

函数名称	功能
SPI_DeInit	将外设寄存器 SPIx 重设为缺省值
SPI_Init	根据 SPI_InitStruct 中指定的参数初始化外设寄存器 SPIx
SPI_StructInit	把 SPI_InitStruct 中的每一个参数按缺省值填入
SPI_Cmd	使能或者失能 SPI 外设
SPI_ITConfig	使能或者失能指定的 SPI 中断
SPI_DMACmd	使能或者失能指定 SPI 的 DMA 请求
SPI_SendData	通过外设 SPIx 发送一个数据
SPI_ReceiveData	返回通过 SPIx 接收的最近数据
SPI_DMALastTransferCmd	使下一次 DMA 传输为最后一次传输
SPI_NSSInternalSoftwareConfig	为选定的 SPI 软件配置内部 NSS 引脚
SPI_SSOutputCmd	使能或者失能指定的 SPI
SPI_DataSizeConfig	设置选定的 SPI 数据大小
SPI_TransmitCRC	发送 SPIx 的 CRC 值
SPI_CalculateCRC	使能或者失能指定 SPI 的传输字的 CRC 值计算
SPI_GetCRC	返回指定 SPI 的发送或者接收的 CRC 寄存器值
SPI_GetCRCPolynomial	返回指定 SPI 的 CRC 多项式的寄存器值
SPI_BiDirectionalLineConfig	选择指定 SPI 在双向模式下的数据传输方向
SPI_GetFlagStatus	检查指定的 SPI 标志位设置与否
SPI_ClearFlag	清除 SPIx 的待处理标志位
SPI_GetITStatus	检查指定的 SPI 中断发生与否
SPI_ClearITPendingBit	清除 SPIx 的中断待处理位

1. 函数 SPI_DeInit

函数名：SPI_DeInit。

函数原型：void SPI_I2S_DeInit（SPI_TypeDef* SPIx）。

功能描述：将外设寄存器 SPIx 重设为缺省值。

输入参数：SPIx，x 可以是 1 或者 2，用来选择 SPI 外设。

输出参数：无。

返回值：无。

2. 函数 SPI_Init

函数名：SPI_Init。

函数原型：void SPI_Init（SPI_TypeDef* SPIx，SPI_InitTypeDef* SPI_InitStruct）。

功能描述：根据 SPI_InitStruct 中指定的参数初始化外设寄存器 SPIx。

输入参数 1：SPIx，x 可以是 1 或者 2，用来选择 SPI 外设。

输入参数 2：SPI_InitStruct，即指向结构体 SPI_InitTypeDef 的指针，包含了外设 SPI 的配置信息。

输出参数：无。

返回值：无。

3. 函数 SPI_ Cmd

函数名：SPI_Cmd。

函数原型：void SPI_Cmd（SPI_TypeDef* SPIx, FunctionalState NewState）。

功能描述：使能或者失能 SPI 外设。

输入参数 1：SPIx, x 可以是 1 或者 2, 用来选择 SPI 外设。

输入参数 2：NewState, 即外设 SPIx 的新状态, 这个参数可以取 ENABLE 或者 DISABLE。

输出参数：无。

返回值：无。

4. 函数 SPI_ SendData

函数名：SPI_SendData。

函数原型：void SPI_I2S_SendData（SPI_TypeDef* SPIx, u16 Data）。

功能描述：通过外设 SPIx 发送一个数据。

输入参数 1：SPIx, x 可以是 1 或者 2, 用来选择 SPI 外设。

输入参数 2：Data, 即待发送的数据。

输出参数：无。

返回值：无。

5. 函数 SPI_ReceiveData

函数名：SPI_ReceiveData。

函数原型：u16 SPI_ReceiveData（SPI_TypeDef* SPIx）。

功能描述：返回通过 SPIx 接收的最近数据。

输入参数：SPIx, x 可以是 1 或者 2, 用来选择 SPI 外设。

输出参数：无。

返回值：接收到的字。

6. 函数 SPI_ITConfig

函数名：SPI_ITConfig。

函数原型：void SPI_ITConfig（SPI_TypeDef* SPIx, uint8_t SPI_IT, FunctionalState NewState）。

功能描述：使能或者失能指定的 SPI 中断。

输入参数 1：SPIx, x 可以是 1 或者 2, 用来选择 SPI 外设。

输入参数 2：SPI_IT, 即待使能或者失能的 SPI 中断源。

输入参数 3：NewState, 即 SPIx 中断的新状态, 这个参数可以取 ENABLE 或者 DISABLE。

输出参数：无。

返回值：无。

7. 函数 SPI_GetITStatus

函数名：SPI_GetITStatus。

函数原型：ITStatus SPI_GetITStatus（SPI_TypeDef* SPIx，uint8_t SPI_IT）。

功能描述：检查指定的 SPI 中断发生与否。

输入参数 1：SPIx，x 可以是 1 或者 2，用来选择 SPI 外设。

输入参数 2：SPI_IT，即待检查的 SPI 中断源。

输出参数：无。

返回值：SPI_IT 的新状态。

8. 函数 SPI_ClearFlag

函数名：SPI_ClearFlag。

函数原型：void SPI_ClearFlag（SPI_TypeDef* SPIx，uint16_t SPI_I2S_FLAG）。

功能描述：清除 SPI 的待处理标志位。

输入参数 1：SPIx，x 可以是 1 或者 2，用来选择 SPI 外设。

输入参数 2：SPI_FLAG，即待清除的 SPI 标志位。

输出参数：无。

返回值：无。

9.4 SPI 串行总线应用实例

Flash 存储器又称闪存，它与 EEPROM 都是掉电后数据不丢失的存储器，但闪存的容量普遍大于 EEPROM，现在也基本取代了后者的地位。人们生活中常用的 U 盘、SD 卡、SSD 固态硬盘以及 STM32 芯片内部用于存储程序的设备，都是闪存类型的存储器。

本节以一种使用 SPI 串行闪存芯片 W25Q64 的读写为例，讲述 STM32 的 SPI 使用方法。实例中 STM32 的 SPI 外设采用主设备模式，通过查询事件的方式来确保正常通信。

9.4.1 SPI 配置流程

SPI 配置流程图如图 9-9 所示，主要包括开启时钟、相关引脚配置和 SPI 工作模式设置。其中，GPIO 引脚配置需将 SPI 器件片选设置为高电平，SCK、MISO、MOSI 设置为复用功能。

配置完成后，可根据器件功能和命令进行读写操作。

9.4.2 SPI 串行总线应用的硬件设计

SPI 串行闪存芯片 W25Q64 连接的电路如图 9-10 所示。

闪存芯片 W25Q64 的 $\overline{CS}$/CLK/DIO/DO 引脚分别连接到 STM32 对应的 SPI 引脚 SS、SCK、MOSI、MISO 上，其中 STM32 的 NSS 引脚是一个普通的 GPIO 引脚，不是 SPI 的专用 SS 引脚，所以程序中要使用软件控制的方式。

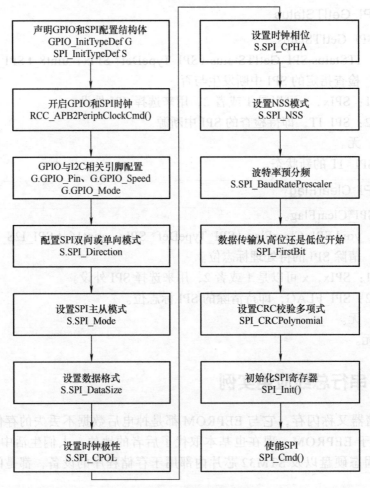

图 9-9　SPI 配置流程图

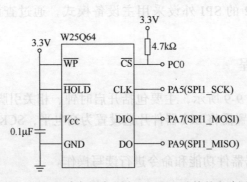

图 9-10　SPI 串行闪存芯片 W25Q64 连接的电路图

闪存芯片中还有 $\overline{WP}$ 和 $\overline{HOLD}$ 引脚。$\overline{WP}$ 引脚可控制写保护功能，当该引脚为低电平时，禁止写入数据。直接接电源则不使用写保护功能。$\overline{HOLD}$ 引脚可用于暂停通信，该引脚为低电平时，通信暂停，数据输出引脚输出高阻抗状态，时钟和数据输入引脚无效，直接接电源则不使用通信暂停功能。

关于闪存芯片的更多信息，可参考 W25Q64 数据手册。若使用的开发板的闪存芯片型号或控制引脚不一样，只需根据工程模板修改即可，程序的控制原理相同。

9.4.3　SPI 串行总线应用的软件设计

为了使工程更加有条理，可把读写闪存相关的代码独立分开存储，方便以后移植。
在"工程模板"之上新建 bsp_spi_flash.c 及 bsp_spi_flash.h 文件。
编程要点：

1）初始化通信使用的目标引脚及接口时钟。

2）使能 SPI 外设的时钟。

3）配置 SPI 外设的模式、地址和速率等参数，并使能 SPI 外设。

4）编写基本 SPI 按字节收发的函数。

5）编写对闪存擦除及读写操作的函数。

6）编写测试程序，对读写数据进行校验。

1. bsp_spi_flash.h 头文件

把 SPI 硬件相关的配置都以宏的形式定义到 bsp_spi_flash.h 头文件中。

根据硬件连接，把与闪存通信使用的 SPI 号、GPIO 等都以宏封装起来，并且定义控制 SS（NSS）引脚输出电平的宏，以便配置产生起始和终止信号时使用。

```
#ifndef _SPI_FLASH_H
#define _SPI_FLASH_H

#include "stm32f10x.h"
#include <stdio.h>

#define  sFLASH_ID               0XEF4017    //W25Q64

#define SPI_FLASH_PageSize                   256
#define SPI_FLASH_PerWritePageSize           256

/* 命令定义 – 开头 *******************************/
#define W25X_WriteEnable         0x06
#define W25X_WriteDisable        0x04
#define W25X_ReadStatusReg       0x05
#define W25X_WriteStatusReg      0x01
#define W25X_ReadData            0x03
#define W25X_FastReadData        0x0B
#define W25X_FastReadDual        0x3B
#define W25X_PageProgram         0x02
#define W25X_BlockErase          0xD8
#define W25X_SectorErase         0x20
#define W25X_ChipErase           0xC7
#define W25X_PowerDown           0xB9
#define W25X_ReleasePowerDown    0xAB
```

```
#define W25X_DeviceID                         0xAB
#define W25X_ManufactDeviceID                 0x90
#define W25X_JedecDeviceID                    0x9F

/* WIP(Busy) 标志，闪存内部正在写入 */
#define WIP_Flag                              0x01
#define Dummy_Byte                            0xFF
/* 命令定义 – 结尾 ******************************/

/*SPI 接口定义 – 开头 ******************************/
#define    FLASH_SPIx                         SPI1
#define    FLASH_SPI_APBxClock_FUN            RCC_APB2PeriphClockCmd
#define    FLASH_SPI_CLK                      RCC_APB2Periph_SPI1

//SS(NSS) 引脚 片选选普通 GPIO 接口引脚即可
#define    FLASH_SPI_CS_APBxClock_FUN         RCC_APB2PeriphClockCmd
#define    FLASH_SPI_CS_CLK                   RCC_APB2Periph_GPIOC
#define    FLASH_SPI_CS_PORT                  GPIOC
#define    FLASH_SPI_CS_PIN                   GPIO_Pin_0

//SCK 引脚
#define    FLASH_SPI_SCK_APBxClock_FUN        RCC_APB2PeriphClockCmd
#define    FLASH_SPI_SCK_CLK                  RCC_APB2Periph_GPIOA
#define    FLASH_SPI_SCK_PORT                 GPIOA
#define    FLASH_SPI_SCK_PIN                  GPIO_Pin_5
//MISO 引脚
#define    FLASH_SPI_MISO_APBxClock_FUN       RCC_APB2PeriphClockCmd
#define    FLASH_SPI_MISO_CLK                 RCC_APB2Periph_GPIOA
#define    FLASH_SPI_MISO_PORT                GPIOA
#define    FLASH_SPI_MISO_PIN                 GPIO_Pin_6
//MOSI 引脚
#define    FLASH_SPI_MOSI_APBxClock_FUN       RCC_APB2PeriphClockCmd
#define    FLASH_SPI_MOSI_CLK                 RCC_APB2Periph_GPIOA
#define    FLASH_SPI_MOSI_PORT                GPIOA
#define    FLASH_SPI_MOSI_PIN                 GPIO_Pin_7

#define SPI_FLASH_CS_LOW() GPIO_ResetBits( FLASH_SPI_CS_PORT, FLASH_SPI_CS_PIN )
#define SPI_FLASH_CS_HIGH() GPIO_SetBits( FLASH_SPI_CS_PORT, FLASH_SPI_CS_PIN )

/*SPI 接口定义 – 结尾 ******************************/

/* 等待超时时间 */
#define SPIT_FLAG_TIMEOUT          ((uint32_t)0x1000)
#define SPIT_LONG_TIMEOUT          ((uint32_t)(10 * SPIT_FLAG_TIMEOUT))
```

228

```
/* 信息输出 */
#define FLASH_DEBUG_ON          1

#define FLASH_INFO(fmt,arg...)          printf("<<–FLASH–INFO–>> "fmt"\n",##arg)
#define FLASH_ERROR(fmt,arg...)         printf("<<–FLASH–ERROR–>> "fmt"\n",##arg)
#define FLASH_DEBUG(fmt,arg...)         do{\
                                        if(FLASH_DEBUG_ON)\
                                        printf("<<–FLASH–DEBUG–>> [%d]"fmt"\n",__LINE__, ##arg);\
                                        }while(0)

void SPI_FLASH_Init(void);
void SPI_FLASH_SectorErase(u32 SectorAddr);
void SPI_FLASH_BulkErase(void);
void SPI_FLASH_PageWrite(u8* pBuffer, u32 WriteAddr, u16 NumByteToWrite);
void SPI_FLASH_BufferWrite(u8* pBuffer, u32 WriteAddr, u16 NumByteToWrite);
void SPI_FLASH_BufferRead(u8* pBuffer, u32 ReadAddr, u16 NumByteToRead);
u32 SPI_FLASH_ReadID(void);
u32 SPI_FLASH_ReadDeviceID(void);
void SPI_FLASH_StartReadSequence(u32 ReadAddr);
void SPI_Flash_PowerDown(void);
void SPI_Flash_WAKEUP(void);

u8 SPI_FLASH_ReadByte(void);
u8 SPI_FLASH_SendByte(u8 byte);
u16 SPI_FLASH_SendHalfWord(u16 HalfWord);
void SPI_FLASH_WriteEnable(void);
void SPI_FLASH_WaitForWriteEnd(void);

#endif /* __SPI_FLASH_H */
```

2. bsp_spi_flash.c 程序

（1）初始化 SPI 的 GPIO 接口

与所有使用到 GPIO 接口的外设一样，这里应先把使用到的 GPIO 接口引脚模式初始化并配置好复用功能。GPIO 接口初始化流程如下：

1）使用 GPIO_InitTypeDef 定义 GPIO 接口初始化结构体变量，以便存储 GPIO 接口配置。

2）调用函数 RCC_APB2PeriphClockCmd 来使能 SPI 引脚使用的 GPIO 接口时钟。

3）向 GPIO 接口初始化结构体赋值，把 SCK/MOSI/MISO 引脚初始化成复用推挽模式。而且由于使用软件控制，SS（NSS）引脚应配置为普通的推挽输出模式。

4）使用以上初始化结构体的配置，调用函数 GPIO_Init 向寄存器写入参数，完成 GPIO 接口的初始化。

```
#include "./flash/bsp_spi_flash.h"
```

```
static __IO uint32_t SPITimeout = SPIT_LONG_TIMEOUT;
static uint16_t SPI_TIMEOUT_UserCallback(uint8_t errorCode);


/*******************************
  * @brief  SPI_FLASH 初始化
  * @param 无
  * @retval 无
  *******************************/
void SPI_FLASH_Init(void)
{
  SPI_InitTypeDef  SPI_InitStructure;
  GPIO_InitTypeDef GPIO_InitStructure;

/* 使能 SPI 时钟 */
FLASH_SPI_APBxClock_FUN ( FLASH_SPI_CLK, ENABLE );

/* 使能 SPI 引脚相关的时钟 */
 FLASH_SPI_CS_APBxClock_FUN ( FLASH_SPI_CS_CLK|FLASH_SPI_SCK_CLK|

FLASH_SPI_MISO_PIN|FLASH_SPI_MOSI_PIN, ENABLE );

  /* 配置 SPI 的 SS 引脚，普通 I/O 接口即可 */
  GPIO_InitStructure.GPIO_Pin = FLASH_SPI_CS_PIN;
  GPIO_InitStructure.GPIO_Speed = GPIO_Speed_50MHz;
  GPIO_InitStructure.GPIO_Mode = GPIO_Mode_Out_PP;
  GPIO_Init(FLASH_SPI_CS_PORT, &GPIO_InitStructure);

  /* 配置 SPI 的 SCK 引脚 */
  GPIO_InitStructure.GPIO_Pin = FLASH_SPI_SCK_PIN;
  GPIO_InitStructure.GPIO_Mode = GPIO_Mode_AF_PP;
  GPIO_Init(FLASH_SPI_SCK_PORT, &GPIO_InitStructure);

  /* 配置 SPI 的 MISO 引脚 */
  GPIO_InitStructure.GPIO_Pin = FLASH_SPI_MISO_PIN;
  GPIO_Init(FLASH_SPI_MISO_PORT, &GPIO_InitStructure);

  /* 配置 SPI 的 MOSI 引脚 */
  GPIO_InitStructure.GPIO_Pin = FLASH_SPI_MOSI_PIN;
  GPIO_Init(FLASH_SPI_MOSI_PORT, &GPIO_InitStructure);

  /* 终止信号：SS 引脚高电平 */
  SPI_FLASH_CS_HIGH();
```

（2）配置 SPI 的模式

以上只是配置了 SPI 使用的引脚。在配置 STM32 的 SPI 模式前，要先了解从设备端的 SPI 模式。

　　根据闪存芯片的说明，它支持 SPI 模式 0 及模式 3，支持双线全双工，使用 MSB 先行模式，支持通信时钟最高为 104MHz，数据帧长度为 8 位。

```
/* SPI 模式配置 */
// 闪存芯片 支持 SPI 模式 0 及模式 3，据此设置 CPOL CPHA
SPI_InitStructure.SPI_Direction = SPI_Direction_2Lines_FullDuplex;
SPI_InitStructure.SPI_Mode = SPI_Mode_Master;
SPI_InitStructure.SPI_DataSize = SPI_DataSize_8b;
SPI_InitStructure.SPI_CPOL = SPI_CPOL_High;
SPI_InitStructure.SPI_CPHA = SPI_CPHA_2Edge;
SPI_InitStructure.SPI_NSS = SPI_NSS_Soft;
SPI_InitStructure.SPI_BaudRatePrescaler = SPI_BaudRatePrescaler_4;
SPI_InitStructure.SPI_FirstBit = SPI_FirstBit_MSB;
SPI_InitStructure.SPI_CRCPolynomial = 7;
SPI_Init(FLASH_SPIx , &SPI_InitStructure);

/* 使能 SPI*/
SPI_Cmd(FLASH_SPIx , ENABLE);
```

　　这段代码中，把 STM32 的 SPI 外设配置为主设备和双线全双工模式，数据帧长度为 8 位，使用 SPI 模式 3（CPOL=1，CPHA=1），NSS 引脚由软件控制，采用 MSB 先行模式。代码中把 SPI 的时钟频率配置成了 4 分频，实际上可以配置成 2 分频以提高通信速率。最后一个成员为 CRC 计算式，由于与闪存芯片通信不需要 CRC 校验，并没有使能 SPI 的 CRC 功能，因此这时 CRC 计算式的成员值是无效的。

　　赋值结束后调用函数 SPI_Init 把这些配置写入寄存器，并调用函数 SPI_Cmd 使能外设。

3. main.c 函数

```
#include "stm32f10x.h"
#include "./usart/bsp_usart.h"
#include "./led/bsp_led.h"
#include "./flash/bsp_spi_flash.h"

typedef enum { FAILED = 0, PASSED = !FAILED} TestStatus;

/* 获取缓冲区的长度 */
#define TxBufferSize1   (countof(TxBuffer1) – 1)
#define RxBufferSize1   (countof(TxBuffer1) – 1)
#define countof(a)      (sizeof(a) / sizeof(*(a)))
#define  BufferSize (countof(Tx_Buffer)–1)

#define  FLASH_WriteAddress       0x00000
```

```
#define  FLASH_ReadAddress        FLASH_WriteAddress
#define  FLASH_SectorToErase       FLASH_WriteAddress

/* 发送缓冲区初始化 */
uint8_t Tx_Buffer[] = " 感谢您选用野火 stm32 开发板 \r\n";
uint8_t Rx_Buffer[BufferSize];

__IO uint32_t DeviceID = 0;
__IO uint32_t FlashID = 0;
__IO TestStatus TransferStatus1 = FAILED;
// 函数原型声明
void Delay(__IO uint32_t nCount);
TestStatus Buffercmp(uint8_t* pBuffer1,uint8_t* pBuffer2, uint16_t BufferLength);
/*******************
 * 函数名：main
 * 描述  : 主函数
 * 输入  : 无
 * 输出  : 无
 ******************/
int main(void)
{
LED_GPIO_Config();
LED_BLUE;

/* 配置串行接口为：115200 8-N-1 */
USART_Config();
printf("\r\n 这是一个 8MB 串行闪存 (W25Q64) 实验 \r\n");

/* 8MB 串行闪存 W25Q64 初始化 */
SPI_FLASH_Init();

/* 获取闪存芯片 ID */
DeviceID = SPI_FLASH_ReadDeviceID();
Delay( 200 );

/* 获取 SPI 闪存 ID */
FlashID = SPI_FLASH_ReadID();
printf("\r\n FlashID is 0x%X,\
Manufacturer Device ID is 0x%X\r\n", FlashID, DeviceID);

/* 检验 SPI 闪存 ID */
if (FlashID == sFLASH_ID)
{
    printf("\r\n 检测到 8MB 串行闪存 (W25Q64)!\r\n");
```

```
/* 擦除将要写入的 SPI 闪存扇区，闪存写入前要先擦除 */
// 这里擦除 4KB，即一个扇区，擦除的最小单位是扇区
SPI_FLASH_SectorErase(FLASH_SectorToErase);

/* 将发送缓冲区的数据写到闪存中 */
// 这里写一页，一页的大小为 256B
SPI_FLASH_BufferWrite(Tx_Buffer, FLASH_WriteAddress, BufferSize);
printf("\r\n 写入的数据为：%s \r\t", Tx_Buffer);

/* 将刚刚写入的数据读出来放到接收缓冲区中 */
SPI_FLASH_BufferRead(Rx_Buffer, FLASH_ReadAddress, BufferSize);
printf("\r\n 读出的数据为：%s \r\n", Rx_Buffer);

/* 检查写入的数据与读出的数据是否相等 */
TransferStatus1 = Buffercmp(Tx_Buffer, Rx_Buffer, BufferSize);

if( PASSED == TransferStatus1 )
{
        LED_GREEN;
        printf("\r\n 8MB 串行闪存 (W25Q64) 测试成功 !\n\r");
}
else
{
        LED_RED;
        printf("\r\n 8MB 串行闪存 (W25Q64) 测试失败 !\n\r");
}
}// if (FlashID == sFLASH_ID)
else// if (FlashID == sFLASH_ID)
{
    LED_RED;
    printf("\r\n 获取不到 W25Q64 ID!\n\r");
}

while(1);
}
```

　　函数中初始化了 LED、UART 串行接口、SPI 外设，然后读取闪存芯片的 ID 进行校验，如果 ID 校验通过，则向闪存的特定地址写入测试数据，然后再从该地址读取数据，测试读写是否正常。

　　用 USB 线连接开发板 "USB 转串行接口" 接口与计算机，在计算机端打开串行接口调试助手，把编译好的程序下载到开发板。在串行接口调试助手可看到闪存测试的调试信息。如图 9-11 所示。

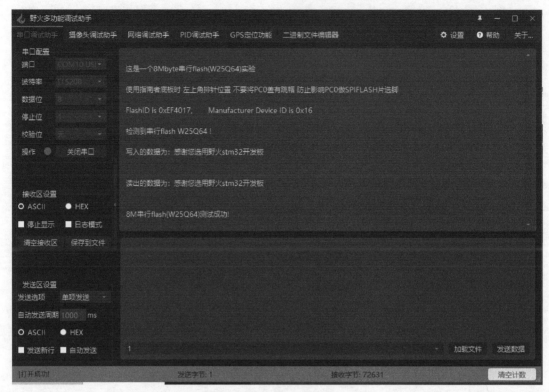

图 9-11　闪存测试的调试信息

9.5　I²C 通信原理

I²C 总线是 Philips 公司推出的一种用于 IC 器件之间连接的 2 线制串行扩展总线，它通过 2 条信号线（SDA，串行数据线；SCL，串行时钟线）在连接到总线上的器件之间传送数据，所有连接在总线的 IC 器件都可以工作于发送方式或接收方式。

I²C 总线主要用来连接整体电路，I²C 是一种多向控制总线，也就是说多个芯片可以连接到同一总线结构下，同时每个芯片都可以作为实时数据传输的控制源。这种方式简化了信号传输总线的接口。

9.5.1　I²C 串行总线概述

I²C 总线结构如图 9-12 所示，I²C 总线的 SDA 和 SCL 是双向 I/O 线，必须通过上拉电阻接到正电源，当总线空闲时，两线都是"高"。所有连接在 I²C 总线上的器件引脚必须是开漏或集电极开路输出，即具有"线与"功能。所有挂在总线上器件的 I²C 引脚接口也应该是双向的；SDA 输出电路用于在总线上发数据，而 SDA 输入电路用于接收总线上的数据；主机通过 SCL 输出电路发送时钟信号，同时其本身的接收电路需检测总线上SCL 电平，以决定下一步的动作，从机的 SCL 输入电路接收总线时钟，并在 SCL 控制下向 SDA 发出或从 SDA 上接收数据，另外也可以通过拉低 SCL（输出）电平来延长总线周期。

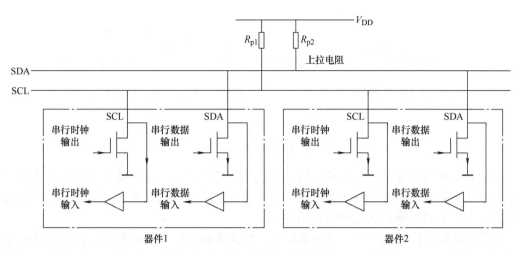

图 9-12　I²C 总线结构

　　I²C 总线上允许连接多个器件，支持多主机通信。但为了保证数据可靠地传输，任一时刻总线只能由一台主机控制，其他设备此时均表现为从机。I²C 总线的运行（指数据传输过程）由主机控制。所谓主机控制，就是由主机发出启动信号和时钟信号，控制传输过程并在结束时发出终止信号等。每一个接到 I²C 总线上的设备或器件都有一个唯一独立的地址，以便于主机寻访。主机与从机之间的数据传输，可以是主机发送数据到从机，也可以是从机发送数据到主机。因此，在 I²C 协议中，除了使用主机、从机的定义外，还使用了发送器、接收器的定义。发送器表示发送数据方，可以是主机，也可以是从机，接收器表示接收数据方，同样也可以是主机或是从机。在 I²C 总线上一次完整的通信过程中，主机和从机的角色是固定的，SCL 时钟由主机发出，但发送器和接收器是不固定的，经常变化，这一点请读者特别留意，尤其在学习 I²C 总线时序过程中，不要把它们混淆在一起。

9.5.2　I²C 总线的数据传送

1. 数据位的有效性规定

　　如图 9-13 所示，I²C 总线进行数据传输时，时钟信号为高电平期间，数据线上的数据必须保持稳定，只有在时钟线上的信号为低电平期间，数据线上的高电平或低电平状态才允许变化。

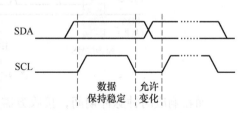

图 9-13　数据位的有效性规定

2. 起始和终止信号

　　I²C 总线规定，当 SCL 为高电平时，SDA 的电平必须保持稳定不变的状态，只有当 SCL 处于低电平时，才可以改变 SDA 的电平值，但起始信号和终止信号是特例。因此，当 SCL 处于高电平时，SDA 的任何跳变都会被识别成为一个起始信号或终止信号。如图 9-14 所示，SCL 为高电平期间，SDA 由高电平向低电平的变化表示起始信号；SCL 为高电平期间，SDA 由低电平向高电平的变化表示终止信号。

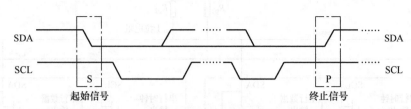

图9-14 起始和终止信号

起始和终止信号都是由主机发出的。在起始信号产生后，总线就处于被占用状态；在终止信号产生后，总线就处于空闲状态。连接到I²C总线上的器件，若具有I²C总线的硬件接口，则很容易检测到起始和终止信号。

每当发送器件传输完一个字节的数据后，后面必须紧跟一个校验位，这个校验位是接收端通过控制SDA来实现的，以提醒发送端这边已经将数据接收完成，数据传送可以继续进行。

3. 数据传送格式

（1）字节传送与应答

在I²C总线的数据传输过程中，发送到SDA上的数据以字节为单位，每个字节必须为8位，而且是高位（MSB）在前，低位（LSB）在后，每次发送数据的字节数量不受限制。但在整个数据传输过程中，需要着重强调的是，当发送方发送完每一字节后，都必须等待接收方返回一个应答响应信号，如图9-15所示。响应信号宽度为1位，紧跟在8个数据位后面，所以发送1字节的数据需要9个SCL时钟脉冲。响应时钟脉冲也是由主机产生的，主机在响应时钟脉冲期间释放SDA，使其处在高电平。

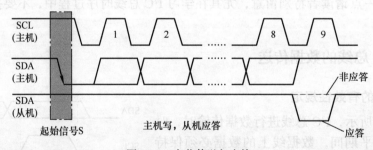

图9-15 字节传送与应答

而在响应时钟脉冲期间，接收方需要将SDA的电平拉低，使SDA在响应时钟脉冲的高电平期间保持稳定的低电平，即为有效应答信号（ACK或A），表示接收方已经成功地接收到了数据。

如果在响应时钟脉冲期间，接收方没有将SDA的电平拉低，使SDA在响应时钟脉冲的高电平期间保持稳定的高电平，即为非应答信号（NAK或$\overline{A}$），表示接收方接收该字节没有成功。

由于某种原因，从机不对主机寻址信号应答时（如从机正在进行实时性的处理工作而无法接收总线上的数据），它必须将SDA置于高电平，并由主机产生一个终止信号以结束

236

总线的数据传送。

如果从机对主机进行了应答，但在数据传送一段时间后无法继续接收更多的数据时，从机可以通过对无法接收的第一个数据字节的"非应答"通知主机，主机则应发出终止信号以结束数据的继续传送。

当主机接收数据时，它收到最后一个数据字节后，必须向从机发出一个结束传送的信号。这个信号是由对从机的"非应答"来实现的。然后，从机释放 SDA，以允许主机产生终止信号。

（2）总线的寻址

挂在 I²C 总线上的器件可以有很多，但相互间只有两根线连接（SDA 和 SCL），如何进行识别寻址呢？具有 I²C 总线结构的器件在其出厂时已经给定了器件的地址编码。I²C 总线器件地址（以 7 位为例）格式如图 9-16 所示。

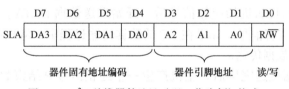

图 9-16　I²C 总线器件地址（以 7 位为例）格式

1）DA3 ~ DA0：这 4 位地址是 I²C 总线器件的固有地址编码，在器件出厂时就已给定，用户不能自行设置。例如，I²C 总线器件 E2PROM AT24CXX 的器件固有地址编码为 1010。

2）A2 ~ A0：这 3 位地址用于相同地址器件的识别。若 I²C 总线上挂有相同地址的器件，或同时挂有多片相同器件时，可用硬件连接方式对 3 位引脚 A2 ~ A0 接 V_{CC} 或接地，形成地址数据。

3）R / $\overline{W}$：用于确定数据传送方向。R / $\overline{W}$ =1 时，主机接收（读）；R / $\overline{W}$ =0 时，主机发送（写）。

主机发送地址时，总线上的每个从机都将这 7 位地址码与自己的地址进行比较，如果相同，则认为自己正被主机寻址，根据 R / $\overline{W}$ 位将自己确定为发送方或接收方。

（3）数据帧格式

I²C 总线上传送的数据信号是广义的，既包括地址信号，又包括真正的数据信号。在起始信号后必须传送一个从机的地址（7 位），第 8 位是数据的读 / 写方向位（R / $\overline{W}$），用 0 表示主机写数据（$\overline{W}$），1 表示主机读数据（R）。每次数据传送总是由主机产生的终止信号结束。但是，若主机希望继续占用总线进行新的数据传送，则可以不产生终止信号，而是立即再次发出起始信号对另一从机进行寻址。

在总线的一次数据传送过程中，可以有以下几种组合方式。

（1）主机向从机写数据

主机向从机写 n 个字节数据，数据传送方向在整个传送过程中不变。I²C 的 SDA 上的数据流如图 9-17 所示。有阴影部分表示数据由主机向从机传送，无阴影部分则表示数据由从机向主机传送。A 表示应答，$\overline{A}$ 表示非应答（高电平），S 表示起始信号，P 表示终止信号。

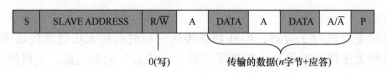

0(写)　　　　　　　传输的数据(n字节+应答)

图 9-17　主机向从机写数据的 SDA 数据流

如果主机要向从机传输一个或多个字节数据，在 SDA 上需经历以下过程：

1）主机产生起始信号 S。

2）主机发送寻址字节 SLAVE ADDRESS，其中的高 7 位表示数据传输目标的从机地址；最后 1 位是读 / 写方向位，此时其值为 0，表示数据传输方向从主机到从机。

3）当某个从机检测到主机在 I²C 总线上广播的地址与它的地址相同时，该从机就被选中了，并返回一个应答信号 A。没被选中的从机会忽略之后 SDA 上的数据。

4）当主机收到来自从机的应答信号后，开始发送数据 DATA。主机每发送完一个字节，从机就产生一个应答信号。如果在 I²C 的数据传输过程中，从机产生了非应答信号 $\overline{A}$，则主机提前结束本次数据传输。

5）当主机的数据发送完毕后，主机产生一个终止信号 P 结束数据传输，或者产生一个重复起始信号进入下一次数据传输。

（2）主机由从机读数据

主机由从机读 n 个字节数据时，I²C 的 SDA 上的数据流如图 9-18 所示。其中，阴影部分表示数据由主机传输到从机，无阴影部分表示数据由从机传输到主机。

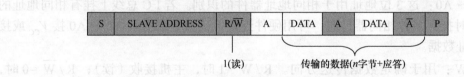

1(读)　　　　　　　传输的数据(n字节+应答)

图 9-18　主机由从机读数据的 SDA 数据流

如果主机要由从机读取一个或多个字节数据，在 SDA 上需经历以下过程：

1）主机产生起始信号 S。

2）主机发送寻址字节 SLAVE ADDRESS，其中的高 7 位表示数据传输目标的从机地址；最后 1 位是读 / 写方向位，此时其值为 1，表示数据传输方向由从机到主机。寻址字节 SLAVE ADDRESS 发送完毕后，主机释放 SDA（拉高 SDA 的电平）。

3）当某个从机检测到主机在 I²C 总线上广播的地址与它的地址相同时，该从机就被选中了，并返回一个应答信号 A。没被选中的从机会忽略之后 SDA 上的数据。

4）当主机收到应答信号后，从机开始发送数据 DATA。从机每发送完一个字节，主机就产生一个应答信号。当主机读取从机数据完毕或者主机想结束本次数据传输时，可以向从机返回一个非应答信号 $\overline{A}$，从机即自动停止数据传输。

5）当传输完毕后，主机产生一个终止信号 P 结束数据传输，或者产生一个重复起始信号进入下一次数据传输。

（3）主机和从机双向数据传送

在传送过程中，当需要改变传送方向时，起始信号和从机地址都被重复产生一次，但

两次读 / 写方向位正好反向。此时 I²C 的 SDA 上的数据流如图 9-19 所示。

图 9-19 主机和从机双向数据传送的 SDA 数据流

主机和从机双向数据传送的过程是主机向从机写数据和主机由从机读数据的组合，故不再赘述。

4. 传输速率

I²C 的标准传输速率为 100kbit/s，快速传输可达 400kbit/s。目前还增加了高速模式，最高传输速率可达 3.4Mbit/s。

9.6 STM32F103 的 I²C 接口

STM32F103 的 I²C 模块连接微控制器和 I²C 总线，提供多主机功能，支持标准和快速两种传输速率，控制所有 I²C 总线特定的时序、协议、仲裁和定时。支持标准和快速两种模式，同时与 SMBus 2.0 兼容。I²C 模块有多种用途，包括 CRC 码的生成和校验、系统管理总线（System Management Bus，SMBus）和电源管理总线（Power Management Bus，PMBus）。根据特定设备的需要，可以使用 DMA 以减轻 CPU 的负担。

9.6.1 STM32F103 的 I²C 主要特性

STM32F103 的小容量产品有 1 个 I²C，中等容量和大容量产品有 2 个 I²C。

STM32F103 的 I²C 主要具有以下特性：

1）所有的 I²C 都位于 APB1。

2）支持标准（100kbit/s）和快速（400kbit/s）两种传输速率。

3）所有的 I²C 可工作于主机模式或从机模式，可以作为主发送器、主接收器、从发送器或者从接收器。

4）支持 7 位或 10 位寻址和广播呼叫。

5）具有 3 个状态标志：发送器 / 接收器模式标志、字节发送结束标志、总线忙标志。

6）具有 2 个中断向量：1 个中断用于地址 / 数据通信成功，1 个中断用于错误。

7）具有单字节缓冲器的 DMA。

8）兼容系统管理总线 SMBus 2.0。

9.6.2 STM32F103 的 I²C 内部结构

STM32F103 的 I²C 内部结构，由 SDA 线和 SCL 线展开，主要分为时钟控制模块、数据控制模块和控制逻辑电路等部分，负责实现 I²C 的时钟产生、数据收发、总线仲裁、总线中断及 DMA 等功能，如图 9-20 所示。

239

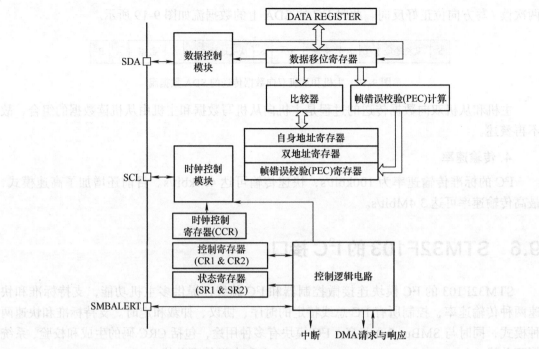

图 9-20 STM32F103 的 I²C 内部结构

1. 时钟控制模块

时钟控制模块根据控制寄存器 CCR、CR1 和 CR2 中的配置产生 I²C 协议的时钟信号，即 SCL 上的信号。为了产生正确的时序，必须在 I2C_CR2 寄存器中设定 I²C 的输入时钟。当 I²C 工作在标准传输速率时，输入时钟的频率必须大于等于 2MHz；当 I²C 工作在快速传输速率时，输入时钟的频率必须大于等于 4MHz。

2. 数据控制模块

数据控制模块通过一系列控制架构，在将要发送数据的基础上，按照 I²C 的数据格式加上起始信号、地址信号、应答信号和终止信号，将数据一位一位地从 SDA 上发送出去。读取数据时，则从 SDA 上的信号中提取出接收到的数据值。发送和接收的数据都被保存在数据寄存器中。

3. 控制逻辑电路

控制逻辑电路用于产生 I²C 中断和 DMA 请求。

9.6.3 STM32F103 的 I²C 模式选择

STM32F103 的 I²C 接口可以按下述 4 种模式中的一种运行：

1）从发送器模式。

2）从接收器模式。

3）主发送器模式。

4）主接收器模式。

I²C 接口默认工作于从机模式，在生成起始条件后则自动地由从机模式切换到主机模式，当仲裁丢失或产生终止信号时，则由主机模式切换到从机模式。I²C 接口允许多主机功能。

主机模式时，I²C 接口启动数据传输并产生时钟信号。串行数据传输总是以起始条件开始并以停止条件结束。起始条件和停止条件都在主机模式下由软件控制产生。

从机模式时，I²C 接口能识别它自己的地址（7 位或 10 位）和广播呼叫地址。软件能够控制开启或禁止广播呼叫地址的识别。

数据和地址按 8 位 / 字节进行传输，高位在前。跟在起始条件后的 1 或 2 字节是地址（7 位模式为 1 字节，10 位模式为 2 字节）。地址只在主机模式下发送。在一个字节传输的 8 个时钟周期后的第 9 个时钟周期期间，接收器必须回送一个应答位（ACK）给发送器。

9.7　STM32F103 的 I²C 库函数

STM32 标准库中提供了几乎覆盖所有 I²C 操作的库函数，I²C 的库函数见表 9-2。为了理解这些库函数的具体使用方法，本节将对标准库中的部分库函数做详细介绍。

表 9-2　I²C 的库函数

函数名称	功能
I2C_DeInit	将外设 I²Cx 寄存器重设为缺省值
I2C_Init	根据 I²C_InitStruct 中指定的参数初始化外设 I²Cx 寄存器
I2C_StructInit	把 I²C_InitStruct 中的每一个参数按缺省值填入
I2C_Cmd	使能或者失能 I²C 外设
I2C_DMACmd	使能或者失能指定 I²C 的 DMA 请求
I2C_DMALastTransferCmd	使下一次 DMA 传输为最后一次传输
I2C_GenerateSTART	产生 I²Cx 传输启动条件
I2C_GenerateSTOP	产生 I²Cx 传输停止条件
I2C_AcknowledgeConfig	使能或者失能指定 I²C 的应答功能
I2C_OwnAddress2Config	设置指定 I²C 的自身地址 2
I2C_DualAddressCmd	使能或者失能指定 I²C 的双地址模式
I2C_GeneralCallCmd	使能或者失能指定 I²C 的广播呼叫功能
I2C_ITConfig	使能或者失能指定的 I²C 中断
I2C_SendData	通过外设 I²Cx 发送一个数据
I2C_ReceiveData	读取 I²Cx 最近接收的数据
I2C_Send7bitAddress	向指定的 I²C 从设备传送地址字
I2C_ReadRegister	读取指定的 I²C 寄存器并返回其值
I2C_SoftwareResetCmd	使能或者失能指定 I²C 的软件复位
I2C_SMBusAlertConfig	驱动指定 I²Cx 的 SMBusAlert 引脚电平为高或低
I2C_TransmitPEC	使能或者失能指定 I²C 的 PEC 传输

（续）

函数名称	功能
I2C_PECPositionConfig	选择指定 I²C 的 PEC 位置
I2C_CalculatePEC	使能或者失能指定 I²C 的传输字 PEC 值计算
I2C_GetPEC	返回指定 I²C 的 PEC 值
I2C_ARPCmd	使能或者失能指定 I²C 的 ARP
I2C_StretchClockCmd	使能或者失能指定 I²C 的时钟延展
I2C_FastModeDutyCycleConfig	选择指定 I²C 的快速模式占空比
I2C_GetLastEvent	返回最近一次 I²C 事件
I2C_CheckEvent	检查最近一次 I²C 事件是否是输入的事件
I2C_GetFlagStatus	检查指定的 I²C 标志位设置与否
I2C_ClearFlag	清除 I²Cx 的待处理标志位
I2C_GetITStatus	检查指定的 I²C 中断发生与否
I2C_ClearITPendingBit	清除 I²Cx 的中断待处理位

1. 函数 I2C_DeInit

函数名：I2C_DeInit。

函数原型：void I2C_DeInit（I2C_TypeDef* I2Cx）。

功能描述：将外设 I²Cx 寄存器重设为缺省值。

输入参数：I2Cx，x 可以是 1 或者 2，用来选择 I²C 外设。

输出参数：无。

返回值：无。

先决条件：无。

被调用函数：RCC_APB1PeriphClockCmd（ ）。

例如：

```
/*Deinitialize I2C2 interface*/
I2C_DeInit(I2C2);
```

2. 函数 I2C_Init

函数名：I2C_Init。

函数原型：void I2C_Init（I2C_TypeDef* I2Cx，I2C_InitTypeDef* I2C_InitStruct）。

功能描述：根据 I2C_InitStruct 中指定的参数初始化外设 I²Cx 寄存器。

输入参数 1：I2Cx，x 可以是 1 或者 2，用来选择 I²C 外设。

输入参数 2：I2C_InitStruct，即指向结构体 I2C_InitTypeDef 的指针，包含了外设 GPIO 的配置信息。

输出参数：无。

返回值：无。

先决条件：无。

242

被调用函数：无。

（1）I2C_InitTypeDef structure

I2C_InitTypeDef 定义于文件 stm32f10x_i2c.h 中：

```
typedef struct
  {
u16 I2C_Mode;
u16 I2C_DutyCycle;
u16 I2C_OwnAddress1;
u16 I2C_Ack;
u16 I2C_AcknowledgedAddress;
u32 I2C_ClockSpeed;
}I2C_InitTypeDef;
```

（2）I2C_Mode

I2C_Mode 用以设置 I²C 的模式。表 9-3 给出了该参数可取的值。

表 9-3　I2C_Mode 可取的值

取值	描述
I2C_Mode_I2C	设置 I²C 为 I²C 模式
I2C_Mode_SMBusDevice	设置 I²C 为 SMBus 设备模式
I2C_Mode_SMBusHost	设置 I²C 为 SMBus 主控模式

（3）I2C_DutyCycle

I2C_DutyCycle 用以设置 I²C 的占空比。表 9-4 给出了该参数可取的值。

表 9-4　I2C_DutyCycle 可取的值

取值	描述
I2C_DutyCycle_16_9	I²C 快速模式 Tlow/Thigh=16/9
I2C_DutyCycle_2	I²C 快速模式 Tlow/Thigh=2

注：该参数只有在 I²C 工作在快速模式（时钟工作频率高于 100kHz）下才有意义。

（4）I2C_OwnAddress1

该参数用来设置第一个设备的自身地址，它可以是一个 7 位地址或者一个 10 位地址。

（5）I2C_Ack

I2C_Ack 使能或者失能应答（ACK），表 9-5 给出了该参数可取的值。

表 9-5　I2C_Ack 可取的值

取值	描述
I2C_Ack_Enable	使能应答（ACK）
I2C_Ack_Disable	失能应答（ACK）

（6）I2C_AcknowledgedAddress

I2C_AcknowledgedAddress 定义了应答为 7 位地址还是 10 位地址。表 9-6 给出了该参数可取的值。

表 9-6 I2C_AcknowledgedAddress 可取的值

取值	描述
I2C_AcknowledgedAddress_7bit	应答为 7 位地址
I2C_AcknowledgedAddress_10bit	应答为 10 位地址

（7）I2C_ClockSpeed

该参数用来设置时钟频率，这个值不能高于 400kHz。

例如：

```
/*Initialize the I2C1 according to the I2C_InitStructure members */
I2C_InitTypeDef  I2C_InitStructure;
I2C_InitStructure.I2C_Mode =I2C_Mode_SMBusHost;
I2C_InitStructure.I2C_DutyCycle = I2C_DutyCycle_2;
I2C_InitStructure.I2C_OwnAddress1=0x03A2;
I2C_InitStructure.I2C_Ack =I2
I2C_InitStructure.I2C_AcknowledgedAddress=I2C_AcknowledgedAddress_7bit;
I2C_InitStructure.I2C_ClockSpeed = 200000;
I2C_Init(I2C1,&I2C_InitStructure);
```

3. 函数 I2C_Cmd

函数名：I2C_Cmd。

函数原型：void I2C_Cmd（I2C_TypeDef* I2Cx，FunctionalState NewState）。

功能描述：使能或者失能 I²C 外设。

输入参数 1：I2Cx，x 可以是 1 或者 2，用来选择 I²C 外设。

输入参数 2：NewState，即外设 I²Cx 的新状态，可以为 ENABLE 或者 DISABLE。

输出参数：无。

返回值：无。

先决条件：无。

被调用函数：无。

例如：

```
/*Enable I2C1 peripheral*/
I2C_Cmd(I2C1,ENABLE);
```

4. 函数 I2C_GenerateSTART

函数名：I2C_GenerateSTART。

函数原型：void I2C_GenerateSTART（I2C_TypeDef* I2Cx，FunctionalState NewState）。

功能描述：产生 I²Cx 传输启动条件。

输入参数 1：I2Cx，x 可以是 1 或者 2，用来选择 I²C 外设。

输入参数 2：NewState，即 I²Cx 启动条件的新状态，可以为 ENABLE 或者 DISABLE。

输出参数：无。

返回值：无。

先决条件：无。

被调用函数：无。

例如：

```
/*Generate a START condition on I2C1 */
I2C_GenerateSTART(I2C1，ENABLE);
```

5. 函数 I2C_GenerateSTOP

函数名：I2C_GenerateSTOP。

函数原型：void I2C_GenerateSTOP（I2C_TypeDef* I2Cx，FunctionalState NewState）。

功能描述：产生 I²Cx 传输停止条件。

输入参数 1：I2Cx，x 可以是 1 或者 2，用来选择 I²C 外设。

输入参数 2：NewState，即 I²Cx 停止条件的新状态，可以为 ENABLE 或者 DISABLE。

输出参数：无。

返回值：无。

先决条件：无。

被调用函数：无。

例如：

```
/*Generate a STOP condition on I2C2 */
I2C_GenerateSTOP(I2C2，ENABLE);
```

6. 函数 I2C_Send7bitAddress

函数名：I2C_ Send7bitAddress。

函数原型：void I2C_Send7bitAddress（I2C_TypeDef* I2Cx，u8 Address，u8 I2C_Direction）。

功能描述：向指定的 I²C 从设备传送地址字。

输入参数 1：I2Cx，x 可以是 1 或者 2，用来选择 I2C 外设。

输入参数 2：Address，即待传输的 I²C 从设备地址。

输入参数 3：I2C_Direction，用于设置指定的 I²C 设备是作为发送端还是接收端。

输出参数：无。

返回值：无。

先决条件：无。

被调用函数：无。

I2C_Direction 可取的值见表 9-7。

表 9-7　I2C_Direction 可取的值

取值	描述
I2C_Direction_Transmitter	选择发送方向
I2C_Direction_Receiver	选择接收方向

例如：

/*Send,as transmitter,the Slave device address 0xA8 in 7-bit addressing mode in I2C1*/
I2C_Send7bitAddress(I2C1, 0xA8, I2C_Direction_Transmitter);

7. 函数 I2C_SendData

函数名：I2C_SendData。

函数原型：void I2C_SendData（I2C_TypeDef* I2Cx，u8 Data）。

功能描述：通过外设 I²Cx 发送一个数据。

输入参数 1：I2Cx，x 可以是 1 或者 2，用来选择 I²C 外设。

输入参数 2：Data，即待发送的数据。

输出参数：无。

返回值：无。

先决条件：无。

被调用函数：无。

例如：

/* Transmit 0x5D byte on I2C2*/
I2C_SendData(I2C2,0x5D);

8. 函数 I2C_ReceiveData

函数名：I2C_ReceiveData。

函数原型：u8 I2C_ReceiveData（I2C_TypeDef* I2Cx）。

功能描述：读取 I²Cx 最近接收的数据。

输入参数：I2Cx，x 可以是 1 或者 2，用来选择 I²C 外设。

输出参数：无。

返回值：接收到的字。

先决条件：无。

被调用函数：无。

例如：

/*Read thereceived byte on I2C1 */
u8 ReceivedData;
ReceivedData=I2C_ReceiveData(I2C1);

9.8 I²C 串行总线应用实例

EEPROM 是一种掉电后数据不丢失的存储器，常用来存储一些配置信息，以便系统重新上电的时候加载。EEPOM 芯片最常用的通信方式就是 I²C 协议，本节以 EEPROM 的读写实验为例，讲解 STM32 的 I²C 使用方法。实例中 STM32 的 I²C 外设采用主机模式，分别用作主发送器和主接收器，通过查询事件的方式来确保正常通信。

9.8.1　I²C 配置流程

虽然不同器件实现的功能不同，但是只要遵守 I²C 协议，其通信方式就是一样的，配置流程也基本相同。对于 STM32，首先要对 I²C 进行配置，使其能够正常工作，再结合不同器件的驱动程序，完成 STM32 与不同器件的数据传输。I²C 配置流程如图 9-21 所示。

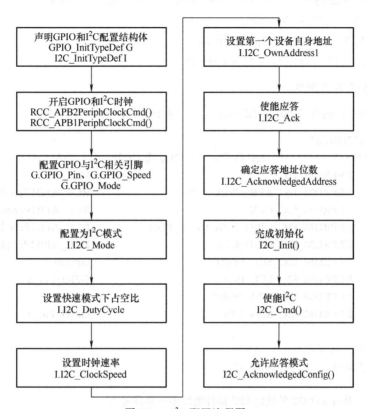

图 9-21　I²C 配置流程图

9.8.2　I²C 串行总线应用的硬件设计

STM32 开发板采用 AT24C02 串行 EEPROM，AT24C02 的 SCL 及 SDA 引脚连接到了 STM32 对应的 I²C 引脚中，结合上拉电阻，便构成了 I²C 串行总线，如图 9-22 所示。EEPROM 芯片的设备地址一共有 7 位，其中高 4 位固定为 1010_B，低 3 位则由 A0、A1 和 A2 信号线的电平决定。

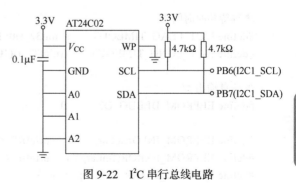

图 9-22　I²C 串行总线电路

9.8.3　I²C 串行总线应用的软件设计

为了使工程更加有条理，可以把读写 EEPROM 相关的代码独立分开存储，以方便以后移植。在"工程模板"之上新建 bsp_i2c_ee.c 及 bsp_i2c_ee.h 文件。

编程要点：

1）配置通信使用的目标引脚为开漏模式。

2）使能 I²C 外设的时钟。

3）配置 I²C 外设的模式、地址、速率等参数，并使能 IC 外设。

4）编写按字节收发的 I²C 函数。

5）编写读写 EEPROM 存储内容的函数。

6）编写测试程序，对读写数据进行校验。

1. I²C 硬件相关宏定义

把 I²C 硬件相关的配置都以宏的形式定义到 bsp_i2c_ee.h 文件中：

```
#include "stm32f10x.h"
/**************************I2C 参数定义，I2C1 或 I2C2**************************/
#define        EEPROM_I2Cx                            I2C1
#define        EEPROM_I2C_APBxClock_FUN              RCC_APB1PeriphClockCmd
#define        EEPROM_I2C_CLK                         RCC_APB1Periph_I2C1
#define        EEPROM_I2C_GPIO_APBxClock_FUN        RCC_APB2PeriphClockCmd
#define        EEPROM_I2C_GPIO_CLK                    RCC_APB2Periph_GPIOB
#define        EEPROM_I2C_SCL_PORT                   GPIOB
#define        EEPROM_I2C_SCL_PIN                    GPIO_Pin_6
#define        EEPROM_I2C_SDA_PORT                   GPIOB
#define        EEPROM_I2C_SDA_PIN                    GPIO_Pin_7


/* STM32 I2C 快速模式 */
#define I2C_Speed            400000    //*


/* 这个地址只要与 STM32 外挂的 I2C 器件地址不一样即可 */
#define I2Cx_OWN_ADDRESS7    0X0A
/* AT24C01/02 每页有 8 个字节 */
#define I2C_PageSize         8


/* 等待超时时间 */
#define I2CT_FLAG_TIMEOUT     ((uint32_t)0x1000)
#define I2CT_LONG_TIMEOUT     ((uint32_t)(10 * I2CT_FLAG_TIMEOUT))

/* 信息输出 */
#define EEPROM_DEBUG_ON     0

#define EEPROM_INFO(fmt,arg...)     printf("<<-EEPROM-INFO->> "fmt"\n",##arg)
#define EEPROM_ERROR(fmt,arg...)    printf("<<-EEPROM-ERROR->> "fmt"\n",##arg)
#define EEPROM_DEBUG(fmt,arg...)  do{\
                                    if(EEPROM_DEBUG_ON)\
                                    printf("<<-EEPROM-DEBUG->>    [%d]"fmt"\n",__LINE__,
##arg);\
```

```
                                          }while(0)
/*****************************************
 * AT24C02 2kb = 2048bit = 2048/8 B = 256 B
 * 32 pages of 8 bytes each
 *
 * 器件地址
 * 1 0 1 0 A2 A1 A0 R/W
 * 1 0 1 0 0  0  0  0 = 0xA0
 * 1 0 1 0 0  0  0  1 = 0xA1
 *****************************************/

/* EEPROM 地址定义 */
//#define EEPROM_Block0_ADDRESS 0xA0 /* E2 = 0 */
//#define EEPROM_Block1_ADDRESS 0xA2 /* E2 = 0 */
//#define EEPROM_Block2_ADDRESS 0xA4 /* E2 = 0 */
//#define EEPROM_Block3_ADDRESS 0xA6 /* E2 = 0 */

void I2C_EE_Init(void);
void I2C_EE_BufferWrite(u8* pBuffer, u8 WriteAddr, u16 NumByteToWrite);
uint32_t I2C_EE_ByteWrite(u8* pBuffer, u8 WriteAddr);
uint32_t I2C_EE_PageWrite(u8* pBuffer, u8 WriteAddr, u8 NumByteToWrite);
uint32_t I2C_EE_BufferRead(u8* pBuffer, u8 ReadAddr, u16 NumByteToRead);
void I2C_EE_WaitEepromStandbyState(void);

#endif /* __I2C_EE_H */
```

2. 初始化 I²C 的 GPIO 引脚

利用上面的宏，编写 I²C 的 GPIO 引脚的初始化函数。

```
#include "./i2c/bsp_i2c_ee.h"
#include "./usart/bsp_usart.h"

uint16_t EEPROM_ADDRESS;
static __IO uint32_t  I2CTimeout = I2CT_LONG_TIMEOUT;
static uint32_t I2C_TIMEOUT_UserCallback(uint8_t errorCode);

/*********************
 * @brief  I2C 的 GPIO 配置
 * @param 无
 * @retval 无
 *******************/
static void I2C_GPIO_Config(void)
{
  GPIO_InitTypeDef  GPIO_InitStructure;

    /* 使能与 I2C 有关的时钟 */
    EEPROM_I2C_APBxClock_FUN ( EEPROM_I2C_CLK, ENABLE );
```

249

EEPROM_I2C_GPIO_APBxClock_FUN (EEPROM_I2C_GPIO_CLK, ENABLE);

```
/* I2C_SCL、I2C_SDA*/
GPIO_InitStructure.GPIO_Pin = EEPROM_I2C_SCL_PIN;
GPIO_InitStructure.GPIO_Speed = GPIO_Speed_50MHz;
GPIO_InitStructure.GPIO_Mode = GPIO_Mode_AF_OD;                    // 开漏输出
GPIO_Init(EEPROM_I2C_SCL_PORT, &GPIO_InitStructure);

GPIO_InitStructure.GPIO_Pin = EEPROM_I2C_SDA_PIN;
GPIO_InitStructure.GPIO_Speed = GPIO_Speed_50MHz;
GPIO_InitStructure.GPIO_Mode = GPIO_Mode_AF_OD;                    // 开漏输出
GPIO_Init(EEPROM_I2C_SDA_PORT, &GPIO_InitStructure);

}
```

开启相关的时钟并初始化 GPIO 引脚，函数执行流程如下：

1）使用 GPIO_InitTypeDef 定义 GPIO 初始化结构体变量，以便用于存储 GPIO 配置；

2）调用函数 RCC_APB1PeriphClockCmd（代码中为宏 EEPROM_I2C_APBxClock_FUN）使能 PC 外设时钟，调用函数 RCC_APB2PeriphClockCmd（代码中为宏 EEPROM_I2C_GPIO_APBxClock_FUN）来使能 I²C 引脚使用的 GPIO 接口时钟。

3）向 GPIO 初始化结构体赋值，把相关引脚初始化成复用开漏模式。要注意，PC 的引脚必须使用这种模式。

4）使用以上初始化结构体的配置，调用函数 GPIO_Init 向寄存器写入参数，完成 GPIO 引脚的初始化。

3. 配置 I²C 的模式

```
/***************************
 * @brief 配置 I2C 的模式
 * @param 无
 * @retval 无
 ***************************/
static void I2C_Mode_Configu(void)
{
I2C_InitTypeDef I2C_InitStructure;
/* I2C 配置 */
I2C_InitStructure.I2C_Mode = I2C_Mode_I2C;
/* 高电平数据稳定，低电平数据变化，SCL 的占空比 */
I2C_InitStructure.I2C_DutyCycle = I2C_DutyCycle_2;
I2C_InitStructure.I2C_OwnAddress1 =I2Cx_OWN_ADDRESS7;
I2C_InitStructure.I2C_Ack = I2C_Ack_Enable ;

    /* I2C 的寻址模式 */
I2C_InitStructure.I2C_AcknowledgedAddress = I2C_AcknowledgedAddress_7bit;
    /* 通信速率 */
I2C_InitStructure.I2C_ClockSpeed = I2C_Speed;
```

```
    /* I2C 初始化 */
 I2C_Init(EEPROM_I2Cx, &I2C_InitStructure);
    /* 使能 I2C */
 I2C_Cmd(EEPROM_I2Cx, ENABLE);
}


/**************************************
  * @brief  I2C 外设 (EEPROM) 初始化
  * @param 无
  * @retval 无
 **************************************/
void I2C_EE_Init(void)
{
  I2C_GPIO_Config();
  I2C_Mode_Configu();
  /* 根据头文件 i2c_ee.h 中的定义来选择 EEPROM 的设备地址 */
  /* 选择 EEPROM Block0 来写入 */
  EEPROM_ADDRESS = EEPROM_Block0_ADDRESS;
}
```

把 I²C 外设通信时钟 SCL 的低 / 高电平比设置为 2，使能响应功能，使用 7 位地址 I2C_OWN_ADDRESS7，速率配置为 I2C_Speed（前面在 bsp_i2c_ee.h 中定义的宏）。最后调用函数 I2C_Init 把这些配置写入寄存器，并调用函数 I2C_Cmd 使能外设。

为方便调用，I²C 的 GPIO 及模式配置都用函数 I2C_EE_Init 封装起来。

4. main.c 函数

```
#include "stm32f10x.h"
#include "./led/bsp_led.h"
#include "./usart/bsp_usart.h"
#include "./i2c/bsp_i2c_ee.h"
#include <string.h>

#define  EEP_Firstpage     0x00
uint8_t I2C_Buf_Write[256];
uint8_t I2C_Buf_Read[256];
uint8_t I2C_Test(void);


/***********************
  * @brief  主函数
  * @param 无
  * @retval 无
 ***********************/
int main(void)
{
  LED_GPIO_Config();
```

```
LED_BLUE;
/* 串行接口初始化 */
USART_Config();

printf("\r\n 这是一个 I2C 外设 (AT24C02) 读写测试例程 \r\n");

/* I2C 外设初 (AT24C02) 始化 */
I2C_EE_Init();

printf("\r\n 这是一个 I2C 外设 (AT24C02) 读写测试例程 \r\n");

// I2C 读写测试
  if(I2C_Test() ==1)
  {
   LED_GREEN;
  }
  else
  {
   LED_RED;
  }

  while (1)
  {
  }
}
/********************************
 * @brief  I2C(AT24C02) 读写测试
 * @param 无
 * @retval 正常返回 1，异常返回 0
 ********************************/
uint8_t I2C_Test(void)
{
     uint16_t i;

     printf(" 写入的数据 \n\r");

     for ( i=0; i<=255; i++ ) // 填充缓冲
 {
  I2c_Buf_Write[i] = i;

  printf("0x%02X ", I2c_Buf_Write[i]);
  if(i%16 == 15)
     printf("\n\r");
 }

// 将 I2c_Buf_Write 中顺序递增的数据写入 EERPOM 中
  I2C_EE_BufferWrite( I2c_Buf_Write, EEP_Firstpage, 256);
```

```
EEPROM_INFO("\n\r 写成功 \n\r");

 EEPROM_INFO("\n\r 读出的数据 \n\r");
// 将 EEPROM 读出数据顺序保持到 I2c_Buf_Read 中
   I2C_EE_BufferRead(I2c_Buf_Read, EEP_Firstpage, 256);

// 将 I2c_Buf_Read 中的数据通过串行接口输出
   for (i=0; i<256; i++)
   {
       if(I2c_Buf_Read[i] != I2c_Buf_Write[i])
       {
             EEPROM_ERROR("0x%02X ", I2c_Buf_Read[i]);
             EEPROM_ERROR(" 错误 :I2C EEPROM 写入与读出的数据不一致 \n\r");
             return 0;
       }
   printf("0x%02X ", I2c_Buf_Read[i]);
   if(i%16 == 15)
       printf("\n\r");

   }
EEPROM_INFO("I2C(AT24C02) 读写测试成功 \n\r");

 return 1;
 }
```

　　用 USB 线连接开发板 "USB 转串行接口" 接口与计算机，在计算机端打开串行接口调试助手，把编译好的程序下载到开发板。在串行接口调试助手中可看到 I²C 外设（AT24C02）读写测试信息，图 9-23 所示。

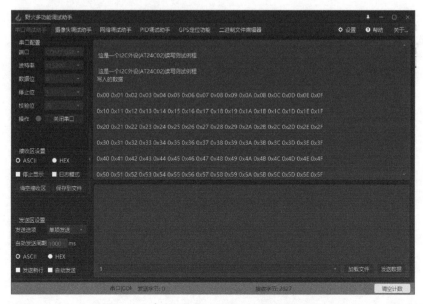

图 9-23　I²C 外设（AT24C02）读写测试信息

习题

1. 简要说明 SPI 总线的特点及工作模式的种类。

2. 简要说明 SPI 硬件引脚的作用。

3. 分别写出 SPI 主、从设备的配置步骤。

4. 编写程序实现配置 SPI 总线初始化。

5. SPI 共有几个中断源?

6. 简要说明 I^2C 总线的结构与工作原理。

7. 简要说明 I^2C 总线的组成以及使用场合。

8. 简要说明 I^2C 总线的主要特点和工作模式。

9. 简要说明 I^2C 总线控制程序的编写。

10. 写出在 I^2C 主模式时的操作顺序。

11. 写出利用 DMA 发送 I^2C 数据时需要做的配置步骤。

12. 简要说明 I^2C 的中断事件有哪些。

第 10 章

DMA 控制器

本章讲述了 DMA 控制器，包括 DMA 的结构和主要特征、DMA 的功能描述、DMA 库函数和 DMA 应用实例。

10.1 DMA 的结构和主要特征

直接存储器存取（Direct Memory Access，DMA）用来提供在外设与存储器之间或者存储器与存储器之间的高速数据传输，无需 CPU 干预，是所有现代计算机的重要特色。在 DMA 模式下，CPU 只需向 DMA 控制器下达指令，让 DMA 控制器来处理数据的传送，数据传送完毕再把信息反馈给 CPU 即可，这样在很大程度上减轻了 CPU 资源占有率，可以大大节省系统资源。DMA 主要用于快速设备和主存储器成批交换数据的场合。在这种应用中，处理问题的出发点集中到两点：一是不能丢失快速设备提供出来的数据，二是进一步减少快速设备输入 / 输出操作过程中对 CPU 的打扰。这可以通过把这批数据的传输过程交由 DMA 控制来实现，让 DMA 代替 CPU 控制快速设备与主存储器之间直接传输的数据。但当完成一批数据传输之后，快速设备还是要向 CPU 发一次中断请求，在报告本次传输结束的同时"请示"下一步的操作要求。

STM32 的两个 DMA 控制器有 12 个通道（DMA1 有 7 个通道，DMA2 有 5 个通道），每个通道专门用来管理来自一个或多个外设对存储器访问的请求。还有一个仲裁器来协调各个 DMA 请求的优先权。DMA 的功能框图如图 10-1 所示。

STM32F103VET6 的 DMA 模块具有如下特征：

1）12 个独立的可配置的通道（请求）：DMA1 有 7 个通道，DMA2 有 5 个通道。

2）每个通道都直接连接专用的硬件 DMA 请求，每个通道都支持软件触发。这些功能通过软件来配置。

3）在同一个 DMA 模块上，多个请求间的优先权可以通过软件编程设置（共有 4 级：最高、高、中等和低），优先权设置相等时由硬件决定（请求 0 优先于请求 1，以此类推）。

4）独立数据源和目标数据区的传输宽度（字节、半字、全字）是独立的，模拟打包和拆包的过程。源和目的地址必须按数据传输宽度对齐。

5）支持循环的缓冲器管理。

6）每个通道都有 3 个事件标志（DMA 半传输、DMA 传输完成和 DMA 传输出错），这 3 个事件标志通过逻辑"或"运算成为一个单独的中断请求。

7）支持存储器与存储器间的传输。

8）支持外设与存储器、存储器与外设之间的传输。

9）闪存、SRAM、外设的 SRAM、APB1、APB2 和 AHB 外设均可作为访问的源和目标。

10）可编程的数据传输最大数目为 65535。

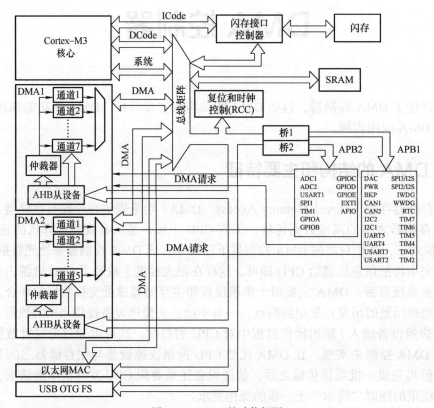

图 10-1 DMA 的功能框图

10.2 DMA 的功能描述

DMA 控制器和 Cortex-M3 核心共享系统数据总线，执行直接存储器数据传输。当 CPU 和 DMA 同时访问相同的目标（RAM 或外设）时，DMA 请求会暂停 CPU 访问系统总线若干个时钟周期，总线仲裁器执行循环调度，以保证 CPU 至少可以得到一半的系统总线（存储器或外设）使用时间。

10.2.1 DMA 处理

发生一个事件后，外设向 DMA 控制器发送一个请求信号。DMA 控制器根据通道的优先权处理请求。当 DMA 控制器开始访问发出请求的外设时，DMA 控制器立即发送给外设一个应答信号。当从 DMA 控制器得到应答信号后，外设立即释放请求。一旦外设释放了请求，DMA 控制器也将同时撤销应答信号。如果有更多的请求，外设可以在下一个时钟周期启动请求。

总之，每次 DMA 传送由 3 个操作组成：

1）从外设数据寄存器或从当前外设 / 存储器地址寄存器指示的存储器地址读取数据，

第一次传输时的开始地址是寄存器 DMA_CPARx 或 DMA_CMARx 指定的外设基地址或存储器单元。

2）将读取的数据保存到外设数据寄存器或者当前外设 / 存储器地址寄存器指示的存储器地址，第一次传输时的开始地址是 DMA_CPARx 或 DMA_CMARx 寄存器指定的外设基地址或存储器单元。

3）执行一次 DMA_CNDTRx 寄存器的递减操作，该寄存器包含未完成的操作数目。

10.2.2　仲裁器

仲裁器根据通道请求的优先级启动外设 / 存储器的访问。

优先权管理分两个阶段。

1）软件：每个通道的优先权可以由 DMA_CCRx 寄存器中的 PL［1:0］设置，有 4 个等级：最高优先级、高优先级、中等优先级、低优先级。

2）硬件：如果两个请求有相同的软件优先级，则较低编号的通道比较高编号的通道有较高的优先权。例如通道 2 优先于通道 4。

DMA1 控制器的优先级高于 DMA2 控制器的优先级。

10.2.3　DMA 通道

每个 DMA 通道都可以在有固定地址的外设寄存器和存储器之间执行 DMA 传输。DMA 传输的数据量是可编程的，最大为 65535。数据项数量寄存器包含要传输的数据项数量，它会在每次传输后递减。

1. 可编程的数据量

外设和存储器的传输数据量可以通过 DMA_CCRx 寄存器中的 PSIZE 和 MSIZE 位编程设置。

2. 指针增量

通过设置 DMA_CCRx 寄存器中的 PINC 和 MINC 标志位，外设和存储器的指针在每次传输后可以有选择地完成自动增量。当设置为增量模式时，下一个要传输的地址将由前一个地址加上增量值得到，增量值为 1、2 或 4（取决于所选的数据宽度）。第一个传输的地址存放在 DMA_CPARx/DMA_CMARx 寄存器中。在传输过程中，这些寄存器保持它们初始的数值，软件不能改变和读出当前正在传输的地址（它在内部的当前外设 / 存储器地址寄存器中）。

当通道配置为非循环模式时，传输结束后（即传输计数变为 0）将不再产生 DMA 操作。要开始新的 DMA 传输，需要在关闭 DMA 通道的情况下，在 DMA_CNDTRx 寄存器中重新写入传输数目。

在循环模式下，当最后一次传输结束时，DMA_CNDTRx 寄存器的内容会自动地被重新加载为其初始数值，内部的当前外设 / 存储器地址寄存器也被重新加载为 DMA_CPARx/ DMA_CMARx 寄存器设定的初始基地址。

3. 通道配置过程

下面是配置 DMA 通道 x 的过程（x 代表通道号）：

1）在 DMA_CPARx 寄存器中设置外设寄存器的地址。发生外设数据传输请求时，这个地址将是数据传输的源或目标。

2）在 DMA_CMARx 寄存器中设置数据存储器的地址。发生存储器数据传输请求时，传输的数据将从这个地址读出或写入这个地址。

3）在 DMA_CNDTRx 寄存器中设置要传输的数据量。在每个数据传输后，这个数值递减。

4）在 DMA_CCRx 寄存器的 PL [1:0] 位中设置通道的优先级。

5）在 DMA_CCRx 寄存器中设置数据传输的方向、循环模式、外设和存储器的增量模式、外设和存储器的数据宽度，以及是在传输一半产生中断还是传输完成产生中断。

6）设置 DMA_CCRx 寄存器的 ENABLE 位，启动该通道。

一旦启动了 DMA 通道，即可响应连到该通道上的外设的 DMA 请求。

当传输一半的数据后，半传输标志（HTIF）被置 1，当设置了允许半传输中断位（HTIE）时，将产生中断请求。在数据传输结束后，传输完成标志（TCIF）被置 1，如果设置了允许传输完成中断位（TCIE），将产生中断请求。

4. 循环模式

循环模式用于处理循环缓冲区和连续的数据传输（如 ADC 的扫描模式）。DMA_CCR 寄存器中的 CIRC 位用于开启这一功能。当循环模式启动时，要被传输的数据数目会自动地被重新装载成配置通道时设置的初值，DMA 操作将会继续进行。

5. 存储器到存储器模式

DMA 通道的操作可以在没有外设请求的情况下进行，这种操作就是存储器到存储器模式。

如果设置了 DMA_CCRx 寄存器中的 MEM2MEM 位，在用软件设置了 DMA_CCRx 寄存器中的 EN 位启动 DMA 通道时，DMA 传输将马上开始。当 DMA_CNDTRx 寄存器为 0 时，DMA 传输结束。存储器到存储器模式不能与循环模式同时使用。

10.2.4 DMA 中断

每个 DMA 通道都可以在 DMA 传输过半、传输完成和传输错误时产生中断。为应用的灵活性考虑，可通过设置寄存器的不同位来打开这些中断。相关的中断事件标志位及对应的使能控制位分别为：

1）"传输过半"的中断事件标志位是 HTIF，中断使能控制位是 HTIE。

2）"传输完成"的中断事件标志位是 TCIF，中断使能控制位是 TCIE。

3）"传输错误"的中断事件标志位是 TEIF，中断使能控制位是 TEIE。

读写一个保留的地址区域，将会产生 DMA 传输错误。在 DMA 读写操作期间发生 DMA 传输错误时，硬件会自动清除发生错误的通道所对应的通道配置寄存器（DMA_CCRx）的 EN 位，即该通道操作被停止。此时，在 DMA_IFR 寄存器中对应该通道的传输错误中断标志位（TEIF）将被置位，如果在 DMA_CCRx 寄存器中设置了传输错误中断允许位 TEIE，则产生中断。

10.3　DMA 库函数

DMA 固件库支持 10 种库函数，见表 10-1。为了理解这些函数的具体使用方法，本节将对表 10-1 中的部分库函数做详细介绍。

表 10-1　DMA 库函数

函数名称	功能
DMA_DeInit	将 DMA 的通道 x 寄存器重设为缺省值
DMA_Init	根据 DMA_InitStruct 中指定的参数，初始化 DMA 的通道 x 寄存器
DMA_StructInit	把 DMA_InitStruct 中的每一个参数按缺省值填入
DMA_Cmd	使能或者失能指定 DMA 通道 x
DMA_ITConfig	使能或者失能指定 DMA 通道 x 的中断
DMA_GetCurrDataCounter	得到当前 DMA 通道 x 剩余的待传输数据数目
DMA_GetFlagStatus	检查指定的 DMA 通道 x 标志位设置与否
DMA_ClearFlag	清除 DMA 通道 x 待处理标志位
DMA_GetITStatus	检查指定的 DMA 通道 x 中断发生与否
DMA_ClearITPendingBit	清除 DMA 通道 x 中断待处理标志位

1. 函数 DMA_DeInit

函数名：DMA_DeInit。

函数原型：void DMA_DeInit（DMA_Channel_TypeDef* DMAy_Channelx）。

功能描述：将 DMA 的通道 x 寄存器重设为缺省值。

输入参数：DMAy_Channelx，即 DMAy 的通道 x，其中 y 可以是 1 或 2，对于 DMA1，x 可以是 1 ～ 7，对于 DMA2，x 可以是 1 ～ 5。

输出参数：无。

返回值：无。

例如：

```
/*Deinitialize the DMA1 Channel2*/
DMA_DeInit(DMA1_Channel2);
```

2. 函数 DMA_Init

函数名：DMA_Init。

函数原型：void DMA_Init（DMA_Channel_TypeDef* DMAy_Channelx, DMA_InitTypeDef * DMA_InitStruct）。

功能描述：根据 DMA_InitStruct 指定的参数，初始化 DMA 的通道 x 寄存器。

输入参数 1：DMAy_Channelx，即 DMAy 的通道 x，其中 y 可以是 1 或 2。对于

DMA1，x 可以是 1 ～ 7；对于 DMA2，x 可以是 1 ～ 5。

输入参数 2：DMA_InitStruct，即指向结构体 DMA_InitTypeDef 的指针，包含了 DMA 的通道 x 的配置信息。

输出参数：无。

返回值：无。

（1）DMA_InitTypeDef structure

DMA_InitTypeDef 定义于文件"stm32f10x_dma.h"中：

```
typedef struct
{
u32 DMA_PeripheralBaseAddr;
u32 DMA_MemoryBaseAddr;
u32 DMA_DIR;
u32 DMA_BufferSize;
u32 DMA_PeripheralInc;
u32 DMA_MemoryInc;
u32 DMA_PeripheralDataSize;
u32 DMA_MemoryDataSize;
u32 DMA_Mode;
u32 DMA_Priority;
u32 DMA_M2M;
}DMA_InitTypeDef;
```

（2）DMA_PeripheralBaseAddr

该参数用来定义 DMA 外设基地址。

（3）DMA_MemoryBaseAddr

该参数用来定义 DMA 内存基地址。

（4）DMA_DIR

DMA_DIR 规定了外设是作为数据传输的目的地还是来源。表 10-2 给出了该参数的取值范围。

表 10-2　DMA_DIR 的取值范围

取值	描述
DMA_DIR_PeripheralDST	外设作为数据传输的目的地
DMA_DIR_PeripheralSRC	外设作为数据传输的来源

（5）DMA_BufferSize

DMA_BufferSize 用来定义指定 DMA 通道的 DMA 缓存的大小，单位为数据单位。根据传输方向，数据单位等于结构体中参数 DMA_PeripheralDataSize 或者参数 DMA_MemoryDataSize 的值。

（6）DMA_PeripheralInc

DMA_PeripheralInc 用来设定外设地址寄存器递增与否。表 10-3 给出了该参数的取值范围。

表 10-3　DMA_PeripheralInc 的取值范围

取值	描述
DMA_PeripheralInc_Enable	外设地址寄存器递增
DMA_PeripheralInc_Disable	外设地址寄存器不变

（7）DMA_MemoryInc

DMA_MemoryInc 用来设定内存地址寄存器递增与否。表 10-4 给出了该参数的取值范围。

表 10-4　DMA_MemoryInc 的取值范围

取值	描述
DMA_MemoryInc_Enable	内存地址寄存器递增
DMA_MemoryInc_Disable	内存地址寄存器不变

（8）DMA_PeripheralDataSize

DMA_PeripheralDataSize 设定了外设数据宽度。表 10-5 给出了该参数的取值范围。

表 10-5　DMA_PeripheralDataSize 的取值范围

取值	描述
DMA_PeripheralDataSize_Byte	数据宽度为 8 位
DMA_PeripheralDataSize_HalfWord	数据宽度为 16 位
DMA_PeripheralDataSize_Word	数据宽度为 32 位

（9）DMA_MemoryDataSize

DMA_MemoryDataSize 设定了内存数据宽度。表 10-6 给出了该参数的取值范围。

表 10-6　DMA_MemoryDataSize 的取值范围

取值	描述
DMA_MemoryDataSize_Byte	数据宽度为 8 位
DMA_MemoryDataSize_HalfWord	数据宽度为 16 位
DMA_MemoryDataSize_Word	数据宽度为 32 位

（10）DMA_Mode

DMA_Mode 设置了 CAN 的工作模式。表 10-7 给出了该参数的取值范围。

表 10-7　DMA_Mode 的取值范围

取值	描述
DMA_Mode_Circular	工作在循环缓存模式
DMA_Mode_Normal	工作在正常缓存模式

注：当指定 DMA 通道数据传输配置为内存到内存时，不能使用循环缓存模式。

（11）DMA_Priority

DMA_Priority 可设定 DMA 通道 x 的软件优先级。表 10-8 给出了该参数的取值范围。

表 10-8　DMA_Priority 的取值范围

取值	描述
DMA_Priority_VeryHigh	DMA 通道 x 拥有最高优先级
DMA_Priority_High	DMA 通道 x 拥有高优先级
DMA_Priority_Medium	DMA 通道 x 拥有中等优先级
DMA_Priority_Low	DMA 通道 x 拥有低优先级

（12）DMA_M2M

DMA_M2M 使能 DMA 通道的内存到内存传输。表 10-9 给出了该参数的取值范围。

表 10-9　DMA_M2M 的取值范围

取值	描述
DMA_M2M_Enable	DMA 通道 x 设置为内存到内存传输
DMA_M2M_Disable	DMA 通道 x 没有设置为内存到内存传输

例如：

```
/*Initialize the DMA1 Channel1 according to the DMA_InitStructuremembers*/
DMA InitTypeDef  DMA_InitStructure;
DMA_InitStructure.DMA_PeripheralBaseAddr=0x40005400;
DMA_InitStructure.DMA_MemoryBaseAddr=0x20000100;
DMA_InitStructure.DMA_DIR=DMA_DIR_PeripheralSRC;
DNA InitStructure.DMA_BufferSize=256;
DMA InitStructure,DMA_PeripheralInc–DMA_PeripheralInc_Disable;
DMA_InitStructure.DMA_MemoryInc–DMA_MemoryInc_Enable;
DMA_InitStructure.DMA_PeripheralDataSize=DMA_PeripheralDataSize_HalfWord;
DMA InitStructure,DMA_MemoryDataSize=DMA_MemoryDataSize_HalfWord;
DMA_InitStructure.DMA_Mode=DMA_Mode_Normal;
DMA InitStructure,DMA_Priority=DMA_Priority_Medium;
DMA_InitStructure,DMA_M2M=DMA_M2M_Disable;
DMA_Init(DMA1_Channel1,&DMA_InitStructure);
```

3. 函数 DMA_GetCurrDataCounter

函数名：DMA_GetCurrDataCounter。

函数原型：u16 DMA_GetCurrDataCounter（DMA_Channel_TypeDef* DMAy_Channelx）。

功能描述：得到当前 DMA 通道 x 剩余的待传输数据数目。

输入参数：DMAy_Channelx，即选择 DMAy 通道 x。

输出参数：无。

返回值：当前 DMA 通道 x 剩余的待传输数据数目。

例如：

```
/*Get the number of remaining data units in the current DMA1 Channel2 transfer*/
u16 CurrDataCount;
CurrDataCount–DMA_GetCurrDataCounter(DMA1_Channel2);
```

4. 函数 DMA_Cmd

函数名：DMA_Cmd。

函数原型：void DMA_Cmd（DMA_Channel_TypeDef* DMAy_Channelx，FunctionalState NewState）。

功能描述：使能或者失能指定 DMA 通道 x。

输入参数 1：DMAy_Channelx，即选择 DMAy 通道 x。

输入参数 2：NewState，即 DMA 通道 x 的新状态。这个参数可以取 ENABLE 或者 DISABLE。

输出参数：无。

返回值：无。

例如：

```
/*Enable DMA1 Channel7*/
DMA_Cmd(DMA1_Channel7,ENABLE);
```

5. 函数 DMA_GetFlagStatus

函数名：DMA_GetFlagStatus。

函数原型：FlagStatus DMA_GetFlagStatus（uint32_t DMAy_FLAG）。

功能描述：检查指定的 DMA 通道 x 标志位设置与否。

输入参数：DMAy_FLAG，即待检查的 DMA 通道 x 的标志位。

输出参数：无。

返回值：DMAy_FLAG 的新状态（SET 或者 RESET）。

参数 DMAy_FLAG 定义了待检察的标志位类型。表 10-10 可查阅 DMAy_FLAG 的取值范围。

表 10-10　DMAy_FLAG 的取值范围

取值	描述
DMA1_FLAG_GL1	DMA1 通道 1 全局标志位
DMA1_FLAG_TC1	DMA1 通道 1 传输完成标志位
DMA1_FLAG_HT1	DMA1 通道 1 传输过半标志位
DMA1_FLAG_TE1	DMA1 通道 1 传输错误标志位
DMA1_FLAG_GL2	DMA1 通道 2 全局标志位

例如：

```
/*Test if the DMA1 Channel6 half transfer interrupt flag is set or not */
FlagStatus Status;
Status=DMA_GetFlagStatus(DMA1_FLAG_HT6);
```

6. 函数 DMA_ClearFlag

函数名：DMA_ClearFlag。

函数原型：void DMA_ClearFlag（u32 DMAy_FLAG）。

功能描述：清除 DMA 通道 x 待处理标志位。

输入参数：DMAy_FLAG，即待清除的 DMA 标志位，使用操作符"|"可以同时选中多个 DMA 标志位。

输出参数：无。

返回值：无。

例如：

```
/*Clear the DMA1 Channel3 transfer error interrupt pending bit */
DMA_ClearFlag(DMA1_FLAG_TE3);
```

7. 函数 DMA_ITConfig

函数名：DMA_ITConfig。

函数原型：void DMA_ITConfig（DMA_Channel_TypeDef * DMAy_Channelx，u32 DMA_IT，FunctionalState NewState）。

功能描述：使能或者失能指定 DMA 通道 x 的中断。

输入参数 1：DMAy_Channelx，可选择 DMAy 通道 x。

输入参数 2：DMA_IT，即待使能或者失能的 DMA 中断源，使用操作符"|"可以同时选中多个 DMA 中断源。

输入参数 3：NewState，即 DMA 通道 x 中断的新状态，这个参数可以取 ENABLE 或者 DISABLE。

输出参数：无。

返回值：无。

输入参数 DMA_IT 可以取表 10-11 中的一个取值或者多个取值的组合作为该参数的值。

表 10-11　DMA_IT 的取值

取值	描述
DMA_IT_TC	传输完成中断屏蔽
DMA_IT_HT	传输过半中断屏蔽
DMA_IT_TE	传输错误中断屏蔽

例如：

```
/*Enable DMA1 Channel5 complete transfer interrupt */
DMA_ITConfig(DMA1_Channel5，DMA_IT_TC，ENABLE);
```

8. 函数 DMA_GetITStatus

函数名：DMA_GetITStatus。

函数原型：ITStatus DMA_GetITStatus（uint32_t DMAy_IT）。

功能描述：检查指定的 DMAy 通道 x 中断发生与否。

输入参数：DMAy_IT，即待检查的 DMAy 的通道 x 中断源。

输出参数：无。

返回值：DMAy_IT 的新状态（SET 或者 RESET）。

对于 DMAy_IT，表 10-12 可查阅更多该输入参数取值描述。

表 10-12　DMAy_IT 的取值

取值	描述
DMA1_IT_GL1	通道 1 全局中断
DMA1_IT_TC1	通道 1 传输完成中断
DMA1_IT_HT1	通道 1 传输过半中断
DMA1_IT_TE1	通道 1 传输错误中断
DMA1_IT_GL2	通道 2 全局中断
DMA1_IT_TC2	通道 2 传输完成中断
DMA1_IT_HT2	通道 2 传输过半中断
DMA1_IT_TE2	通道 2 传输错误中断

注：总计有 7 个通道，通道 3 ～通道 7 的取值同通道 1 和通道 2 。

10.4　DMA 应用实例

本节介绍一个从存储器到外设的 DMA 应用实例。先定义一个数据变量，存于 SRAM 中，通过 DMA 的方式传输到串行接口的数据寄存器，然后通过串行接口把这些数据发送到计算机上显示出来。

10.4.1　DMA 配置流程

DMA 可完成外设到外设、外设到内存、内存到外设的传输。以使用中断方式为例，其基本流程由 3 部分构成，即 NVIC 设置、DMA 模式及中断配置、DMA 中断服务。

1. NVIC 设置

NVIC 设置用来完成中断分组、中断通道选择、中断优先级设置及使能中断的功能。

2. DMA 模式及中断配置

DMA 模式及中断配置用来配置 DMA 工作模式及开启 DMA 中断，其流程图如图 10-2 所示。DMA 使用的是 AHB，使用函数 RCC_AHBPeriphClockCmd 开启 DMA 时钟。

某外设的 DMA 通道外设基地址是由该设备的外设基地址加上相应数据存储器的偏移地移地址（0x4c）得到的 0x4001 244C，即为 ADC1 的 DMA 通道外设基地址。

如果使用内存，则基地址为内存数组地址。

传输方向是针对外设说的，即外设为源或目标。

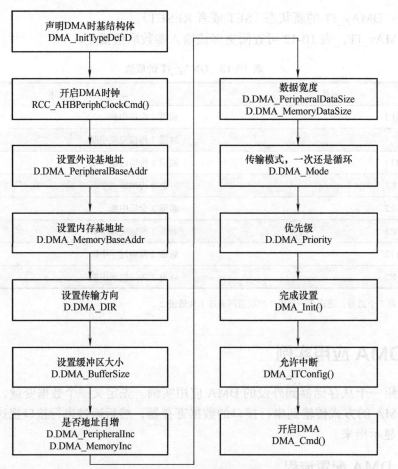

图 10-2　DMA 模式及中断配置流程图

对于外设，应禁止地址自增；对于存储器，则需要使用地址自增。

数据宽度有 3 种选择，即字节、半字和字，应根据外设特点选择相应的宽度。

以上参数在函数 DMA_Init 中有详细描述，这里不再赘述。

3. DMA 中断服务

DMA 中断服务流程图如图 10-3 所示。

对于不同的中断请求，要采用相应的中断函数名。进入中断后首先要检测中断请求是否为所需中断，以防误操作。如果是所需中断，则进行中断处理，中断处理完成后清除中断标志位，避免重复处于中断。

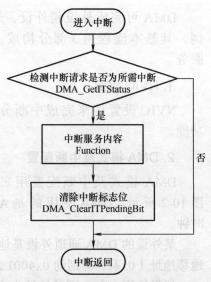

图 10-3　DMA 中断服务流程图

10.4.2　DMA 应用的硬件设计

存储器到外设模式使用 USART 功能，具体电路设置可参考图 8-5，无需其他硬件设计。

10.4.3　DMA 应用的软件设计

这里只讲解部分核心的代码，有些变量的设置、头文件的包含等并没有涉及，完整的代码请参考开发板的工程模板。编写两个串行接口驱动文件 bsp_usart_dma.c 和 bsp_usart_dma.h，有关串行接口和 DMA 的宏定义以及驱动函数都在里边。

编程要点：

1）配置 USART 通信功能。

2）设置串行接口 DMA 工作参数。

3）使能 DMA。

4）DMA 传输的同时，CPU 可以运行其他任务。

应用 DMA 的主要工作是 DMA 的初始化设置，包括以下几个步骤：

1）开启 DMA 时钟。

2）定义 DMA 通道外设基地址（DMA_InitStructure.DMA_PeripheralBaseAddr）。

3）定义 DMA 通道存储器地址（DMA_InitStructure.DMA_MemoryBaseAddr）。

4）指定源地址（方向）（DMA_InitStructure，DMA_DIR）。

5）定义 DMA 缓冲区大小（DMA_InitStructure，DMA_BufferSize）。

6）设置外设寄存器地址的变化特性（DMA_InitStructure.DMA_PeripheralInc）。

7）设置存储器地址的变化特性（DMA_InitStructure.DMA_MemoryInc）。

8）定义外设数据宽度（DMA_InitStructure.DMA_PeripheralDataSize）。

9）定义存储器数据宽度（DMA_InitStructure.DMA_MemoryDataSize）。

10）设置 DMA 的通道操作模式（DMA_InitStructure.DMA_Mode）。

11）设置 DMA 的通道优先级（DMA_InitStructure.DMA_Priority）。

12）设置是否允许 DMA 通道存储器到存储器传输（DMA_InitStructure.DMA_M2M）。

13）初始化 DMA 通道（函数 DMA_Init）。

14）使能 DMA 通道（函数 DMA_Cmd）。

15）中断配置（如果使用中断的话）（函数 DMA_ITConfig）。

1. USART 和 DMA 宏定义

```
#ifndef _USARTDMA_H
#define _USARTDMA_H

#include "stm32f10x.h"
#include <stdio.h>

// 串行接口工作参数宏定义
#define  DEBUG_USARTx                    USART1
#define  DEBUG_USART_CLK                 RCC_APB2Periph_USART1
#define  DEBUG_USART_APBxClkCmd          RCC_APB2PeriphClockCmd
#define  DEBUG_USART_BAUDRATE            115200

// USART GPIO 引脚宏定义
```

```
#define  DEBUG_USART_GPIO_CLK                  (RCC_APB2Periph_GPIOA)
#define  DEBUG_USART_GPIO_APBxClkCmd           RCC_APB2PeriphClockCmd

#define  DEBUG_USART_TX_GPIO_PORT              GPIOA
#define  DEBUG_USART_TX_GPIO_PIN               GPIO_Pin_9
#define  DEBUG_USART_RX_GPIO_PORT              GPIOA
#define  DEBUG_USART_RX_GPIO_PIN               GPIO_Pin_10


// 串行接口对应的 DMA 请求通道
#define  USART_TX_DMA_CHANNEL                  DMA1_Channel4
// 外设寄存器地址
#define  USART_DR_ADDRESS                      (USART1_BASE+0x04)
// 一次发送的数据量
#define  SENDBUFF_SIZE                         5000

void USART_Config(void);
void USARTx_DMA_Config(void);

#endif /* __USARTDMA_H */
```

2. 串行接口 DMA 传输配置

```
/*********************************************************
 * @brief  USARTx TX DMA 配置，内存到外设 (USART1 → DR)
 * @param 无
 * @retval 无
 *********************************************************/
    void USARTx_DMA_Config(void)
    {
        DMA_InitTypeDef DMA_InitStructure;

        // 开启 DMA 时钟
        RCC_AHBPeriphClockCmd(RCC_AHBPeriph_DMA1, ENABLE);
        // 设置 DMA 源地址，即串行接口数据寄存器地址
        DMA_InitStructure.DMA_PeripheralBaseAddr = USART_DR_ADDRESS;
        // 内存地址 ( 要传输的变量的指针 )
        DMA_InitStructure.DMA_MemoryBaseAddr = (u32)SendBuff;
        // 方向：从内存到外设
        DMA_InitStructure.DMA_DIR = DMA_DIR_PeripheralDST;
        // 传输大小
        DMA_InitStructure.DMA_BufferSize = SENDBUFF_SIZE;
        // 外设地址不增
        DMA_InitStructure.DMA_PeripheralInc = DMA_PeripheralInc_Disable;
        // 内存地址自增
        DMA_InitStructure.DMA_MemoryInc = DMA_MemoryInc_Enable;
        // 外设数据单位
        DMA_InitStructure.DMA_PeripheralDataSize =
```

```
                       DMA_PeripheralDataSize_Byte;
                       // 内存数据单位
                       DMA_InitStructure.DMA_MemoryDataSize = DMA_MemoryDataSize_Byte;
                       // DMA 模式，一次或者循环模式
                       DMA_InitStructure.DMA_Mode = DMA_Mode_Normal ;
                       DMA_InitStructure.DMA_Mode = DMA_Mode_Circular;
                       // 优先级：中等
                       DMA_InitStructure.DMA_Priority = DMA_Priority_Medium;
                       // 禁止内存到内存的传输
                       DMA_InitStructure.DMA_M2M = DMA_M2M_Disable;
                       // 配置 DMA 通道
                       DMA_Init(USART_TX_DMA_CHANNEL, &DMA_InitStructure);
                       // 使能 DMA
                       DMA_Cmd (USART_TX_DMA_CHANNEL,ENABLE);
             }
```

　　首先定义一个 DMA 初始化变量，用来填充 DMA 的参数，然后使能 DMA 时钟。

　　因为数据是从内存到串行接口，所以设置内存为源地址，串行接口的数据寄存器为目标地址。如果要发送的数据有很多且都先存储在内存中，则内存地址指针递增；如果串行接口数据寄存器只有一个，则外设地址不变，两边数据单位设置成一致的，传输模式可选一次或者循环传输；由于只有一个 DMA 请求，因此优先级可任选，最后调用函数 DMA_Init 把这些参数写到 DMA 的寄存器中，然后使能 DMA 开始传输。

3. Main 函数

```
#include "stm32f10x.h"
#include "bsp_usart_dma.h"
#include "bsp_led.h"
extern uint8_t SendBuff[SENDBUFF_SIZE];
static void Delay(__IO u32 nCount);
/*********************
 * @brief  主函数
 * @param 无
 * @retval 无
 *********************/
int main(void)
{
  uint16_t i;
  /* 初始化 USART */
  USART_Config();
  /* 配置使用 DMA 模式 */
  USARTx_DMA_Config();
  /* 配置 LED 彩色灯 */
  LED_GPIO_Config();
//printf("\r\n USART1 DMA TX 测试 \r\n");
  /* 填充将要发送的数据 */
  for(i=0;i<SENDBUFF_SIZE;i++)
```

```
    {
      SendBuff[i]                 = 'P';
    }
```

/* 为演示 DMA 在持续运行时 CPU 还能处理其他事情，可持续使用 DMA 发送数据，发送数据量非常大，长时间运行可能会导致计算机端串行接口调试助手卡死，出现指针乱飞的情况，或把 DMA 配置中的循环模式改为单次模式 */

```
    /* USART1 向 DMA 发出 TX 请求 */
    USART_DMACmd(DEBUG_USARTx, USART_DMAReq_Tx, ENABLE);

    /* 此时 CPU 是空闲的，可以干其他的事情 */
    // 例如同时控制 LED
    while(1)
    {
        LED1_TOGGLE
        Delay(0xFFFFF);
    }
}

static void Delay(__IO uint32_t nCount)      // 简单的延时函数
{
    for(; nCount != 0; nCount--);
}
```

函数 USART_Config 定义在 bsp_usart_dma.c 中，它可完成 USART 的初始化配置，包括 GPIO 的初始化、USART 通信参数设置等。

函数 USARTx_DMA_Config 也定义在 bsp_usart_dma.c 中。

函数 LED_GPIO_Config 定义在 bsp_led.c 中，它完成 LED 彩色灯初始化配置。

使用 for 循环填充源数据，SendBuff [SENDBUFF_SIZE] 是定义在 bsp_usart_dma. c 中的一个全局无符号 8 位整数数组，也是 DMA 传输的源数据，在函数 USARTx_DMA_ Config 中已经被设置为存储器地址。

函数 USART_DMACmd 用于控制 USART 的 DMA 请求的启动和关闭。它接收 3 个参数：第 1 个参数用于设置串行接口外设，可以是 USART1/2/3 和 USART4/5 这 5 个参数之一；第 2 个参数设置串行接口的具体 DMA 请求，有串行接口发送请求 USART_ DMAReq_Tx 和接收请求 USART_DMAReq_Rx 可选；第 3 个参数用于设置启动请求（ENABLE）或者关闭请求（DISABLE）。运行该函数后 USART 的 DMA 发送传输就开始了，根据配置存储器的数据会发送到串行接口。

DMA 传输过程是不占用 CPU 资源的，可以一边传输一边运行其他任务。

保证开发板相关硬件连接正确，用 USB 线连接开发板的 USB 转串行接口和计算机，在计算机端打开串行接口调试助手，把编译好的程序下载到开发板中。程序运行后在串行接口调试助手处可接收到 5000 个字符 " P " 的数据，同时开发板上的 LED 彩色灯不断闪烁。串行接口调试助手显示界面如图 10-4 所示。

图 10-4　串行接口调试助手显示界面

习题

1. 简要说明 DMA 的概念与作用。

2. 什么是 DMA 传输方式？

3. 在 STM32F103x 芯片上拥有 12 通道的 DMA 控制器，分为 2 个 DMA，它们分别是什么？各有什么特点？

4. STM32F103x 支持哪几种外部 DMA 请求 / 应答协议？

5. 在使用 DMA 时，都需要做哪些配置？

参 考 文 献

［1］李正军，李潇然.现场总线及其应用技术［M］.3 版.北京：机械工业出版社，2022.

［2］李正军，李潇然.现场总线与工业以太网［M］.武汉：华中科技大学出版社，2021.

［3］李正军.计算机控制系统［M］.4 版.北京：机械工业出版社，2022.

［4］李正军，李潇然.工业以太网与现场总线［M］.北京：机械工业出版社，2022.

［5］李正军.计算机控制技术［M］.北京：机械工业出版社，2022.

［6］陈桂友.基于 ARM 的微机原理及接口技术［M］.北京：清华大学出版社，2020.

［7］严海蓉，李达，杭天昊，等.嵌入式处理器原理与应用［M］.2 版.北京：清华大学出版社，2016.

［8］黄克亚.ARM Cortex-M3 嵌入式开发及应用［M］.北京：清华大学出版社，2020.

［9］张淑清，胡永涛，张立国.嵌入式单片机 STM32 原理及应用［M］.北京：机械工业出版社，2021.

［10］刘火良，杨森.STM32 库开发实战指南［M］.北京：机械工业出版社，2013.